高等学校计算机基础教育系列教材

大学计算机
计算思维与信息技术

薛红梅 申艳光 编著

清华大学出版社
北京

内 容 简 介

本书按照教育部高等学校大学计算机课程教学指导委员会编制的2022版《新时代大学计算机基础课程教学基本要求》编写，特别关注学生计算思维能力的培养，将课程内容中的相关知识进行提炼，构建从知识到计算思维意识的桥梁，既强调教材的基础性和系统性，又注重内容宽度和知识深度相结合，通过把科学思维的要素、方法融入问题和案例，从问题分析着手，强调面向计算思维的培养，从而提升学生主动使用计算机解决问题的意识和计算思维的能力。

本书分理论篇和实验实训篇，其中理论篇包括7章，主要介绍计算与计算思维、0和1的思维、系统思维、算法思维、数据思维、信息的开放、协作与分享、伦理思维，围绕现代工程师应具备的素质要求，每章后还有基础知识练习和能力拓展与训练，从多方位、多角度培养学生的工程能力；实验实训篇包括4章，精心设计了典型案例，讲解WPS Office办公软件的文字处理、表格处理、演示文稿制作的各项功能，并配有相应的实验实训。此外，为便于读者学习，对于一些重点、难点和抽象的知识点，本书提供了动画短片，可以通过二维码进行在线学习，并配备了丰富的教学课件。

本书既可作为高等学校和相关计算机技术培训的教材，也可供办公自动化从业人员参考之用。

本书封面贴有清华大学出版社防伪标签，无标签者不得销售。
版权所有，侵权必究。举报：010-62782989，beiqinquan@tup.tsinghua.edu.cn。

图书在版编目（CIP）数据

大学计算机：计算思维与信息技术/薛红梅，申艳光编著. —北京：清华大学出版社，2023.9
高等学校计算机基础教育系列教材
ISBN 978-7-302-64146-9

Ⅰ.①大… Ⅱ.①薛… ②申… Ⅲ.①电子计算机－高等学校－教材 Ⅳ.①TP3

中国国家版本馆CIP数据核字(2023)第131903号

责任编辑：龙启铭
封面设计：何凤霞
责任校对：徐俊伟
责任印制：杨 艳

出版发行：清华大学出版社
网　　址：http://www.tup.com.cn，http://www.wqbook.com
地　　址：北京清华大学学研大厦A座　　邮　编：100084
社 总 机：010-83470000　　　　　　　　邮　购：010-62786544
投稿与读者服务：010-62776969，c-service@tup.tsinghua.edu.cn
质量反馈：010-62772015，zhiliang@tup.tsinghua.edu.cn
课件下载：http://www.tup.com.cn，010-83470236

印 装 者：三河市人民印务有限公司
经　　销：全国新华书店
开　　本：185mm×260mm　　　印　张：15.25　　　字　数：363千字
版　　次：2023年9月第1版　　　　　　　　　　　　　印　次：2023年9月第1次印刷
定　　价：39.00元

产品编号：102643-01

前言

无论是计算机教育工作者,还是计算机普通用户,在学习和使用计算机的过程中,应该着眼于"悟"和"融":感悟和凝练计算机科学思维模式,并将其融入可持续发展的计算机应用中,这是作为工程人才不可或缺的基于信息技术的行动能力。计算思维是计算机和软件工程学科的灵魂,大学计算机基础课程应该把重点放在培养学生的计算思维与信息素养能力上,让学生了解和掌握如何充分利用计算机技术,对现实世界中的问题进行抽象和形式化,达到人类求解问题的目的;应注重可持续发展的计算机应用能力培养,强调在分析问题和解决问题中培养终身学习的能力,从而提高学生的思维能力,扩展思维宽度,提高解决实际问题的能力。

本书特色如下。

(1) 本书的编写宗旨是能够让非计算机学科的读者,理解计算学科的思维;使计算机学科的读者理解跨学科的思维。本书内容不只是讲授计算机方面的知识,更注重展现计算机学科的思维方式以及对读者思维能力和工程能力的训练。

(2) 围绕现代工程师应具备的素质要求,多方位多角度培养读者的工程能力。

本书中利用"知行合一""角色模拟""能力拓展与训练"等栏目多方位、多角度培养读者工程能力,包括终身学习能力、团队工作和交流能力、社会及企业环境下建造产品的系统能力、可持续发展的计算机应用能力等。

"知行合一"通过简洁的语言对计算思维相关知识进行解析,旨在培养读者的计算思维能力和辩证思维能力,培养善于观察、勤于思考、勤于探索的良好学习习惯和品质。

"角色模拟"主要是模拟工程师与真实世界之间的互动,通过项目分析、设计与实现,旨在培养读者工程实践应用能力,培养读者在团队中有效合作、有效沟通、有效管理的能力,提高读者应用工程知识的能力和处理真实世界问题的能力。

"能力拓展与训练"包括一些思维密度较大、思维要求较高和需要自主学习的问题和要求,旨在培养读者的系统思维能力、发散思维能力、创新思维能力、沟通能力、适应变化的自信和能力以及团队协作创新的工作理念,激发读者的自主探究性,在拓展创作中实现自我价值,并培养主动学习、经验学习和终身学习的能力。

(3) 将课程思政潜移默化、润物细无声地融入教学内容中。

本书全文引领式隐性引入课程思政,引导学生树立正确的"三观",培养读者的家国情怀、辩证思维和工匠精神,实现知识传授、能力培养与价值引领的有机融合。

总之,本书的编写,在适度的基础知识与理论体系覆盖下,突出回归人本和回归工程的教学方法论,既强调内容宽度和知识深度的结合,又通过把科学思维的要素、方法融入问题和案例,从问题分析着手,强调面向计算思维和信息素养的培养,力求达到"教师易教,学生乐学,技能实用"的目标。

本书主要由薛红梅、申艳光编写,杨丽等大学计算机课程组的老师们也为本书的编写付出了辛勤的劳动。

本书的出版得到国家自然科学基金资助项目(61802107)的资助。

限于编者的水平有限及时间仓促,书中难免存在不足之处,恳请读者批评和指正,以使其更完善。

编　者

2023 年 3 月

目录

理 论 篇

第 1 章 计算与计算思维 ... 3
- 1.1 计算工具的演变 ... 3
  - 1.1.1 手工时代 ... 3
  - 1.1.2 机械时代 ... 4
  - 1.1.3 机电时代 ... 4
  - 1.1.4 电子时代 ... 5
- 1.2 计算模型与计算机 ... 8
  - 1.2.1 图灵机 ... 8
  - 1.2.2 冯·诺依曼机 ... 10
  - 1.2.3 计算机的主要特点 ... 10
  - 1.2.4 计算机的主要应用 ... 11
- 1.3 计算思维 ... 12
  - 1.3.1 计算思维的概念 ... 12
  - 1.3.2 计算思维的本质 ... 12
  - 1.3.3 计算思维的特征 ... 13
  - 1.3.4 计算思维中的思维方式 ... 14
- 1.4 新的计算模式 ... 16
- 基础知识练习 ... 18
- 能力拓展与训练 ... 19

第 2 章 0 和 1 的思维——信息在计算机内的表示 ... 20
- 2.1 数值的编码表示 ... 20
  - 2.1.1 数制的概念 ... 20
  - 2.1.2 常用计数制的表示方法 ... 21
  - 2.1.3 不同进制数之间的转换 ... 22
  - 2.1.4 进制数在计算机中的表示 ... 24
  - 2.1.5 计算机的逻辑运算 ... 26
  - 2.1.6 十进制数的二进制编码 ... 27

2.2 字符编码表示 …… 28
2.3 汉字编码表示 …… 29
2.4 多媒体编码表示 …… 31
 2.4.1 多媒体的基本概念 …… 31
 2.4.2 多媒体处理的关键技术 …… 32
 2.4.3 音频数字化的编码表示 …… 33
 2.4.4 图像数字化的编码表示 …… 34
 2.4.5 视频数字化的编码表示 …… 35
基础知识练习 …… 36
能力拓展与训练 …… 37

第3章 系统思维——计算机系统基础 …… 38

3.1 计算机系统的基本概念 …… 38
 3.1.1 计算机硬件系统 …… 39
 3.1.2 计算机软件系统 …… 39
3.2 计算机操作系统 …… 44
 3.2.1 操作系统的基本概念与作用 …… 45
 3.2.2 操作系统用户接口 …… 46
 3.2.3 常用的操作系统 …… 46
 3.2.4 操作系统的管理功能 …… 47
 3.2.5 操作系统中的计算思维 …… 50
 3.2.6 我国操作系统的发展 …… 51
3.3 处理器系统 …… 51
 3.3.1 处理器的结构组成 …… 52
 3.3.2 CPU 的主要性能指标 …… 53
 3.3.3 计算机的基本工作原理 …… 53
3.4 存储器系统 …… 54
 3.4.1 存储单位 …… 55
 3.4.2 内存储器 …… 55
 3.4.3 外存储器 …… 56
 3.4.4 存储体系 …… 58
3.5 总线、主板和输入/输出系统 …… 59
 3.5.1 总线系统 …… 59
 3.5.2 系统主板 …… 60
 3.5.3 输入/输出设备 …… 61
 3.5.4 计算机的启动过程 …… 63
3.6 文件管理系统 …… 65
 3.6.1 文件与文件系统 …… 65

3.6.2　文件的命名 …………………………………………………………… 66
　　　3.6.3　文件目录与目录结构 …………………………………………………… 67
　基础知识练习 ………………………………………………………………………… 69
　能力拓展与训练 ……………………………………………………………………… 69

第4章　算法思维——问题求解的核心 …………………………………………… 72
　4.1　算法的概念 …………………………………………………………………… 72
　　　4.1.1　什么是算法 ……………………………………………………………… 72
　　　4.1.2　算法的分类 ……………………………………………………………… 73
　　　4.1.3　算法应具备的特征 ……………………………………………………… 74
　4.2　算法的设计与分析 …………………………………………………………… 74
　　　4.2.1　问题求解的步骤 ………………………………………………………… 74
　　　4.2.2　数学建模 ………………………………………………………………… 75
　　　4.2.3　算法的描述 ……………………………………………………………… 77
　　　4.2.4　常用的算法设计策略 …………………………………………………… 79
　　　4.2.5　算法分析 ………………………………………………………………… 92
　4.3　算法的实现——程序设计语言 ……………………………………………… 94
　　　4.3.1　程序设计语言的分类 …………………………………………………… 95
　　　4.3.2　语言处理程序 …………………………………………………………… 96
　　　4.3.3　常用的高级语言 ………………………………………………………… 97
　基础知识练习 ………………………………………………………………………… 99
　能力拓展与训练 ……………………………………………………………………… 100

第5章　数据思维——数据的组织、管理与挖掘 ………………………………… 103
　5.1　数据的组织和管理 …………………………………………………………… 103
　　　5.1.1　数据结构 ………………………………………………………………… 103
　　　5.1.2　文件系统和数据库 ……………………………………………………… 109
　5.2　挖掘数据的潜在价值——数据仓库与数据挖掘 …………………………… 111
　　　5.2.1　大数据 …………………………………………………………………… 112
　　　5.2.2　数据挖掘 ………………………………………………………………… 113
　　　5.2.3　数据仓库 ………………………………………………………………… 115
　基础知识练习 ………………………………………………………………………… 116
　能力拓展与训练 ……………………………………………………………………… 116

第6章　信息的开放、协作与分享 ………………………………………………… 118
　6.1　计算机网络的基本知识 ……………………………………………………… 118
　　　6.1.1　计算机网络的基本概念 ………………………………………………… 118
　　　6.1.2　计算机网络的拓扑结构 ………………………………………………… 119

6.2 计算机网络硬件 ··· 122
6.3 计算机网络软件 ··· 126
　　6.3.1 计算机网络软件的组成 ·· 126
　　6.3.2 计算机网络协议的概念 ·· 126
　　6.3.3 OSI/RM 参考模型 ·· 127
　　6.3.4 TCP/IP ··· 128
6.4 Internet 概述 ·· 130
　　6.4.1 Internet 在中国的发展 ·· 131
　　6.4.2 Internet 的 IP 地址 ·· 131
　　6.4.3 Internet 的域名系统 ··· 132
　　6.4.4 Internet 提供的主要服务 ··· 134
6.5 物联网概述 ··· 136
基础知识练习 ·· 137
能力拓展与训练 ·· 137

第 7 章　伦理思维——信息安全与信息伦理 ·································· 141

7.1 信息安全 ·· 141
　　7.1.1 信息安全的概念 ··· 141
　　7.1.2 计算机病毒及其防范 ··· 141
　　7.1.3 网络安全 ··· 144
　　7.1.4 数据加密 ··· 146
7.2 信息伦理 ·· 147
　　7.2.1 信息伦理的产生 ··· 148
　　7.2.2 信息伦理准则与规范 ··· 148
　　7.2.3 计算机伦理、网络伦理与信息产业人员道德规范 ················· 149
　　7.2.4 知识产权 ··· 153
基础知识练习 ·· 154
能力拓展与训练 ·· 155

实验实训篇

第 8 章　WPS 文字处理 ·· 159

8.1 认识 WPS 文字 ··· 159
8.2 文档基本操作 ·· 160
　　8.2.1 文档的基本操作 ··· 160
　　8.2.2 文档的编辑操作 ··· 162
　　8.2.3 查找与替换 ··· 163
8.3 项目实例——求职档案 ·· 165
　　8.3.1 项目要求 ··· 165

8.3.2 项目实现 …… 166
8.3.3 项目进阶 …… 176
8.3.4 项目交流 …… 177
实验1 文档编辑排版及表格制作 …… 177
实验2 图文混排 …… 181

第9章 WPS表格处理 …… 184

9.1 认识WPS表格 …… 184
 9.1.1 WPS表格工作界面 …… 184
 9.1.2 WPS表格基本概念 …… 184
9.2 项目实例1——学生管理 …… 185
 9.2.1 项目要求 …… 185
 9.2.2 项目实现 …… 186
 9.2.3 项目交流 …… 198
9.3 项目实例2——教师工资管理 …… 199
 9.3.1 项目要求 …… 199
 9.3.2 项目实现 …… 199
 9.3.3 项目进阶 …… 204
 9.3.4 项目交流 …… 204
实验1 工作表的基本编辑 …… 205
实验2 图表的基本操作 …… 209
实验3 数据库的应用 …… 211
附录 单元格中出现的常见提示信息 …… 214

第10章 WPS演示文稿制作 …… 216

10.1 WPS演示简介 …… 216
10.2 项目实例1——电子贺卡 …… 217
 10.2.1 项目要求 …… 217
 10.2.2 项目实现 …… 218
 10.2.3 项目进阶 …… 221
 10.2.4 项目交流 …… 221
10.3 项目实例2——公司简介 …… 221
 10.3.1 项目要求 …… 221
 10.3.2 项目实现 …… 222
 10.3.3 项目进阶 …… 228
 10.3.4 项目交流 …… 228
实验 制作演示文稿 …… 228

第11章 综合项目实训 …… 233

理 论 篇

知之者不如好之者,好之者不如乐之者。

——孔子《论语》

第 1 章 计算与计算思维

【导语】 人类社会的进步促进了科学技术的发展,其中发展最为迅速、使用最为广泛的是电子计算机。它的诞生和发展不仅改变了社会,也改变了世界。利用计算机的高速运算、大容量存储及信息加工能力,使得以前可望而不可及的信息处理成为现实,可以毫不夸张地说,如果没有计算机就不会有科学技术的现代化。

1.1 计算工具的演变

从原始的手工计算到现代电子计算机。人类在计算领域经历了漫长的发展阶段,并在各个历史时期发明和创造了许多计算工具,人类计算工具的发展可划分为手工时代、机械时代、机电时代、电子时代。

1.1.1 手工时代

远古时代,人类没有文字,为了记载发生过的事件,使用最方便、最自然、最熟悉的十个手指来进行比较和度量,从而形成了"数"的概念和"十进制"计数法。

当生产力进一步发展到用十个手指或其他自然工具提供的运算量和精度不能满足需要时,人类不得不开始寻求非自然的计算工具,例如,结绳计数法。我国古代劳动人民最先创造和使用了简单的计算工具——算筹。算筹在当时是一种方便且极为先进的计算工具。它可以按照一定的规则灵活地摆布,如图1.1所示。我国古代数学家利用算筹这种计算工具,使我国的计算数学在世界上处于遥遥领先的地位,创造出了杰出的数学成果,例如杨辉三角,祖冲之的圆周率计算,著名的中国剩余定理,秦九韶算法,解方程和方程组的天元术、四元术,我国精密的天文历法等都是借助算筹取得的。

直到今天仍在使用的算盘,是中国古代计算工具领域中的一项发明,如图1.2所示。1982年,中国的人口普查就是使用算盘作为计数工具。可见,充满智慧的中国人是多么伟大。

图 1.1　中国的算筹

图 1.2　中国的算盘

> **知行合一**
>
> 算盘的发明是人类计算工具史上的一次飞跃,是中华民族对人类文明的重大贡献之一,它的科学性和实用性经受了长期实践的考验。

1.1.2　机械时代

16 世纪中叶前,欧洲的数学研究和计算工具发展缓慢,远远落后于当时的中国、印度、埃及等国家。进入 17 世纪,随着工业生产的发展,数学研究及其计算工具得到了迅速发展。

1621 年,英国数学家威廉·奥特雷德根据对数原理发明了圆形计算尺,这是最早的模拟计算工具,经过不断改进和完善,能进行加、减、乘、除、乘方、开方运算等。后来,基于齿轮技术设计的计算设备,在西方国家逐渐发展成近代机械式计算器。这些机器在灵活性上得到进一步提高,执行算法的能力和效率也大幅加强和提高。1642 年,年仅 19 岁的法国物理学家布莱斯·帕斯卡制造出第一台机械式计算器 Pascaline。这台计算器是手摇的,也称为"手摇计算器",只能够计算加法和减法,如图 1.3 所示。在这台计算器中有一些互相连锁的齿轮,一个转过十位的齿轮会使另一个齿轮转过一位,人们可以像拨电话号码盘那样,把数字拨进去,计算结果就会出现在另一个窗口中,但它只能进行加减计算。1694 年,莱布尼茨在德国将其改进成可以进行乘除计算。

1819 年,英国科学家巴贝奇设计"差分机",并于 1822 年制造出可动模型,如图 1.4 所示。这台机器能提高乘法速度和改进对数表等的精确度。差分机和分析机为现代计算机设计思想的发展奠定了基础。

1.1.3　机电时代

1919 年,W. H. Ecclers 和 F. W. Jordan 用两只三极电子管接成了 E-J 双稳态触发器。这一关键技术的研制成功,引起了人们的极大重视,并使用电子管来作为计算工具的元件,即用电子元件表示二进制数,以简化运算规则和提高计算速度,由此诞生了更先进的计算工具,即机电式计算机。1938年,美国的V. Bush为解线性微分方程而设计了微分器,这是世界上第一台电子模拟计算机。1942年,美国物理学教授John. Vincent. Atanasoff和Clifford E.Berry研制成了最早的电子管计算机,从此拉开了用电子器件制作计算工具的序幕。他们在研制过程中提出了三条原则:一是采用二进制;二是采用电子元件;三是把计算功能与存储功能相互分离。

图1.3 法国的机械式计算器

图1.4 差分机

1.1.4 电子时代

1946年2月世界上第一台电子数字计算机"埃尼阿克"(ENIAC)在美国宾夕法尼亚大学诞生,其全称是"电子数字积分器和计算器(Electronic Numerical Integrator And Calculator)",如图1.5所示。与以前的计算工具相比,它计算速度快、精度高、能按给定的程序自动进行计算。当时美国陆军为了计算兵器的弹道,由美国宾夕法尼亚大学摩尔电子工程学校的约翰·莫奇利(John Mauchly)和约翰·埃克特(J.Presper Eckert)等共同研制了这台计算机。设计这台计算机的总工程师埃克特当时年仅24岁。ENIAC共用了18000多只电子管,质量达30吨,占地170m²,每小时耗电150kW,真可谓"庞然大

图1.5 第一台电子计算机ENIAC

物"。但它每秒钟只能完成 5000 次加法运算;存储容量小,而且全部指令还没有存放在存储器中;操作复杂、稳定性差。尽管如此,它标志着科学技术的发展进入了新的时代——电子计算机时代。

1. 电子时代计算机的划分

从第一台电子计算机的诞生到现在,计算机的发展随着所采用的电子器件的变化,已经历了以下四代。

第一代(1946—1958 年)——电子管计算机时代

这一代计算机的主要特征是:以电子管为基本电子器件;使用机器语言和汇编语言;应用领域主要局限于科学计算;运算速度每秒只有几千次至几万次。由于体积大、功率高、价格昂贵且可靠性差,因此,很快被新一代计算机所替代。然而,第一代计算机奠定了计算机发展的基础。

第二代(1959—1964 年)——晶体管计算机时代

这一代计算机的主要特征是:晶体管取代了电子管;软件技术上出现了算法语言和编译系统;应用领域从科学计算扩展到数据处理;运算速度已达到每秒几万次至几十万次;此外,体积缩小,功耗降低,可靠性有所提高。

第三代(1965—1970 年)——中小规模集成电路时代

这一代计算机的主要特征是:普遍采用了集成电路,使体积、功耗均显著减小,可靠性大幅提高;运算速度每秒几十万次至几百万次;在此期间,出现了向大型和小型化两极发展的趋势,计算机品种多样化和系列化;同时,操作系统的出现,使得软件技术与计算机外围设备发展迅速,应用领域不断扩大。

第四代(1971 年至今)——大规模和超大规模集成电路时代

这一代计算机的主要特征是:中、大及超大规模集成电路(VLSI)成为计算机的主要器件;运算速度已达每秒几十万亿次以上。大规模和超大规模集成电路技术的发展,进一步减小了计算机的体积和功耗,增强了计算机的性能;多机并行处理与网络化是第四代计算机的又一重要特征,大规模并行处理系统、分布式系统、计算机网络的研究和实施进展迅速;系统软件的发展不仅实现了计算机运行的自动化,而且正在向工程化和智能化迈进。

智能化计算机也可以称为第五代计算机,其目标是使计算机像人类那样具有听、说、写、逻辑推理、判断和自我学习的能力。

2. 计算机的分类

随着计算机的发展,分类方法也在不断变化,现在常用的分类方法有以下几种。

1)按计算机处理的信号分类

(1)数字式计算机:数字式计算机处理的是脉冲变化的离散量,即以 0、1 组成的二进制数字。它的计算精度高、抗干扰能力强。日常使用的计算机就是数字式计算机。

(2)模拟式计算机:模拟式计算机处理的是连续变化的模拟量,例如电压、电流、温度等物理量的变化曲线。模拟式计算机解题速度快,但精度低、通用性差,主要用于过程控制,但现在已基本被数字式计算机所取代。

(3)数模混合计算机:数模混合计算机是数字式计算机和模拟式计算机的结合。

2) 按计算机的硬件组合及用途分类

（1）通用计算机：这类计算机的硬件系统是标准的，并具有扩展性，安装上不同的软件就可完成不同的工作。它的通用性强，应用范围广。

（2）专用计算机：这类计算机是为特定应用而量身打造的，其内部程序一般不能被改动，常常被称为"嵌入式系统"。比如，控制智能家电的计算机，工业用计算机和机器人，汽车内部的数十个用于控制的计算机，所有船舰、飞机、航天器上的控制计算机，等等。

3) 按计算机的规模分类

计算机按其运算速度快慢、存储数据量的大小、功能的强弱以及软硬件的配套规模等不同又分为巨型机、大中型计算机、小型机、微型计算机等。

（1）巨型机（Giant Computer）：巨型机又称为超级计算机（Super Computer），通常是指最大、最快、最贵的计算机。其主存容量很大，处理能力很强。一般用在国防和尖端科技领域，生产这类计算机的能力可以反映一个国家的计算机科学水平。我国是世界上生产巨型机的少数国家之一，主要用于解决诸如气象、太空、能源、医药等尖端科学研究和战略武器研制中的复杂计算。

（2）大中型计算机（Large-scale Computer and Medium-scale Computer）：这种计算机也有很高的运算速度和很大的存储量，并允许相当多的用户同时使用。当然在量级上不及巨型机，结构上也较巨型机简单些，价格相对巨型机来得更便宜些，因此使用的范围较巨型机更普遍，是事务处理、商业处理、信息管理、大型数据库和数据通信的主要支柱。

（3）小型机（Minicomputer）：其规模和运算速度比大中型计算机更差，但仍能支持十几个用户同时使用。小型机具有体积小、价格低、性能价格比高等优点，适合中小企业、事业单位用于工业控制、数据采集、分析计算、企业管理以及科学计算等，也可作为巨型机或大中型机的辅助机。

（4）微型计算机（Microcomputer）：微型计算机简称微机，是当今使用最普及、产量最大的一类计算机，其体积小、功耗低、成本少、灵活性大，性能价格比明显地优于其他类型计算机，因而得到了广泛应用。微型计算机按结构和性能又可划分为单片机、单板机、个人计算机等几种类型。

3. 我国计算机的发展情况

我国电子计算机的研究是从 1953 年开始的，1958 年中国科学院计算技术研究所研制出第一台计算机，即 103 型通用数字电子计算机，它属于第一代电子管计算机；20 世纪60 年代初，我国开始研制和生产第二代计算机。

1983 年 12 月，国防科技大学的慈云桂教授，历经 5 年奋战，主持研制成功我国首台亿次级巨型计算机系统——"银河-Ⅰ"，他也因此被誉为"中国巨型机之父"。他率领的科研队伍先后研制出一系列型号各异的大、中、小型计算机，在我国计算机从电子管、晶体管、集成电路到大规模集成电路的研制开发历程中，做出了重要贡献。

"银河Ⅰ"巨型机是我国高速计算机研制的一个重要里程碑；1992 年"银河Ⅱ"巨型机峰值速度达每秒 4 亿次浮点运算；1997 年"银河Ⅲ"巨型机每秒能进行 130 亿次运算。1995 年 5 月"曙光 1000"研制完成，这是我国独立研制的第一套大规模并行计算机系统。在 2013 年 6 月公布的全球超级计算机 TOP500 排行榜中，我国的"天河二号"成为全球最快超级计算机。

在 2020 年全球超算 TOP500 榜单中,我国部署的超级计算机数量继续位列全球第一,在 TOP500 超算中,我国部署了 226 台,超过总体份额的 45％;我国的"神威•太湖之光"超级计算机曾连续获得全球超级计算机排行榜 TOP500 的四届冠军,该系统全部使用我国自主知识产权的处理器芯片。

> **思考与探索**
>
> 1946 年,在参与 Mark 系列计算机研制的人员中有一位杰出女性——格蕾丝•霍普(Grace Hopper),她在发生故障的 Mark 计算机里找到了一只飞蛾,这只小虫被夹扁在继电器的触点里,影响了机器的正常运行,霍普诙谐地把程序故障称为"臭虫"(Bug),这一奇妙的称呼后来竟成为计算机故障的代名词,而 Debug 则成为调试程序、排除故障的专业术语。

1.2　计算模型与计算机

计算模型是刻画计算概念的一种抽象的形式系统或数学系统。在计算科学中,计算模型是具有状态转换特征,是用于对所处理对象的数据或信息进行表示、加工、变换和输出的数学模型。

1.2.1　图灵机

1936 年,年仅 24 岁的英国人艾伦•图灵(1912—1954,如图 1.6 所示)发表了著名的《论应用于决定问题的可计算数字》一文,提出了理想计算机的数学模型,即图灵机(Turing Machine)。

图灵机是图灵构造出的一台抽象的机器,该机器由以下几个部分组成。

图 1.6　艾伦•图灵

(1) 一条无限长的纸带:纸带被划分为一个接一个的小格子,每个格子上包含一个来自有限字母表的符号,字母表中有一个特殊的符号表示空白。纸带上的格子从左到右依次被编号为 0,1,2,……,纸带的右端可以无限伸展。

(2) 一个读写头:该读写头可以在纸带上左右移动,它能读出当前所指的格子上的符号,并能改变当前格子上的符号。

(3) 一套控制规则:它根据当前机器所处的状态以及当前读写头所指的格子上的符号来确定读写头下一步的动作,并改变状态寄存器的值,令机器进入一个新的状态。

(4) 一个状态寄存器:它用来保存图灵机当前所处的状态。图灵机的所有可能状态数目是有限的,并且有一个特殊的状态。

注意,这台机器的每一部分都是有限的,但它有一个潜在的无限长的纸带,因此这种机器只是一台理想的设备。图灵认为这样的一台机器就能模拟人类所能进行的任何计算过程。

简单地说,设想有一条无限长的纸条,纸条上有一个一个方格,每个方格可以存储一个符号,纸条可以向左或向右运动。图灵机可以做3个基本操作:读取指针头指向的符号;修改方格中的字符;将纸带向左或向右移动,以便修改其邻近方格的值。

下面通过在空白的纸带条上打印110这3个数字的例子来描述图灵机的计算过程,如图1.7所示。

(1) 往指针头指向的方格中写入数字1;
(2) 使纸带向左移动一个方格;
(3) 往指针头指向的方格写入数字1;
(4) 继续让纸带向左移动一个方格;
(5) 往指针头指向的方格写入数字0,这样就完成了一个简单的图灵机操作。

图1.7　图灵机的计算过程

图灵把人在计算时所做的工作分解成简单的动作,把人的工作机械化,并用形式化方法成功地表述了计算这一过程的本质:所谓计算就是计算者(人或机器)对一条两端可无限延长的纸带上的一串0和1执行指令,一步一步地改变纸带上的0或1,经过有限步骤,最后得到一个满足预先规定的符号串的变换过程。图灵机理论通过假设模型,证明了任意复杂的计算都能通过一个一个简单的操作来完成,图灵机的出现为计算机的诞生奠定了理论基础。

图灵机模型是指给出固定的程式,该模型能够按照程式和输入完全确定性地运行。

图灵机反映的是一种具有可行性的、用数学方法精确定义的计算模型,而现代计算机正是这种模型的具体实现。

1997年5月11日,随着国际象棋世界冠军卡斯帕罗夫败给了IBM公司的一台机器"深蓝",全世界永远都不会忘记那震惊世界的9天的"搏杀"。

棋盘一侧是卡斯帕罗夫,棋盘的另一侧是许峰雄博士。许峰雄博士通过一台带有液晶显示屏的黑色计算机,负责操纵"深蓝"迎战国际象棋世界冠军卡斯帕罗夫。许峰雄博士和另外四位计算机科学家给计算机输入了近两百万局国际象棋程序,提高了它的运算速度,使它每秒能分析2亿步棋。国际象棋特级大师本杰明作为其"陪练",找出某些棋局的弱点,然后再修改程序。

5月3日到5月11日,"深蓝"最终以3.5比2.5的总比分战胜卡斯帕罗夫。"深蓝"战胜卡斯帕罗夫后,"深蓝队"获得70万美元奖金,卡斯帕罗夫获得40万美元奖金。

"深蓝"战胜人类最伟大的棋手卡斯帕罗夫后,在社会上引起了轩然大波。一些人认为,机器的智力已超越人类,甚至还有人认为计算机最终将控制人类。其实人的智力与机器的智力根本就是两回事,因为,人们现在对人的精神和脑结构的认识还相当缺乏,更不用说对它用严密的数学语言来进行描述了,而计算机是一种用严密的数学语言来描述的计算机器。

1.2.2 冯·诺依曼机

1946年2月,世界上第一台电子数字计算机"埃尼阿克"(ENIAC)在美国宾夕法尼亚大学诞生。

在图灵机的影响下,1946年美籍匈牙利科学家冯·诺依曼(Von Neumann,如图1.8所示)提出了一个"存储程序"的计算机方案。这个方案包含了以下3个要点。

(1) 采用二进制的形式表示数据和指令。

(2) 将指令和数据存放在存储器中。

(3) 由控制器、运算器、存储器、输入设备和输出设备五大部分组成计算机。

图1.8 冯·诺依曼

冯·诺依曼机模型的工作原理的核心是"程序存储"和"程序控制",即先将程序(一组指令)和数据存入计算机,启动程序就能按照程序指定的逻辑顺序读取指令并逐条执行,自动完成指令规定的操作。

由于存储器与中央处理单元之间的通路太狭窄,每次执行一条指令,所需的指令和数据都必须经过这条通路,因此单纯地扩大存储器容量和提高CPU速度,并不能有效地提高计算机性能,这是冯·诺依曼机结构的局限性。

> **思考与探索**
>
> 图灵是人工智能研究的先驱者之一,实际上,图灵机,尤其是通用图灵机作为一种非数值符号计算的模型,就蕴含了构造某种具有一定的智能行为的人工系统以实现脑力劳动部分自动化的思想,这正是人工智能的研究目标。图灵的机器智能思想无疑是人工智能的直接起源之一。

1.2.3 计算机的主要特点

1. 运算速度快

计算机的运算速度从诞生时的每秒几千次发展到每秒几十千万亿次以上,使得过去烦琐的计算工作，现在在极短的时间内就能完成。

2. 计算精度高

计算机采用二进制进行运算，只要配置相关的硬件电路就可增加二进制数字的长度，从而提高计算精度。目前微型计算机的计算精度可以达到64位二进制数。

3. 具有"记忆"和逻辑判断功能

"记忆"功能是指计算机能存储大量信息，供用户随时检索和查询，既能记忆各类数据信息，又能记忆处理加工这些数据信息的程序。逻辑判断功能是指计算机除了能进行算术运算外，还能进行逻辑运算。

4. 能自动运行且支持人机交互

所谓自动运行，就是人们把需要计算机处理的问题编写成程序，存入计算机中；当发出运行指令后，计算机便在该程序控制下依次逐条执行，不再需要人工干预。"人机交互"则是在人们想要干预计算机时，采用问答的形式，有针对性地解决问题。

1.2.4 计算机的主要应用

1. 科学计算

早期的计算机主要用于科学计算。科学计算仍然是现今计算机应用的一个重要领域，如高能物理、工程设计、地震预测、气象预报、航天技术等。由于计算机具有高运算速度和高精度以及逻辑判断能力，因此出现了计算力学、计算物理、计算化学、生物控制论等新兴学科。

2. 信息管理

信息管理是计算机应用最广泛的一个领域，可以利用计算机来加工、管理与操作任何形式的数据资料，如企业管理、物资管理、报表统计、账目计算、信息情报检索等。近年来，许多机构纷纷建设自己的管理信息系统（MIS）；生产企业也开始采用制造资源规划软件（MRP）；商业流通领域则逐步使用电子信息交换系统（EDI），即所谓无纸贸易。

3. 实时控制

计算机用于实时控制，就是使用计算机及时地搜索检测被控对象的数据，然后按照某种最佳的控制规律来控制过程的进展，从而可以大大提高生产过程的自动化水平，提高产品质量、生产效率和经济效益，降低成本。国防和高精尖领域更是离不开计算机的实时控制。

4. 系统仿真

系统仿真是利用计算机模仿真实系统的技术。利用计算机，对复杂的现实系统经过抽象和简化，形成系统模型，然后在分析的基础上运行此模型，从而得到系统一系列的统计性能。由于仿真技术所具有的安全性和经济性，因此在航空、航天、军事领域的设计、定型和训练中得到广泛应用。

5. 辅助系统

计算机辅助系统是指利用计算机的高速运算、大容量存储和图形处理能力，辅助进行工程设计、制造、测试、教学。常见的有计算机辅助设计（CAD）、计算机辅助制造（CAM）、计算机辅助测试(CAT)、计算机辅助教学(CAI)等。

6. 人工智能

人工智能的研究与应用是近年来的热门话题。利用计算机来模拟人的思维判断、推理等智能活动，使计算机具有自主学习和逻辑推理的功能。人工智能的应用领域包括模式识别、自然语言的理解与生成、自动定理证明、联想与思维的机理、数学智能检索、博弈、专家系统、自动程序设计、ChatGPT等。

1.3 计算思维

计算思维是人类认识世界和改造世界的一种新的思维方式，也是科学思维的基本方式之一，属于思维科学的一个专门领域，现已成为计算机科学技术问题求解的思想方法。

1.3.1 计算思维的概念

2006年3月，美国卡内基·梅隆大学计算机系主任周以真(Jeannette M.Wing)教授在美国计算机权威杂志 Communication of the ACM 上发表并定义了计算思维(Computational Thinking)。她认为，计算思维是运用计算机科学的基础概念进行问题求解、系统设计，以及人类行为理解等的涵盖计算机科学领域的一系列思维活动。她指出，计算思维是每个人的基本技能，而不仅仅属于计算机科学家。我们应当使每个学生在培养解析能力时不仅掌握阅读、写作和算术(Reading, WRiting, and ARithmetic, 3R)能力，还要学会计算思维。这种思维方式对于学生从事任何事业都是有益的。简单来说，计算思维就是计算机科学解决问题的思维。

近年来，移动通信、普适计算、物联网、云计算、大数据这些新概念和新技术的出现，在社会经济、人文科学、自然科学的许多领域引发了一系列革命性的突破，极大地改变了人们对于计算和计算机的认识。无处不在、无时不用的计算思维成为人们认识和解决问题的基本能力之一。

1.3.2 计算思维的本质

当我们利用计算机处理或求解一个具体的实际问题时，其思维过程通常按以下步骤进行。

(1) 分析问题：在求解问题时，首先是分析问题，理解求解问题的目的，建立正确的数学模型，并确定利用计算机求解时需要提供哪些输入信息，需要输出哪些信息等。

(2) 制定计划：根据问题性质选择合适的算法，制定求解的可行性方案。在此过程中要考虑如何充分发挥计算机高速运算和计算机按照程序自动执行的优势。

(3) 执行计划：计算机按照程序步骤和所提供的参数（输入的数据）进行计算，然后输出结果。

(4) 检验结果：检验和分析程序运行结果是否正确,如何改进和提高。

从上述步骤可以看出,利用计算机求解问题是一个人机结合的联合方式,既要发挥人的特长——抽象,又要发挥计算机的特长——自动化,我们可以将其概括为抽象和自动化,这既是利用计算机求解问题的思维方法,也是计算思维的本质。

1. 抽象

在计算机科学中,抽象是一种被广泛使用的思维方式,也是利用计算机求解问题的第一步。计算思维中的抽象,完全超越物理的时空观,并完全用符号来表示。与数学和物理科学相比,计算思维中的抽象更为广泛,数学抽象时抛开现实事物的物理、化学和生物学等特性,仅保留其量的关系和空间的形式。而计算思维中的抽象,除了具有数学抽象的特点,还要确定合适的抽象对象和选择合适的抽象方法,并考虑如何实现的问题。例如,文件是对输入输出设备的抽象;虚拟内存是对程序存储器的抽象;进程是对一个正在运行的程序的抽象;虚拟机是对整个计算机的抽象。

2. 自动化

在计算思维中,"抽象"对应"建模","自动化"对应"模拟",抽象是手段,自动化是目的,也就是说,计算思维中的抽象最终要能够按照程序一步步地自动执行。这一过程是一种映射,即通过计算机语言把客观世界的实体(问题空间对象)映射成计算机中的实体(解空间对象)。

抽象和自动化的目的是能够一步步地自动执行抽象形成的数据模型,以求解问题、设计系统和理解人类行为。

1.3.3 计算思维的特征

计算思维是运用计算机科学的基础概念进行问题求解、系统设计、人类行为理解等涵盖计算机科学的一系列思维活动,并且在思维活动中体现计算思维的概念特性和计算思维的问题特性。

1. 计算思维的概念特性

计算思维是人类的基本思维方式,从方法论的角度讲,计算思维方式体现出如下 7 个概念特性。

(1) 计算思维是人的思维,不是计算机的思维：计算思维是人类求解问题的方法和途径,但绝非试图要让人像计算机那样思考。计算机之所以能够求解问题,是因为人类将计算思维的思想赋予了计算机。例如,用计算机求解方程时,人类将求解思想赋予计算机后,才能进行求解计算。

(2) 计算思维是概念化思维,不是程序化思维：计算思维像计算机科学家那样在抽象的多个层次上思考问题,它远远超出了计算机编程,计算机科学不等于计算机编程。

(3) 计算思维是数学和工程相互融合的思维,而不是数学性的思维：计算机科学本质上源自数学思维,其形式化基础是构建于数学之上,但因为受计算设备的限制使得计算机科学家必须进行工程思考。数学思维和工程思维的相互融合,体现抽象理论和设计的学科形态。

(4) 计算思维是思想,而不是物品:计算思维凸显问题方法和计算概念。被人们用来求解问题、管理日常生活、与他人交流和活动。例如,计算机能进行逻辑推理,它是人类智慧的结晶。

(5) 计算思维是一种基础技能,而不是机械技能:计算思维是现代社会中每个人都必须掌握的。刻板的技能意味着机械地重复,但计算思维不是这类机械重复的技能,而是一种创新的能力。

(6) 计算思维是一种理念,而不是表现形式:计算思维是一种引导计算机教育家、研究者和实践者的前沿理念,并且面向所有人和所有领域能融入人类的各种活动中,而不是停留和表现在形式上。计算思维是解决问题的有效工具,在所有学科、所有专业中都能得到应用。

(7) 计算思维是一种思维方法,而不是一种思维模式:计算思维可以由人或计算机执行,例如递归、迭代、黎曼积分,人和机器都可以计算。但人的计算速度无法与计算机相比,借助于计算机的超算能力,人类就能够用智慧去解决那些在计算机时代之前不敢尝试的问题,实现"只有想不到,没有做不到"的境界。

2. 计算思维的问题特性

计算思维通常表现为人们在问题求解、系统设计以及人类行为理解的过程中对抽象、算法、数据及其组织、程序、自动化等概念和方法潜意识的应用,周以真教授将其概括为如下7个问题方法。

(1) 计算思维利用化繁为简、化难为易,通过约简、嵌入、转化和仿真等方法把一个看来困难的问题重新阐释为一个我们知道怎样解决问题的思维方式。

(2) 计算思维利用递归思维、并行处理,既能把代码译成数据,又能把数据译成代码,是一种多维分析推广的类型检查方法。

(3) 计算思维是采用抽象和分解来控制庞杂的任务,或进行巨大复杂系统设计的方法,因而是一种基于关注点分离的方法。

(4) 计算思维是选择合适的方式来陈述一个问题,或对一个问题的相关方面进行建模使其易于处理的思维方法。

(5) 计算思维是按照预防、保护以及通过冗余、容错和纠错的方式,从最坏情况进行系统恢复的一种思维方法。

(6) 计算思维是利用启发式推理寻求解答,在不确定情况下的规划、学习和调度的思维方法。

(7) 计算思维是利用海量数据加快计算,在时间和时空之间、处理能力和存储容量之间进行权衡折中的思维方法。

1.3.4 计算思维中的思维方式

计算思维主要包括了数学思维、工程思维以及科学思维中的逻辑思维、算法思维、网络思维和系统思维方式,其中运用逻辑思维精准地描述计算过程;运用算法思维有效地构造计算过程;运用网络思维有效地组合多个计算过程。

1. 逻辑思维

逻辑思维是人类运用概念、判断、推理等思维类型反映事物本质与规律的认识过程，属于抽象思维，是思维的一种高级形式。其特点是以抽象、判断和推理作为思维的基本形式，以分析、综合、比较、抽象、概括和具体化作为思维的基本过程，从而揭露事物的本质特征和规律性联系。

> **例 1-1** 某团队旅游地点安排问题。

某个团队计划去西藏旅游，除拉萨市之外，还有 6 个城市或景区可供选择：E 市、F 市、G 湖、H 山、I 峰、J 湖。考虑时间、经费、高原环境、人员身体状况等因素，有以下要求：

① G 湖和 J 湖中至少要去一处。
② 如果不去 E 市或者不去 F 市，则不能去 G 湖游览。
③ 如果不去 E 市，也就不能去 H 山游览。
④ 只有越过 I 峰，才能到达 J 湖。

如果由于气候原因，这个团队不去 I 峰，以下哪项一定为真？

A. 该团队去 E 市和 J 湖游览。
B. 该团队去 E 市而不去 F 市游览。
C. 该团队去 G 湖和 H 山游览。
D. 该团队去 F 市和 G 湖游览。

答案：D。

逻辑分析：条件①G 或 J；条件②非 E 或非 F→非 G，即 E 且 F←G；条件③非 E→非 H；条件④I←J，即非 I→非 J。

已知：非 I，根据条件④，非 J；再根据条件①，非 J，则 G；根据条件②，去 G 则：E 且 F；根据条件③，H 不确定。所以：必去 E、F、G；必不去：I，J；H 不定。

生活中逻辑思维的例子很多，比如常见的"数独"游戏等。

2. 算法思维

算法思维具有非常鲜明的计算机科学特征。算法思维是思考使用算法来解决问题的方法。这是学习编写计算机程序时需要的核心技术。

2016 年 3 月，谷歌公司的围棋人工智能 AlphaGo 战胜李世石，总比分为 4：1，标志着此次人机围棋大战最终以机器的完胜而结束。AlphaGo 的胜利，是深度学习的胜利，是算法的胜利。你鼠标的每一次单击，你在手机上完成的每一次购物，天上飞行的卫星，水里游曳的潜艇，拴着你钱袋子的股票涨跌——我们的世界，正是建立在算法之上。

计算机有时候就是这么处理问题的。比如五把钥匙中，只有一把是正确的，如果一把一把地依次试一下，最后总能开锁，这个例子体现了一种常用算法——枚举法。

3. 网络思维

网络思维强调网络构成的核心是对象之间的互动关系，可以包括基于机器的人际互动（"人-机-人"关系），涉及以虚拟社区为基础的交往模式、传播模式、搜索模式、组织管理模式、科技创新模式等，如社交网络、自媒体、人肉搜索、专业发展共同体；也可以包括机器间的互联（"机-人-机"关系），涉及因特网、物联网、云计算网络等的运行机制，如网络协议、大数据。

4. 系统思维

系统思维就是把认识对象作为系统,从系统和要素、要素和要素、系统和环境的相互联系、相互作用中综合地考察和认识对象的一种思维方法。简单地说,就是对事情全面思考,不只是就事论事,把想要达到的结果、实现该结果的过程、过程优化以及对未来的影响等一系列问题作为一个整体系统进行研究。

> **知行合一**
>
> 符号化、计算化、自动化思维,以组合、抽象和递归为特征的程序及其构造思维是计算技术与计算系统的重要思维。计算思维能力训练不仅使我们理解计算机的实现机制和约束,建立计算意识,形成计算能力,有利于发明和创新,而且有利于提高信息素养,也就是处理计算机问题时应有的思维方法、表达形式和行为习惯,从而更有效地利用计算机。

1.4 新的计算模式

1. 普适计算

普适计算(Pervasive Computing),又称普存计算、普及计算、遍布式计算,是一个强调与环境融为一体的计算概念,而计算机本身则从人们的视线里消失。在普适计算模式下,人们能够在任何时间、任何地点、以任何方式进行信息的获取与处理。普适计算的促进者希望嵌入环境或日常工具中的计算,能够使人更自然地与计算机交互。普适计算的显著目标之一是使得计算机设备可以感知周围的环境变化,从而根据环境的变化做出自动的、基于用户需要或设定的行为。比如手机感知,如果用户正在开会,自动切换为静音模式,并且自动答复来电者"主人正在开会"。这意味着普适计算不用为了使用计算机而去寻找一台计算机。无论走到哪里,无论什么时间,都可以根据需要获得计算能力。随着汽车、照相机、手表以及电视屏幕几乎都拥有计算能力,计算机将彻底退居到"幕后",以至于用户感觉不到它们的存在。

总之,普适计算的核心思想是小型、便宜、网络化的处理设备广泛分布在日常生活的各个场所,计算设备将不只依赖命令行、图形界面进行人机交互,而更依赖"自然"的交互方式,计算设备的尺寸将缩小到毫米级甚至纳米级。

普适计算是一个涉及研究范围很广的课题,包括分布式计算、移动计算、人机交互、人工智能、嵌入式系统、感知网络以及信息融合等多方面技术的融合。

2. 高性能计算

高性能计算(High Performance Computing,HPC)是计算机科学的一个分支,主要是指从体系结构、并行算法和软件开发等方面研究开发高性能计算机的技术。它是一个计算机集群系统,通过各种互联技术将多个计算机系统连接在一起,利用所有被连接系统的综合计算能力来处理大型计算问题,所以通常又被称为高性能计算机集群。

高性能计算机的发展趋势主要表现在网络化、体系结构主流化、开放和标准化、应用的多样化等方面。网络化趋势将是高性能计算机最重要的趋势,高性能计算机主要用作网络计算环境中的主机。

3. 智能计算

智能计算(Intelligent Computing)是一种经验化的计算机思考性程序,是人工智能化体系的一个分支,它是辅助人类去处理各类问题的具有独立思考能力的系统。智能计算也称为计算智能,包括遗传算法、模拟退火算法、禁忌搜索算法、进化算法、启发式算法、蚁群算法、人工鱼群算法、粒子群算法、混合智能算法、免疫算法、人工智能、神经网络、机器学习、生物计算、DNA 计算、量子计算、智能计算与优化、模糊逻辑、模式识别、知识发现、数据挖掘等。

4. 云计算

云计算(Cloud Computing)是一种基于互联网的计算方式,通过这种方式,共享的软硬件资源和信息可以按需提供给计算机和其他设备。提供资源的网络被称为"云"。"云"中的资源在使用者看来是可以无限扩展的,并且可以随时获取,按需使用,随时扩展,按使用付费。这种特性经常被称为像水电一样使用 IT 基础设施。

云计算是分布式计算(Distributed Computing)、并行计算(Parallel Computing)、效用计算(Utility Computing)、网络存储技术(Network Storage Technology)、虚拟化(Virtualization)、负载均衡(Load Balance)等传统计算机和网络技术发展融合的产物。

云计算特点主要有以下几点。

(1) 超大规模:"云"具有相当的规模,Google 公司的云计算已经拥有 100 多万台服务器,Amazon、IBM、微软、Yahoo 等公司的"云"均拥有几十万台服务器。企业私有云一般拥有数百上千台服务器。"云"能赋予用户前所未有的计算能力。

(2) 虚拟化:云计算支持用户在任意位置使用各种终端获取应用服务。所请求的资源来自"云",而不是固定的有形实体。应用在"云"中某处运行,但实际上用户不用了解、也不用担心应用运行的具体位置。只需要一台笔记本或者一部手机,就可以通过网络服务来实现我们需要的一切,甚至包括超级计算这样的任务。

(3) 高可靠性:"云"使用了数据多副本容错、计算结点同构可互换等措施来保障服务的高可靠性,使用云计算比使用本地计算机可靠。

(4) 通用性:云计算不针对特定的应用,在"云"的支撑下可以构造出千变万化的应用,同一个"云"可以同时支撑不同的应用运行。

(5) 高可扩展性:"云"的规模可以动态伸缩,满足应用和用户规模增长的需要。

(6) 按需服务:"云"是一个庞大的资源池,可以按需购买;云可以像自来水、电、煤气那样计费。

(7) 极其廉价:由于可以采用极其廉价的结点来构成"云","云"的自动化集中式管理使大量企业不用负担日益高昂的数据中心管理成本,"云"的通用性使资源的利用率较之传统系统大幅提升,因此用户可以充分享受"云"的低成本优势,经常只要花费几百美元、几天时间就能完成以前需要数万美元、数月时间才能完成的任务。

(8) 潜在的危险性：云计算服务除了提供计算服务外，还必然提供存储服务。但云计算服务当前垄断在私人机构（企业）手中，而它们仅仅能够提供商业信用。对于政府机构、商业机构（特别像银行这样持有敏感数据的商业机构）选择云计算服务应保持足够的警惕。一旦商业用户大规模使用私人机构提供的云计算服务，无论其技术优势有多强，都不可避免地让这些私人机构以"数据（信息）"的重要性挟制整个社会。对于信息社会而言，"信息"是至关重要的。另一方面，云计算中的数据对于数据所有者以外的其他云计算用户是保密的，但对于提供云计算的商业机构而言却是毫无秘密可言的。所有这些潜在的危险，是商业机构和政府机构选择云计算服务，特别是选择国外机构提供的云计算服务时，不得不考虑的一个重要的前提。

5. 量子计算

量子计算是一种遵循量子力学规律调控量子信息单元来进行计算的新型计算模式，在"平行"运算处理方面具有较强的优越性。量子力学态叠加原理使得量子信息单元的状态可以处于多种可能性的叠加状态，从而导致量子信息处理从效率上相比于经典信息处理具有更大潜力。普通计算机中的 2 位寄存器在某一时间仅能存储 4 个二进制数（即 00、01、10、11）中的一个，而量子计算机中的 2 位量子位（qubit）寄存器可同时存储这 4 种状态的叠加状态。随着量子比特数目的增加，对于 n 个量子比特而言，量子信息可以处于 2^n 种可能状态的叠加，配合量子力学演化的并行性，可以展现比传统计算机更快的处理速度。

2019 年 8 月，中国科学技术大学潘建伟小组与其合作者，首次实现了确定性偏振、高纯度、高全同性和高效率的单光子源，为光学量子计算，特别是超越经典计算能力的量子霸权的实现奠定了坚实的科学基础。这项成果标志着我国的可扩展光学量子信息技术在国际上进一步扩大了领跑优势。

6. 绿色计算

绿色计算指利用各种软件和硬件先进技术，将目前大量计算机系统的工作负载降低，提高其运算效率，减少计算机系统数量，进一步降低系统配套电源能耗。同时，改善计算机系统的设计，提高其资源利用率和回收率，降低二氧化碳等温室气体排放，从而达到节能、环保和节约的目的。

基础知识练习

（1）什么是计算？什么是计算机科学？
（2）简述计算思维的概念。
（3）四色问题又称四色猜想，是世界近代三大数学难题之一。四色问题的解决，利用了计算机的哪些优势？
（4）简述图灵机模型。
（5）冯·诺依曼提出的"程序存储"的计算机方案要点是什么？
（6）计算机的发展经历了哪几代？

能力拓展与训练

（1）找出一些具体的案例，分析计算机的发展所带来的思维方式、思维习惯和思维能力的改变。

（2）尝试写一份关于"我国高性能计算机研究现状"的报告。该报告内容应包括高性能计算机的应用、我国高性能计算机的研究成果及发展前景等。

（3）查阅资料，进一步了解并行计算与并行计算机。

（4）你对未来计算机有何设想？你设想的依据是什么？

（5）推荐观看以下视频课。

- 哈佛大学公开课：计算机科学导论

http://v.163.com/special/lectureroncomputerscience/

- 麻省理工学院公开课：计算机科学及编程导论

http://v.163.com/special/opencourse/bianchengdaolun.html

- 斯坦福大学公开课：人与计算机的互动

http://v.163.com/special/opencourse/humancomputer.html

（6）拓展阅读。

[1] 崔林，吴鹤龄. IEEE 计算机先驱奖：计算机科学与技术中的发明史（1980—2006）[M]. 北京：高等教育出版社，2018.

[2] 沙行勉. 计算机科学导论——以 Python 为舟[M]. 2 版. 北京：清华大学出版社，2016.

第 2 章 0和1的思维——信息在计算机内的表示

【导语】 计算思维的核心是问题求解,在问题求解时,人们通常习惯使用十进制数来描述数据大小,用文字来描述语言,用符号来描述图形,用颜色来描述图像。然而计算机却只能识别由 0 和 1 表示的数字信息。一切的计算是由神奇的数字 0 和 1 构成的。因此,0 和 1 的思维实质上就是符号化思维和逻辑思维。

2.1 数值的编码表示

计算机内部为什么要用二进制表示信息呢?原因有以下 4 点。

(1) 电路简单:计算机是由逻辑电路组成的,逻辑电路通常只有两种状态。例如,电流的"通"和"断",电压电平的"高"和"低"等。这两种状态正好表示成二进制的两个数码 0 和 1。

(2) 工作可靠:两种状态代表的两个数码在数字传输和处理中不容易出错,因此电路更加可靠。

(3) 简化运算:二进制运算法则简单。

(4) 逻辑性强:计算机的工作是建立在逻辑运算基础上的,二进制只有两个数码,正好代表逻辑代数中的"真"和"假"。

因此,数字式电子计算机内部处理数字、字符、声音、图像等信息时,是以 0 和 1 组成的二进制数的某种编码形式进行的。

2.1.1 数制的概念

数制是人们利用符号来计数的科学方法。数制可以有很多种,但在计算机的设计和使用中,通常引入二进制、八进制、十进制、十六进制等。

进位计数制的有关概念如下。

(1) 用不同的数字符号表示一种数制的数值,这些数字符号称为数码。

(2) 数制中所使用的数码的个数称为基数,如十进制数的基数是 10。

(3) 数制每一位所具有的值称为权,如十进制各位的权是以 10 为底的幂。例如,

680326 这个数,从右到左各位的权为个、十、百、千、万、十万,即以 10 为底的 0 次幂、1 次幂、2 次幂等。所以为了简便起见,也可以顺次称其各位为 0 权位、1 权位、2 权位等。

(4) 用"逢基数进位"的原则进行计数,称为进位计数制。如十进制数的基数是 10,所以其计数原则是"逢十进一"。

(5) 位权与基数的关系是:位权的值等于基数的若干次幂。

例如,十进制数 4567.123,可以展开为下面的多项式:

$$4567.123 = 4 \times 10^3 + 5 \times 10^2 + 6 \times 10^1 + 7 \times 10^0 + 1 \times 10^{-1} + 2 \times 10^{-2} + 3 \times 10^{-3}$$

式中的 10^3、10^2、10^1、10^0、10^{-1}、10^{-2}、10^{-3} 为该位的位权,每一位上的数码与该位权的乘积,就是该位的数值。

(6) 任何一种数制表示的数都可以写成按位权展开的多项式之和,其一般形式如下:

$$N = d_{n-1}b^{n-1} + d_{n-2}b^{n-2} + d_{n-3}b^{n-3} + \cdots + d_1 b^1 + d_0 b^0 + d_{-1} b^{-1} + \cdots + d_{-m} b^{-m}$$

式中:

- n——整数部分的总位数。
- m——小数部分的总位数。
- $d_{下标}$——该位的数码。
- b——基数。如二进制数 $b=2$,十进制数 $b=10$,十六进制数 $b=16$ 等。
- $b^{上标}$——位权。

2.1.2 常用计数制的表示方法

(1) 常用计数制。常用计数制如表 2.1 所示。

表 2.1 常用计数制的比较

进 制	数 码	基数	位权	计数规则
二进制	0、1	2	2^i	逢二进一
八进制	0、1、2、3、4、5、6、7	8	8^i	逢八进一
十进制	0、1、2、3、4、5、6、7、8、9	10	10^i	逢十进一
十六进制	0、1、2、3、4、5、6、7、8、9、A、B、C、D、E、F	16	16^i	逢十六进一

(2) 常用计数制的对应关系。常用计数制的对应关系如表 2.2 所示。

表 2.2 常用计数制的对应关系

十 进 制 数	二 进 制 数	八 进 制 数	十六进制数
0	0000	0	0
1	0001	1	1
2	0010	2	2
3	0011	3	3

续表

十 进 制 数	二 进 制 数	八 进 制 数	十六进制数
4	0100	4	4
5	0101	5	5
6	0110	6	6
7	0111	7	7
8	1000	10	8
9	1001	11	9
10	1010	12	A
11	1011	13	B
12	1100	14	C
13	1101	15	D
14	1110	16	E
15	1111	17	F

(3) 常用计数制的书写规则。在应用不同进制的数时,常采用以下两种方法进行标识。

- 采用字母后缀。

B(Binary)——表示二进制数。二进制数 101 可写为 101B。

O(Octonary)——表示八进制数。八进制数 101 可写为 101O。

D(Decimal)——表示十进制数。十进制数 101 可写为 101D。一般情况下,十进制数后的 D 可以省略,即无后缀的数字默认为十进制数。

H(Hexadecimal)——表示十六进制数。十六进制数 101 可写为 101H。

- 采用括号外面加下标。

举例如下:

$(1011)_2$——表示二进制数 1011。

$(1617)_8$——表示八进制数 1617。

$(9981)_{10}$——表示十进制数 9981。

$(A9E6)_{16}$——表示十六进制数 A9E6。

2.1.3 不同进制数之间的转换

(1) r 进制数与十进制数之间的转换。

- 将 r 进制数转换为十进制数。

r 进制数转换为十进制数使用"位权展开式求和"的方法。

例 2-1 将二进制数 1101.011 转换为十进制数。

解:$1101.011B = 1 \times 2^3 + 1 \times 2^2 + 0 \times 2^1 + 1 \times 2^0 + 0 \times 2^{-1} + 1 \times 2^{-2} + 1 \times 2^{-3} =$

13.375D。

- 将十进制数转换为 r 进制数。

十进制整数转换为 r 进制整数的方法如下：整数部分使用"除基数倒取余法"，即除以 r 取余，直到商为 0，然后余数从右向左排列（即先得到的余数为低位，后得的余数为高位）；小数部分使用"乘基数取整法"，即乘以 r 取整，然后所得的整数从左向右排列（即先得到的整数为高位，后得到的整数为低位），并取得有效精度。

例 2-2 将十进制数 13.25 转换为二进制数。

解：

先将整数部分 13 转换：

余数为 1，即 $a_0=1$
余数为 0，即 $a_1=0$
余数为 1，即 $a_2=1$
余数为 1，即 $a_3=1$

再将小数部分 0.25 转换：

```
    0.25
  ×)  2
    0.50    —— 整数为 0，即 a₋₁=0
    0.50
  ×)  2
    1.00    —— 整数为 1，即 a₋₂=1
```

即 $a_{-1}=0$

即 $a_{-2}=1$

所以最后转换结果为 13.25D=1101.01B。

(2) 二进制数、八进制数、十六进制数之间的转换。

因为 $8=2^3$，$16=2^4$，因此，八进制数相当于三位二进制数，十六进制数相当于四位二进制数，从而，转换方法分别为"三位合一／一分为三"和"四位合一／一分为四"。

- 二进制数转换为八进制数或十六进制数。

方法为：以小数点为界向左和向右划分，小数点左边（即整数部分）每三位或每四位二进制数一组构成一位八进制数或十六进制数，位数不足三位或四位时最左边补"0"；小数点右边（即小数部分）每三位或每四位二进制数一组构成一位八进制数或十六进制数，位数不足三位或四位时最右边补"0"。

例 2-3 把二进制数 10111011.0110001011 转换为八进制数。

解：

```
010 111 011 . 011 000 101 100
 ↓   ↓   ↓     ↓   ↓   ↓   ↓
 2   7   3  .  3   0   5   4
```

10111011.0110001011B=273.3054O

- 八进制数或十六进制数转换为二进制数。

方法：把一位八进制数用三位二进制数表示，把一位十六进制数用四位二进制数表示。

例 2-4 把八进制数 135.361 转换为二进制数。

解：

```
 1    3    5  .  3    6    1
 ↓    ↓    ↓     ↓    ↓    ↓
001  011  101 . 011  110  001
```

135.36lO＝001011101.011110001B＝1011101.011110001B

2.1.4 进制数在计算机中的表示

数以正负号数码化的方式存储在计算机中，称为机器数。机器数通常以二进制数码 0、1 形式保存在有记忆功能的电子器件——触发器中。每个触发器记忆一位二进制数码，所以 n 位二进制数将占用 n 个触发器，将这些触发器排列组合在一起，就成为寄存器。一台计算机的"字长"取决于寄存器的位数。目前常用的寄存器有 8 位、16 位、32 位、64 位等。

要全面完整地表示一个机器数，应考虑三个因素：机器数的范围、机器数的符号和机器数中小数点的位置。

（1）机器数的范围：机器数的范围由硬件决定。当使用 16 位寄存器时，字长为 16 位，所以一个无符号整数的最大值是：1111111111111111B＝$(2^{16}-1)$D＝65535D。

（2）机器数的符号：二进制数与人们通常使用的十进制数一样也有正负之分，为了在计算机中正确表示有符号数，通常规定寄存器中最高位为符号位，并用 0 表示正，用 1 表示负，这时在一个 8 位字长的计算机中，正数和负数的格式分别如图 2.1 和图 2.2 所示。

图 2.1 正数

图 2.2 负数

最高位 D_7 为符号位，$D_6 \sim D_0$ 为数值位。这种把符号数字化，并与数值位一起编码的方法，很好地解决了带符号数的表示方法及其计算问题。常用的有原码、反码、补码三种编码方法。

- 原码。

原码编码规则：符号位用 0 表示正，用 1 表示负，数值部分不变。

例 2-5 写出 N1＝＋1010110，N2＝－1010110 的原码。

解：

[N1]原＝01010110，[N2]原＝11010110

- 反码。

反码编码规则:正数的反码与原码相同;而负数的反码是将符号位用1表示,数值部分按位取反。

例 2-6 写出 N1=+1010110,N2=-1010110 的反码。

解:

[N1]反=01010110   [N2]反=10101001

- 补码。

补码编码规则:正数的补码与原码相同;而负数的补码是将符号位用1表示,数值部分先按位取反,然后末位加1。

例 2-7 写出 N1=+1010110、N2=-1010110 的补码。

解:

[N1]补=01010110   [N2]补=10101010

(3) 机器数中小数点的位置:计算机中的数据有定点数和浮点数两种表示方法。这是由于在计算机内部难以表示小数点。因此小数点的位置是隐含的,隐含的小数点位置可以是固定的,也可以是浮动的,前者的表示形式称为"定点数",后者的表示形式称为"浮点数"。

- 定点数。

定点数是指小数点固定在某个位置上的数据,一般有小数和整数两种表现形式。定点整数是把小数点固定在数据数值部分的右边,如图 2.3 所示。定点小数是把小数点固定在数据数值部分的左边,但在符号位的右边,如图 2.4 所示。

图 2.3　机器内的定点整数

图 2.4　机器内的定点小数

例 2-8 设机器的定点数长度为两字节,用定点整数表示 313D。

解:因为 313D=100111001B,故机器内表示形式如图 2.3 所示。

例 2-9 用定点小数表示 -0.8125D。

解:因为 -0.8125D=-0.110100000000000B,故机器内表示形式如图 2.4 所示。

- 浮点数。

之所以称为浮点数,是因为按照科学记数法表示时,一个浮点数的小数点位置是可变的,比如,$1.23×10^9$ 和 $12.3×10^8$ 是相等的。浮点数可以用数学写法,如 1.23、3.14、-9.01,等等。但是对于很大或很小的浮点数,就必须用科学记数法表示,比如,将十进制数 68.38、-6.838、0.6838、-0.06838 用指数形式表示,它们分别为 $0.6838×10^2$、$-0.6838×10^1$、$0.6838×10^0$、$-0.6838×10^{-1}$。

用一个纯小数(称为尾数,有正、有负)与 10 的整数次幂(称为阶码,有正、有负)的乘积形式来表示一个数,就是浮点数的表示法。同理,一个二进制数 N 也可以表示如下:

$$N = ±S × 2^{±P}$$

式中的 N、P、S 均为二进制数。S 为 N 的尾数,即全部的有效数字(数字小于1),S 前面的正负号是尾数的符号,简称数符;P 为 N 的阶码,P 前面的正负号为阶码的符号,简称阶符。

在计算机中一般浮点数的存放形式如图 2.5 所示。

阶符	阶码P	数符	尾数S

图 2.5 浮点数的存放方式

> 注意:在浮点表示法中,尾数的符号和阶码的符号各占一位;阶码是定点整数,阶码的位数决定了所表示数的范围;尾数是定点小数,尾数的位数决定了所表示数的精度。在不同字长的计算机中,浮点数所占的字节不同。

2.1.5 计算机的逻辑运算

计算机中二进制数的加、减、乘、除四则运算法则与十进制数的相同。加法是基本运算,减法用负数的加法完成,乘法用多个加法的累积来实现,除法用减法来实现。即在计算机中,我们只需要一种实现加法的硬件就能完成所有的四则运算。那么,加法又是如何在计算机的电子电路里实现的呢?

计算机里常见的电子元件有电阻、电容、电感和晶体管等,它们组成了逻辑电路,逻辑电路通常只有两个状态。例如,电流的"通"和"断",电压电平的"高"和"低"等。这两种状态正好表示成二进制数的两个数码 0 和 1。因此,计算机中的一切计算归根结底都是逻辑运算。逻辑运算是对逻辑变量(0 与 1,或真与假)和逻辑运算符号的组合序列所做的逻辑推理。

计算机中基本逻辑运算有与(AND)、或(OR)、非(NOT)三种,计算机中用继电器开关来实现,如图 2.6 所示。

(a) 与运算电路　　　　　　(b) 或运算电路　　　　　　(c) 非运算电路

图 2.6 计算机中用继电器开关来实现基本逻辑运算

(1) 逻辑与：当决定一个事件的结果的所有条件都具备时，结果才成立的逻辑关系。

(2) 逻辑或：当决定一个事件的结果的条件中只要有任何一个满足要求时，结果就成立的逻辑关系。

(3) 逻辑非：运算结果是对条件的否定。

思考与探索

计算机中的一切计算包含加、减、乘、除，所以可以说一切计算皆逻辑。

2.1.6 十进制数的二进制编码

计算机中使用的是二进制数，人们习惯的是十进制数。因此，输入计算机中的十进制数，需要转换成二进制数；数据输出时，又需要将二进制数转换成十进制数。这个转换工作，是通过标准子程序实现的。两种进制数间的转换依据是数的编码。

用二进制数码来表示十进制数，称为"二-十进制编码"，简称 BCD（Binary-Coded Decimal）码。

因为十进制数有 0~9 这 10 个数码，显然需要 4 位二进制数码以不同的状态分别表示它们。而 4 位二进制数码可编码组合成 16 种不同的状态，因此，选择其中的 10 种状态作为 BCD 码的方案有许多种，这里只介绍常用的 8421 码，如表 2.3 所示。

表 2.3 8421 编码表

十 进 制 数	8421 编码	十 进 制 数	8421 编码
0	0000	8	1000
1	0001	9	1001
2	0010	10	0001 0000
3	0011	11	0001 0001
4	0100	12	0001 0010
5	0101	13	0001 0011
6	0110	14	0001 0100
7	0111	15	0001 0101

从表 2.3 中可以看到这种编码是有权码。若按权求和，和数就等于该代码所对应的十进制数。例如，0110＝2^2+2^1＝6。这就是说，编码中的每位仍然保留着一般二进制数所具有的位权，而且 4 位代码从左到右的位权依次是 8、4、2、1。8421 码就是因此而命名的。例如十进制数 63，用 8421 码表示为 0110 0011。

2.2　字符编码表示

现在国际上广泛采用美国标准信息交换码(American Standard Code for Information Interchange,ASCII码)。它选用了常用的128个符号,其中包括32个控制字符、10个十进制数(注意,这里是字符形态的数)、52个英文大写字母和小写字母、34个专用符号。这128个字符分别由128个二进制数码串表示。目前广泛采用键盘输入方式实现人与计算机间的通信。当键盘提供输入字符时,编码电路给出与字符相应的二进制数码串,然后送交计算机处理。计算机输出处理结果时,会把二进制数码串按同一标准转换成字符。

ASCII码由7位二进制数对它们进行编码,即用0000000~1111111共128种不同的数码串分别表示128个字符,如表2.4所示。因为计算机的基本存储单位是字节(Byte),一字节含8个二进制位(Bit),所以ASCII码的机内码要在最高位补一个"0",以便用一字节表示一个字符。

表2.4　ASCII码编码标准

$b_7 b_6 b_5$ / $b_4 b_3 b_2 b_1$	000	001	010	011	100	101	110	111
0000	空白(NUL)	转义(DLE)	SP	0	@	P	`	p
0001	序始(SOH)	机控$_1$(DC1)	!	1	A	Q	a	q
0010	文始(STX)	机控$_2$(DC2)	"	2	B	R	b	r
0011	文终(EXT)	机控$_3$(DC3)	#	3	C	S	c	s
0100	送毕(EOT)	机控$_4$(DC4)	$	4	D	T	d	t
0101	询问(ENQ)	否认(NAK)	%	5	E	U	e	u
0110	承认(ACK)	同步(SYN)	&	6	F	V	f	v
0111	告警(BEL)	阻终(ETB)	'	7	G	W	g	w
1000	退格(BS)	作废(CAN)	(	8	H	X	h	x
1001	横表(HT)	载终(EM)	)	9	I	Y	i	y
1010	换行(LF)	取代(SUB)	*	:	J	Z	j	z
1011	纵表(VT)	扩展(ESC)	+	;	K	[	k	{
1100	换页(FF)	卷隙(FS)	,	<	L	\	l	|
1101	回车(CR)	群隙(GS)	-	=	M	]	m	}
1110	移出(SO)	录隙(RS)	.	>	N	∧	n	~
1111	移入(SI)	元隙(US)	/	?	O	—	o	DEL

例2-10　分别用二进制数和十六进制数写出"good!"的ASCII码。

解：
二进制数表示：01100111B　　01101111B　　01101111B　　01100100B　　00100001B
十六进制数表示：67H　　　　　6FH　　　　　6FH　　　　　64H　　　　　21H

例 2-11　字符通过键盘输入和显示器输出的过程。

解：当键盘按下某键时，则会产生位置信号，根据位置来识别所按的字符，对照 ASCII 码编码标准，找出对应的 ASCII 码并存储。完成这种功能的程序称为编码器。

解码器用来读取存储的 ASCII 码，找出其对应的字符，查找相应的字形信息，然后将其显示在显示器上。

> **思考与探索**
>
> 　　编码器和解码器体现了信息表示和处理的一般性思维，即对于任何信息，只要给出信息的编码标准或协议，就可以研发相应的编码器和解码器，从而将其表示成二进制，在计算机中进行处理。

2.3　汉字编码表示

　　计算机处理汉字信息的前提条件是对每个汉字进行编码，称为汉字编码。归纳起来可分为以下四类：汉字输入码、汉字交换码、汉字内码和汉字字形码。

　　这四种编码之间的逻辑关系如图 2.7 所示，即通过汉字输入码将汉字信息输入计算机内部，再用汉字交换码和汉字内码对汉字信息进行加工、转换、处理，最后使用汉字字形码将汉字通过显示器显示出来或通过打印机打印出来。

图 2.7　汉字编码间的逻辑关系

1. 汉字输入码

　　汉字输入码是为从计算机外部输入汉字而编制的汉字编码，也称汉字外部码，简称外码。到目前为止，国内外提出的编码方法有百种之多，每种方法都有自己的特点，可归并为下列几种。

　　(1) 顺序码：这是一种使用历史较长的编码方法，是用 4 位十六进制数或 4 位十进制数编成一组代码，每组代码表示一个汉字。编码可以按照汉字出现的概率大小顺序进行编码，也可根据汉字的读音顺序进行编码。这种代码不易记忆，不易操作。例如区位码、邮电码等属于顺序码。

　　(2) 音码：这种编码方法根据汉字的读音进行编码。可在通用键盘上像输入西文一样进行输入，但同音异字、发音不准或不知道发音的字难以处理。例如微软拼音输入法、搜狗拼音输入法、智能 ABC 输入法等属于音码。

　　(3) 形码：这种编码方法是根据汉字的字形进行编码，将汉字分解成若干基本元素

(即字元),然后给每个字元确定一个代码,并按字元位置(左右、上下、内外)顺序将其代码排列,就可以构成汉字的代码。例如五笔字型、表形码、郑码等属于形码。

(4) 音形码:这种编码方法是综合了字形和字音两方面的信息而设计的。例如全息码、五十字元等属于音形码。

为提高输入速度,输入方法逐步智能化是目前发展趋势。例如,基于模式识别的语音识别输入、手写板输入或扫描输入等。

2. 汉字交换码

汉字交换码是指在不同汉字信息系统之间进行汉字交换时所使用的编码。我国于1981 年制定的《中华人民共和国国家标准信息交换汉字编码》(代号 GB 2312-80)中规定的汉字交换码为标准汉字编码,简称 GB 2312-80 编码或国标码。

国标码总共收录了 7445 个汉字和字符符号,其中,一级常用汉字 3755 个、二级非常用汉字和偏旁部首 3008 个、字符符号 682 个。在这个汉字字符集中,汉字是按使用频度进行选择的,其中包含的 6763 个汉字使用覆盖率达到了 99%。

一个国标码由两个七位二进制编码表示,占两字节,每字节最高位补 0。例如,汉字"大"的国标码为 3473H,即 00110100 01110011。

为了编码,将国标码中的汉字和字符符号分成 94 个区,每个区又分成 94 个位,这样汉字和字符符号就排列在这 94×94 个编码位置组成的代码表中。每个字符用两字节表示,第一个字节代表区码,第二个字节代表位码,由区码和位码构成了区位码。因此,国标码和区位码是一一对应的:区位码是十进制表示的国标码,国标码是十六进制表示的区位码。

我国台湾地区的汉字编码字符集代号为 BIG5,通常称为大五码,主要用于繁体汉字的处理,它包含了 420 个图形符号和 13070 个汉字(不包含简化汉字)。

3. 汉字内码

汉字内码是汉字在信息处理系统内部最基本的表现形式,是信息处理系统内部存储、处理、传输汉字而使用的编码,简称内码。

前面讲过,一个国标码占两字节,每字节最高位补 0,而 ASCII 码的内码也是在最高位补一个"0",以便用一字节表示一个字符。所以为了在计算机内部能够区分是汉字编码还是 ASCII 码,将国标码的每字节的最高位由"0"变为"1",变换后的国标码称汉字机内码。例如,汉字"大"的机内码为 10110100 11110011。也由此可知汉字机内码的每字节都大于 128,而每个西文字符的 ASCII 码值均小于 128。

4. 汉字字形码

汉字字形码是表示汉字字形信息的编码,在显示或打印时使用。目前汉字字形码通常有点阵方式和矢量方式两种表示方式。

(1) 点阵方式:此方式是将汉字字形码用汉字字形点阵的代码表示,所有汉字字形码的集合就构成了汉字库。经常使用的汉字库有 16×16 点阵、24×24 点阵、32×32 点阵和 48×48 点阵,一般 16×16 点阵汉字库用于显示,而其他点阵汉字库则多在打印输出时使用。如图 2.8 所示的点阵及代码是以"大"字为例,点阵中的每一个点都由"0"或"1"组成,一般 1 代表"黑色",0 代表"白色"。

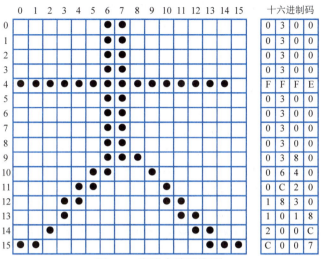

图 2.8　字形点阵及代码

在汉字库中,每个汉字所占用的存储空间与汉字书写简单或复杂无关,每个点阵块分割的粗细决定了每个汉字占用空间的大小。点阵越大,占用的磁盘空间就越大,输出的字形越清晰美观,例如 16×16 点阵的一个汉字约占 32B。对于不同的字体应使用不同的字库。

(2) 矢量方式:矢量字库保存的是每一个汉字的描述信息,比如一个笔画的起始、终止坐标,以及半径、弧度等,即每一个字形是通过数学曲线来描述的,它包含了字形边界上的关键点、连线的导数信息等,字体的渲染引擎通过读取这些数学矢量,然后进行一定的数学运算来进行渲染。这类字体的优点是字体尺寸可以任意缩放而不变形、变色。Windows 中使用的 TrueType 就是汉字矢量方式。Windows 使用的字库在 Fonts 目录下,字体文件扩展名为 FON 的表示是点阵字库,扩展名为 TTF 的表示是矢量字库。

点阵和矢量方式的区别是:前者编码和存储方式简单,不用计算即可直接输出,显示速度快;后者则正好相反,字形放大时效果也很好,且同一字体不同的点阵不需要不同的字库。

2.4　多媒体编码表示

计算机中所处理的数据信息,除了数值数据、符号数据,还有声音、图形、图像、视频等,这类信息被称为多媒体信息。数据信息必须被转换成由 0 和 1 表示的数据代码后,计算机才能进行存储和处理。这种转换就是多媒体数据的编码表示,实现动态信息数值化。

2.4.1　多媒体的基本概念

"多媒体"来源于英文"multimedia",由 multiple 和 media 复合而成。media 是

medium(媒体)的复数形式。国际电信联盟对多媒体含义的表述是：使用计算机交互式综合技术和数字通信网技术处理的多种表示媒体，使多种信息建立逻辑链接，集成为一个交互系统。

1. 多媒体的基本元素

多媒体的信息主要包括以下几种。

(1) 文本(Text)：包括数字、字母、符号、汉字。

(2) 声音(Audio)：包括语音、歌曲、音乐和各种发声。

(3) 图形(Graphics)：由点、线、面、体组合而成的几何图形。

(4) 图像(Image)：主要指静态图像，例如照片、画片等。

(5) 视频(Video)：指录像、电视、视频光盘(VCD)播放的连续动态图像。

(6) 动画(Animation)：由多幅静态画片组合而成，它们在形体动作方面有连续性，从而产生动态效果，包括二维动画(2D，平面效果)、三维动画(3D，立体效果)。

2. 多媒体的基本类型

"媒体"在计算机领域中有两种含义，一种是指用于存储信息的实体，如磁盘、磁带、光盘等；另一种是指信息的载体，如文字、声音、图像等。国际电话与电报咨询委员会制定了媒体分类标准，将其分为如下 5 种类型。

(1) 感觉媒体：指能够直接作用于人的感官，让人产生感觉的媒体，如人类的各种语音、文字、音乐，自然界的各种声音、图形、静止和运动的图像等。

(2) 表示媒体：指为了加工处理和传输感觉媒体而研究构造出来的媒体，是用于传输感觉媒体的手段，即对语言、文本、图像、动画进行数字编码。

(3) 表现媒体：指用来将感觉媒体存入计算机或显示媒体信息的一类媒体，因而可分为输入(如键盘、鼠标、扫描仪)和输出(如显示器、打印机、扬声器)表现媒体。

(4) 存储媒体：指用于存储表现媒体的介质，即存放感觉媒体数字化以后的代码的媒体。存放代码的存储媒体有内存、软盘、硬盘、光盘、磁带等。

(5) 传输媒体：也称为传输介质，把表现媒体从一处传送到另一处的物理载体，如双绞线、同轴电缆、光纤、空间电磁波等。

2.4.2 多媒体处理的关键技术

多媒体技术就是对多种载体(媒介)上的信息和多种存储体(媒质)上的信息进行处理的技术，包括多媒体的录入、压缩、存储、变换、传送、播放等。多媒体技术的核心是"视频、音频的数字化"和"数据的压缩与解压缩"。

1. 视频、音频的数字化

原始的视频、音频的模拟信号经过采样、量化和编码后，就可以转换为便于计算机进行处理的数字符号，然后再与文字等其他媒体信息进行叠加，构成多种媒体信息的组合。

2. 数据的压缩与解压缩

(1) 数据压缩的目的：数字化后的视频、音频信号的数据量非常大，不进行合理压缩根本就无法传输和存储。例如，一帧中等分辨率的彩色数字视频图像的数据量约

7.37MB,100MB 的硬盘空间只能存储 100 帧,若按 25 帧/秒的标准(PAL 制式)传送,则要求 184 MB/s 的传送速率。对于音频信号,若采样频率为 44.1kHz,采样数字数据为 16 位,双通道立体声,此时 100MB 的硬盘空间仅能存储 10 分钟的录音。

因此,视频、音频信息数字化后,必须再进行压缩才有可能存储和传送。播放时则需要解压缩以实现还原。

数据压缩的目的就是用最少的代码表示源信息,以减少所占存储空间,有利于传输。

(2) 数据压缩的思路:数据压缩的思路是将图像中的信息按某种关联方式进行规范化并用这些规范化的数据描述图像,以大量减少数据量。例如,某个三角形为蓝色,这时只要保存三个顶点的坐标和蓝颜色代码就可以了。如此规范化之后,就不必存储每个像素的信息了。

(3) 数据压缩的分类:按照压缩后丢失信息的多少分为无损压缩和有损压缩两种。

无损压缩也称冗余压缩法。它去掉数据中的冗余部分,在以后还原时可以重新插入,即信息不丢失。因此,这种压缩是可逆的,但压缩比较小。

有损压缩是在采样过程中设置一个门限值,只取超过门限的数据,即以丢失部分信息来达到压缩目的。例如,把某一颜色设定为门限值后,则与其十分相近的颜色便被视为相同,而实际存在的细微差异都被忽略了。由于丢失的信息不能再恢复,所以这种压缩是不可逆的,图像质量较差,但压缩比较大。

对数据进行压缩时应综合考虑,尽量做到压缩比要大、压缩算法要简单、还原效果要好。

2.4.3 音频数字化的编码表示

音频是用来描述声音的,现实中的音频信息是一种模拟数据。不便于数字计算机存储和处理,必须将其转换为便于计算机处理和存储的数字数据,该转换过程被称为音频数字化编码表示。

1. 声音的基本概念

声音是由物质振动所产生的一种物理现象,是通过一定介质传输的一种连续的波,在物理学中称为声波。声波是随时间连续变化的模拟量,可以用一种连续变化的物理信号波形来描述。声音的强弱由声波的振幅来体现,声音的高低则由声波的周期(频率)体现,如图 2-9 所示。

图 2-9 声音的波形

2. 声音信息数字化

声音信息数字化就是把模拟信息转换为数字信息,通过对声音信息采样、量化和编码来实现。

(1) 采样:指将模拟音频信号转换为数字音频信号时,在时间轴上每隔一个固定的时间间隔对声音波形曲线的振幅进行一次取值。我们把每秒钟抽取声音波形振幅值的次数称为采样频率,单位为 Hz。显然,采样频率越高,从声波中取出的数据就越多,声音也就越真实。

(2) 量化:指将采样所得到的值(反映某一瞬间声波幅度的电压值)加以数字化。采样只解决了音频波形信号在时间轴上切成若干个等分的数字化问题,但每一等分的长方形的高度(代表某一瞬间声波幅度的电压值的大小)需要用某种数字化的方法来反映,这就是量化概念。量化的过程是先将采样后的信号按整个声波的幅度划分成有限个区段的集合,并采用二进制的方式赋予相同的量化值,它决定了模拟信号数字化后的动态范围。通常量化位数有 8 位、16 位、32 位等,分别表示 2^8、2^{16}、2^{32} 个等级。

(3) 编码:指将量化后的数字用二进制数来表示。编码的方式有很多,常用的编码方式是脉冲调制,其主要优点是抗干扰能力强、失真度小、传输特性稳定,但编码后的数据量大。

3. 声音文件的基本格式

由于音频信息占用的存储空间很大,不同公司采用不同的存储和压缩方式,因而形成了不同的音频文件格式。常见的文件格式有 WAVE、MIDI、MP3、CD、RealAudio 和 WMA 等。

2.4.4　图像数字化的编码表示

现实中的图像信息如同音频信息一样,属于模拟数据,不便于数字计算机存储和处理,必须将其转换为便于计算机存储和处理的数字数据,该转换过程被称为图像数字化编码表示。图像在计算机中有两种表示方法,即矢量图形和位图图形。图像处理包括信息的获取、存储、传送、输出和显示等。

1. 图像和图形的基本概念

计算机屏幕上显示的画面文字通常有两种描述方法:一种称为矢量图形或几何图形方法,简称图形;另一种称为点阵图像或位图图像,简称图像。图形图像是使用最广泛的一种媒体,占据着主导地位。

(1) 图形:用一组命令来描述,图形画面由直线、矩形、圆、圆弧、曲线等形状以及位置、颜色等属性和参数构成。图形一般是用工具软件绘制的,并可以方便地对图形的各组成部分进行移动、旋转、放大、缩小、复制、删除、涂色等处理。

(2) 图像:是指在空间和亮度上已经离散化的图片,通常用扫描仪扫描图形、照片、图像,并用图像编辑软件进行加工而成。图像采用像素的描述方法,适合表现有明暗、颜色变化的画面。图像大多是彩色的,并且用亮度、色调、饱和度来描述。

2. 图像信息数字化

图像信息数字化就是把形如照片、画报、图书、图纸等模拟信息转换为数字信息(计算机能够接受的显示和存储格式)。图像信息数字化通过对图像信息采样、量化和编码来实现。

(1) 采样：指对二维空间上连续的图像在水平和垂直方向上等间距地分隔成矩形网状结构，分割形成的矩形方格称为像素。这样一幅图像就被采样成由若干像素构成的像素集合，通常被称为图像的分辨率，常用 dpi(dot per inch)表示，即每英寸有多少像素，用列数×行数表示。显然分辨率越高，图像越清晰，其存储数据量越大。例如，一幅 640×480 的图像，表示这幅图像由 640×480＝307200 像素组成。

(2) 量化：是将采样的每个像素点的颜色用相同位数的二进制数表示，是在将图像分成像素之后每一像素被赋值为位模式。位模式的值取决于图像。对于仅有黑白点组成的图像，1 位模式足以表示像素，即用 0 模式表示黑像素，用 1 模式表示白像素，被一个接一个地记录并存储在计算机中。如果一幅图像不是由纯黑、纯白像素组成，则可增加位模式的长度来表示灰度，例如，2 位模式可以显示 4 种灰度，用 00 表示黑色像素，01 表示深灰色像素，10 表示浅灰像素，11 表示白色像素。如果是彩色图像，则每一种彩色图像被分解成红、绿、蓝三种主色，分别用 RGB 来表示，每一个像素有 3 位模式。

(3) 编码：指将量化的二进制图像信息通过编码来压缩其数据量，因为图像文件的数据量非常巨大，如果不通过编码压缩，不仅占用大量的存储空间，也不便于信息交换和网络传输。图像的分辨率和颜色深度决定了图像文件的大小，其计算公式如下：

$$列数×行数×颜色深度÷8＝图像字节数$$

例如，表示一个分辨率为 1280×1024 的 24 位真彩色图像，需要 1280×1024×24÷8≈4 MB，由此可见，数字化后得到的图像数据量巨大，必须采用编码技术来压缩其信息，因此可以说，在一定意义上，编码压缩技术是实现图像传输与存储的关键。

3. 图像文件的基本格式

由于图像信息占用的存储空间很大，不同公司采用不同的存储和压缩方式，因而形成了不同的图像文件格式。每种图像文件都有不同的特点和应用范围等。常见的位图格式文件有 BMP、PCX、TGA、TIFF、GIF、JPEG、PNG 等，矢量图的格式文件有 WMF、EMF、EPS、DXF 等。

2.4.5 视频数字化的编码表示

视觉是人类感知外部世界最重要的途径之一。人类接收的所有信息中 70%～80%来自于视觉。视觉接收的信息可以分为静止的和运动的两类。图形图像是静止信息，而视频则是运动信息，它是图像的动态形式，动态图像由一系列的静态画面按一定的顺序排列而成。我们把每一幅图画面称为一帧，帧是构成视频信息的最小单位。将这些画面帧以一定的速度连续地投射到屏幕上，由于视觉的暂停现象，给人产生一种动态效果，即视频。

1. 视频信息数字化

普通的视频信号都是模拟的，而计算机只能处理和显示数字信号，因此在计算机使用视频信号之前必须进行数字化处理，即需要对视频信号进行扫描(采集)、采样、量化和编码处理。

(1) 采集：在计算机上通过视频采集卡可以接收来自视频输入端的模拟视频信号。

(2) 采样：模拟视频数据流进入计算机时，每帧画面均对每一像素进行采样，并按颜色或灰度量化，故每帧画面均形成一幅数字图像。对视频按时间逐帧进行数字化得到的图像序列即为数字视频，因此可以说，图像是离散的视频，视频是连续的图像。数字视频可以用图 2-10 表示。

由图 2-10 可见，数字视频是由一幅一幅连续的图像序列构成的，其中 x 轴和 y 轴分别表示水平和垂直方向的空间坐标，而 t 轴表示时间坐标，若一幅图像沿时间轴保持一个时间段 Δt，由于人眼的视觉暂留现象，可形成连续运动图像的感觉。

图 2-10　数字视频示意图

通常把送入计算机中的一段数字视频称为原始视频流，图像帧是组成视频的最小单位，但如果视频信息仅以图像帧和原始视频流存储，则不利于对视频内容检索，因此常在这两级结构中引入若干级中间结构，如镜头、场景等。把原始视频流划分为镜头称为视频分割技术，视频分割是数字视频处理和视频数据库管理系统中的基本问题。

(3) 量化与编码：通过采集而来的视频信息是面向像素的，因此其量化与编码类似于图像信息的量化与编码。

2. 视频文件的基本格式

根据视频信息的使用对象不同，视频文件的格式可分为适合本地播放的影视视频和适合在网络中播放的流媒体影视视频两类。在计算机中常见的数字视频文件格式有 MPEG、AVI、ASF、WMV、FLV 等。

> 💬 知行合一
>
> 关于"0 和 1"的思维：现实世界的各种信息都可以被转换成 0 和 1，并在计算机中处理，也可以将 0 和 1 转换成各种满足人们现实世界需要的信息。即任何事物只要表示成信息，也就能够被表示成 0 和 1，也就能够被计算机处理。
>
> 通过转换成 0 和 1，各种运算也就转换成了逻辑运算。逻辑运算可以方便地使用计算机中的晶体管等器件来实现，即 0 和 1 是计算机软件和硬件的纽带。
>
> 0 和 1 的思维体现了语义符号化、符号 0/1 化、0 和 1 计算机化、计算自动化的思维，是最重要的计算思维之一。

基础知识练习

(1) 进行以下的数制转换：

213 D=(　　　)B=(　　　)H=(　　　)O

3E1 H＝(　　　)B＝(　　　)D＝(　　　)O
10110101101011 B＝(　　　)H＝(　　　)O＝(　　　)D

（2）某台计算机的机器数占 8 位,写出十进制数-57 的原码、反码和补码。

（3）什么是 ASCII 码和 BCD 码？它们各自的作用及编码方法是什么？

（4）汉字编码有哪几类？各有什么作用？

（5）对于 16×16 的汉字点阵,一个汉字的存储需要多少字节？

（6）多媒体的概念是什么？常用的媒体元素有哪些？

（7）多媒体的压缩标准有哪些？

（8）简述你对于 0 和 1 的思维的理解。

能力拓展与训练

一、实践与探索

（1）如果你想开发一种新的汉字输入法,应该如何完成？写出你的实现思路。

（2）启动"录音机"程序,每周录制一段最想给父母说的话,坚持四年时间。

（3）尝试利用一种音频软件将一个 WAVE 格式的文件转换成 MP3 格式的文件。

（4）了解常用图形图像处理工具(如 Photoshop、CorelDRAW、AutoCAD 等)和常用动画制作工具(如 Flash、3dx Max、Maya 等),试分析比较各自的特点。

（5）查阅资料,思考和解析各类行业标准和技术的关系,写一份相关研究报告。

（6）结合所学的计算思维和相关知识,写一份关于移动多媒体终端的研究报告。

二、拓展阅读

王选院士,计算机文字信息处理专家,计算机汉字激光照排技术创始人,当代中国印刷业革命的先行者,被称为"汉字激光照排系统之父"。1976 年夏,王选院士发明了高分辨率字形的高倍率信息压缩技术(压缩倍数达到 500∶1)和高速复原方法,率先设计了提高字形复原速度的专用芯片,使汉字字形复原速度达到 700 字/秒的领先水平,在世界上首次使用控制信息(或参数)描述笔画宽度、拐角形状等特征,以保证字形变小后的笔画匀称和宽度一致。

1981 年 7 月,王选院士主持研制的中国第一台计算机激光汉字照排系统原理性样机(华光Ⅰ型),通过国家计算机工业总局和教育部联合举行的部级鉴定,鉴定结论是"与国外照排机相比,在汉字信息压缩技术方面领先,激光输出精度和软件的某些功能达到国际先进水平"。

第 3 章 系统思维——计算机系统基础

【导语】 计算系统是对计算机的抽象,计算机是一种设备,而计算系统则是一种动态实体,由硬件、软件和它们管理的数据构成,用于解决问题,以及与它所处的环境进行交互。如何使计算系统高效、可靠地工作,必须从"系统科学"观点出发,运用计算思维寻找提高系统性能的思想策略。计算系统全面体现了计算思维和系统科学思想,计算机子系统和层次结构的定义与划分等,是系统科学研究的典型示例。

3.1 计算机系统的基本概念

计算机是如何启动的?计算机的启动是一个非常复杂的过程,涉及硬件系统和软件系统。本章主要讲述计算机的硬件系统和软件系统知识,以及关于计算机系统思维的解析。

一台完整的计算机应包括计算机硬件系统和计算机软件系统。计算机硬件系统的功能是接收计算机程序,并在程序控制下完成数据输入、数据处理和数据输出等任务;计算机软件系统的功能是保证硬件的功能得以充分发挥,并为用户提供良好的工作环境。

冯·诺依曼型计算机系统由计算机硬件系统和计算机软件系统两大部分组成,如图 3.1 所示。

图 3.1 计算机系统的组成

3.1.1 计算机硬件系统

计算机硬件是指那些看得见、摸得着的部件,是构成计算机的物理装置。构成计算机的所有部件称为硬件(Hardware),这些硬件的整体称为硬件系统(Hardware System),是计算机系统的物理实现。如果按照层次抽象,计算机硬件系统由以下4个子系统组成。

1. 处理器子系统

处理器子系统是计算机系统的核心部件,由运算器、控制器、寄存器和指令系统组成。处理器子系统的功能是执行指令控制、操作控制、时序控制和数据处理,它是实现冯·诺依曼"存储程序控制"的指挥系统,由指令系统发出控制命令,指挥各有关部件有条不紊地执行各项操作。

2. 存储器子系统

存储器子系统包括内存储器和外存储器,是保存程序代码和数据的物理载体,也是计算机中存放程序和数据的各种存储设备、控制部件以及管理信息调度的设备和算法的总称。随着计算机应用领域越来越广泛,应用要求越来越高,数据自动存储能力成为现代计算机的重要指标。

3. 输入/输出子系统

输入/输出子系统用来实现输入设备、内存储器、处理器、输出设备之间的相互连接和不同信息形式的转换,控制外部设备与内存储器、外部设备与处理器之间进行数据交换。输入/输出子系统包括多种类型的输入设备、输出设备,以及连接这些设备与处理器、存储器进行信息交换的接口电路。

4. 总线子系统

总线子系统是多个功能部件之间进行数据传送的公共通道,是构成计算机系统的互连机构。总线子系统的主要特征是多个部件共享传输介质,一个部件发出的信号可以被连接到总线上的其他部件接收。采用总线传输方式使各子系统部件间实现地址、数据和控制信息的传递与交换,从而大大减少信息传送线的数量,增强系统的灵活性。

> 知行合一
>
> 硬件系统是用正确的、低复杂度的芯片电路组合成高复杂度的芯片,逐渐组合,功能越来越强,这种层次化构造化的思维是计算机自动化的基本思维之一。

3.1.2 计算机软件系统

计算机软件是相对硬件而言的,它是在计算机操作系统的基础上逐渐发展形成的。为了便于与硬件相区分,我们把计算机中使用的各种程序称为软件(Sofware),把计算机中所有程序的集合称为软件系统(Software System),它是计算机系统的软件支撑。它能拓展硬件功能,方便用户操作。

1. 软件的定义

软件是为使计算机高效地工作所配置的各种程序及相关的文档资料的总称,其中,程序是经过组织的计算机指令序列,指令是组成计算机程序的基本单位;文档资料包括软件开发过程中的需求分析、方案设计、编程方法等的文档及使用说明书、用户手册、维护手册等。

1983年,IEEE对软件给出了一个较为新颖的定义:软件是计算机程序、方法、规范及其相应的文稿以及在计算机上运行时必需的数据。这个定义在学术上有重要参考价值,它将程序与软件开发方法、程序设计规范及其相应的文档联系在一起,将程序与其在计算机上运行时必需的数据联系在一起。

软件在用户和计算机硬件之间架起了联系的桥梁,用户只有通过软件才能使用计算机。同时,计算机软件是对硬件功能的扩充与完善。软件有多种类型,但其基本功能、任务和特点是一致的。

(1) 软件的基本功能:使用户能根据自己的意图来指挥计算机工作,并使得计算机硬件系统能高效发挥作用。

(2) 软件的主要任务:一是为用户操作计算机提供方便和提高使用效率;二是能充分发挥计算机硬件系统的功能作用;三是能扩大计算机的使用用途。

(3) 软件的主要特点:软件是一种逻辑实体而不是具体的物理实体;软件是看不见、摸不着的纯智力产品,其研制成本远远大于其生产成本;软件没有老化问题,但比硬件维护要复杂得多。我们可把软件的特点概括为独创性、无形性、复制性、永久性、复杂性以及非价格的创新竞争。

2. 软件的分类

如同硬件一样,计算机软件也在不断发展。从冯·诺依曼计算机开始,软件的发展过程经历了计算机语言、翻译程序、操作系统、服务程序、数据库管理系统、应用程序等。根据软件的功能作用,可将其分为系统软件、支撑软件和应用软件三类。

(1) 系统软件(System Software):是计算机厂家为实现对计算机系统的管理、调度、监视、服务、维护以及扩充硬件功能等而提供给用户的软件。操作系统、翻译程序、服务程序都属于系统软件。系统软件的显著特点是与具体应用领域无关。

(2) 支撑软件(Supporting Software):随着数据库应用系统开发和网络应用的不断拓展逐渐形成的软件。随着计算机技术的发展,软件的开发、维护与运行的代价在整个计算机系统中所占的比重越来越大,远远超过硬件系统。目前,常用的支撑软件有数据库管理系统、各类工具软件(如系统诊断、图像处理)、网络软件、软件开发环境、中间件(独立的系统软件或服务程序)等。

(3) 应用软件(Application Software):是相对于系统软件而言的,是用户针对各种具体应用问题而开发的一类专用程序或软件的总称。例如,计算机辅助设计(CAD)、计算机辅助测试(CAT)、计算机辅助制造(CAM)、计算机辅助教学(CAI)、专家系统(Expert System)、各类信息管理系统(Information Manage System)、科学计算(Scientific Computing)等,这些应用软件在各有关领域大显神通,为传统的产业部门注入了新的活力。

用户与计算机系统各层次之间的关系,如图 3.2 所示。

图 3.2　用户与计算机系统各层次之间的关系

> 📝 知行合一
>
> 　　为深刻理解和快速掌握软件的相关概念及其操作,系统软件的学习应从计算机硬件系统入手,应用软件的学习应从系统软件入手。软件的设计与开发是从特殊到一般的抽象和归纳思维,而软件的应用是从一般到特殊的具体化和演绎思维。

3. 软件系统中的交互方式

操作系统与大部分软件都提供程序式和交互式两种接口,本节主要介绍交互方式。

1) 操作系统中的交互方式

人类交互的最自然方式是通过语言、文字、图形、图像、声音和影像等表达自己的思想,因此,计算机软件也在不断地努力使其尽可能实现自然交互的方式。在操作系统中,桌面以及桌面上的各种形象化的图标设计,都体现了软件操作界面的自然化模拟。

在操作系统中,有一个专门处理交互方式的软件模块,称为操作系统的外壳(Shell),与之对应的是,操作系统的核心功能部分称为内核(Kernel)。交互方式一般由软件的外壳软件来实现,外壳提供给用户的交互方式一般有两种:命令方式和菜单方式。

(1) 命令式交互方式。

命令式交互方式的基本思想:人们通过简单的语言(即命令)与计算机进行交互,请求计算机为我们解决各种问题。

在 Windows 操作系统中,单击图标和使用快捷键的这些方式可以看作命令式。

命令语言有肯定句和一般疑问句两种句型。基本格式一般包括动词、宾语和参数三部分。动词表示要做的具体任务,宾语表示任务对象。

例如,在 Windows 10 系统中,可以采用两种方式进入命令式交互方式:在"开始"菜单旁边的搜索框中输入"cmd"命令后按 Enter 键;或按 Win+R 组合键,在弹出的对话框中输入"cmd"命令,单击"确定"按钮。

这时,输入各种命令就可以与计算机进行交互。比如"dir c:/p"命令可以分页查看C盘中的内容,如图3.3所示。输入"msconfig"命令就能打开"系统配置"对话框等。

图3.3 命令式交互方式

(2)菜单式交互方式。

菜单本身也是按树状结构思想来分类组织的。在菜单方式中,用户选择某个菜单项,就会调用与其对应的任务处理程序,这时菜单项(即命令动词),使用对话框中的若干选项(即各种命令参数),选择处理的具体对象(即命令宾语),从而实现命令的解释和实现。

> 思考与探索
>
> 体验一下图形用户界面技术:计算机应用之所以能够如此迅速地进入各行各业、千家万户,其中一个很重要的原因是Windows操作系统及其应用软件采用了图形化用户界面。图形化用户界面技术具有多窗口技术、菜单技术、联机帮助技术等特点。
>
> 以数据为中心和软件复用的思想:交互式方式由以命令为主到以菜单为主的发展变迁,不仅反映了图形用户界面技术的优越性,而且反映了软件技术由功能型为主向数据型为主的转变。通过菜单将同样的功能运用到不同的数据集上,这种方式体现了以数据为中心和软件复用的思想。

2)应用软件中的交互方式

应用软件运行在系统软件的基础之上,其启动和退出是通过系统软件的相关操作来完成的。启动是指将程序从计算机硬盘读入内存固定区域,并让其开始执行。关闭是指使处于工作状态的软件停止运行,并正确地从内存中撤销,释放所占内存空间。

应用软件的核心——应用程序,作为一种软件资源,存放在存储介质中,同一个应用软件(比如 WPS)可以运行多次,系统软件会把它们看作不同的多个任务来处理,这就是多任务机制。一般地,常用的有以下几种启动方式。

(1) 基于查找的方式:基于查找的方式是指通过打开资源管理的树状目录结构,逐层地查找,或通过搜索的方式找到应用程序,然后将其打开。

(2) 快捷方式:可以给任何文件、文件夹添加快捷方式。快捷方式是访问某个常用项目的捷径。双击快捷方式图标可立刻运行这个应用程序、完成打开这个文档或文件夹的操作。例如,用户如果已经为打印机创建了快捷方式,那么以后要打印文件时,只需将该文件的图标拖到打印机图标上即可。

> **注意**:快捷方式图标并不是对象本身,而是它的一个指针,此指针通过快捷方式文件与该对象联系。因此,对快捷方式的移动、复制、更名或删除只影响快捷方式文件,而不会改变原来的对象。

(3) 基于文件类型的方式:我们知道,系统软件中约定了一些专用文件的扩展名,表明了不同的文件类型。这时我们只要打开该类型的某一个文件即可启动其应用软件。比如,打开一个名为"我的大学规划.docx"文件即可启动 WPS 应用软件。

3) 应用软件的操作模式

应用软件已逐渐趋于国际化软件的模式,通常它们有很多相似的操作模式,学会触类旁通,将大大提高学习和使用软件的效率。

(1) 菜单栏的设置模式。

各种应用软件在不同的应用领域具有其显著的优势和特色,所以对于不同软件的使用学习,重点掌握其优势之处,再通过它与其他软件的共性学习,就可以快速把握该软件的精髓,并且能够在适当的应用领域选择不同的应用软件来解决问题,从而进一步明白软件为什么要这样设计,为什么要提供这些功能,为今后设计软件奠定基础。

比如菜单栏的设计,一般包含与资源管理有关的操作、编辑修改的操作、查看方面的操作、高级自定义设置方面的操作、自身软件的优势和特色、窗口布局有关的操作和联机帮助,一般命名为文件(File)、编辑(Edit)、查看或视图(View)、工具(Tool)、自身软件的优势和特色、窗口(Window)、帮助(Help)。

(2) 快捷菜单——"右击无处不在"。

一般地,在计算机屏幕的任何地方,使用鼠标右击,都会弹出一个快捷菜单,该菜单包含右击对象在当前状态下的常用命令。快捷菜单具有针对性、实时性和快捷性,一般软件的常用功能均可以通过快捷菜单来完成。

(3) 快捷键和访问键。

很多菜单项后面有带下画线的字母,表示该选项具有访问键,对于顶层菜单,按 Alt+访问键就可执行该项操作;对于子菜单,用户打开菜单后直接输入该字母即可执行。

有的很常用的菜单项后面跟着组合键,表示该选项具有快捷键,用户不必打开菜单,直接按下此快捷键,就可执行该项操作,比如,菜单项"复制(C) Ctrl+C"。

快捷键和访问键往往使用该菜单项的英文单词本义的首字母,像复制(C)就是 Copy 的首字母、打开(O)就是 Open 的首字母等,使用单词本义来学习,会更好地触类旁通,实现知识的迁移。

（4）文档格式设置策略。

常用的文字处理软件和电子表格处理软件中文档的格式设置策略，体现和应用了正向（演绎）思维和反向（归纳）思维。

- 正向（演绎）思维：先指定整个文档的各种格式，然后再输入具体内容。
- 反向（归纳）思维：先输入具体内容，然后再设置整个文档的各种格式。这种方法较为普遍。

在实际应用中，可以根据情况自主选择，也可以将两者结合起来使用。

（5）对象的嵌入与链接技术。

对象的嵌入与链接又称为 OLE。嵌入和链接的主要区别在于数据的存放位置以及将其插入目标文件后的更新方式的不同。

链接对象是指在修改源文件之后，链接对象的信息会随着更新。链接的数据只保存在源文件中，目标文件中只保存源文件的位置，并显示代表链接数据的标识。如果需要缩小文件大小，应使用链接对象。

嵌入对象是指即使更改了源文件，目标文件中的信息也不会发生变化。嵌入的对象是目标文件的一部分，而且嵌入之后，就不再与源文件有联系。双击嵌入对象，将在源应用程序中打开该对象。

文档和文档间、应用程序和应用程序间通过 OLE 技术，自身的功能大大丰富和扩充了，这也是递归思想的体现。

> **知行合一**
>
> 各种应用软件在不同的应用领域具有其显著的优势和特色，注重捕捉软件及其使用过程中的经验规律和模式，掌握使用该软件的精髓，并在学习和使用软件的过程中注重总结归纳其共性，会大大提高学习、使用和设计软件的能力。比如，Shift 键配合鼠标往往实现多个连续对象的选择；Ctrl 键配合鼠标往往实现多个不连续对象的选择。又如，用鼠标从任意方向包围需要选择的对象，往往能够实现多个对象的选择。这种总结归纳的思维方式对于提升终身学习能力很有益处，这也是一种知识迁移的思维方式。

3.2　计算机操作系统

一台没有任何软件支持的计算机称为裸机，用户直接面向裸机进行应用操作是相当困难的，几乎是不可能的。因为计算机硬件系统只能识别由 0 和 1 组成的二进制信息，所以用户直接操作、使用、管理和维护计算机时，总是觉得机器"太硬"了（不理解人意），而机器总是觉得用户"太笨"了（动作缓慢）。因此，迫切需要解决让计算机理解用户的操作意图，以及因为用户的操作速度太慢而使机器显得无事可做等问题。为了摆脱人的这种"高智低能"和发挥机器的"低智高能",必须要让计算机来管理自己和用户。于是,操作系统应运而生。

3.2.1 操作系统的基本概念与作用

1. 操作系统的定义

操作系统(Operating System,OS)是随着硬件和软件不断发展而逐渐形成的一套大型程序。从功能上,它是用户与计算机硬件之间的接口,是用户和其他软件与计算机硬件之间的桥梁;从作用上,它为用户操作和使用计算机提供了一个良好的操作与管理环境,使计算机的使用效率成倍地提高,并且为用户提供了方便的使用手段和令人满意的服务质量。因此,可将其定义为:操作系统是有效地组织和管理计算机系统中的硬件和软件资源,合理地组织计算机工作流程,控制程序的执行,并提供多种服务功能及友好界面,方便用户使用计算机的系统软件。

2. 操作系统的作用

现在呈现在用户面前的计算机,是经过若干抽象的计算机系统,我们可把整个计算机系统按功能划分为 4 个层次,即硬件系统、操作系统、支撑软件和应用软件。这 4 个层次表现为一种单向服务关系,即外层可以使用内层提供的服务,反之则不行。其中,操作系统密切地依赖于硬件系统,其功能作用主要体现在以下 3 个方面。

(1) 操作系统是用户与计算机硬件之间的接口:用户需要通过操作系统来使用计算机,操作系统使得用户可以不需要过多了解硬件的情况下,就能方便地控制计算机中的资源,并且能够根据用户需求对硬件进行改造和扩充。因此,可以把操作系统看作人-机交互(Human-Computer Interaction)的接口或界面。

(2) 操作系统是计算机系统的资源管理者:操作系统的基本任务是管理计算机系统中的软硬件资源,是软硬件之间的协调者。一方面,它控制和管理着系统硬件,向上层的实用程序和用户应用程序提供一个屏蔽硬件工作细节的良好使用环境,把一个裸机变成可"操作"且方便灵活的计算机系统;另一方面,计算机中的程序和数据以文件形式存放在外存储器中,如何与内存储器进行数据交换,都由操作系统来实现。操作系统的管理包括处理器管理、存储管理、文件管理、设备管理,最大限度地提高资源的利用效率和实现资源共享,操作系统使得计算机成为一台"海纳百川"的机器。

(3) 操作系统为用户提供了一个虚拟机(Virtual Machine):计算机硬件系统的功能是有限的,但通过操作系统及其相关软件,可以完成多种多样、复杂多变的任务,很多需要硬件实现的功能可以由软件实现,许多硬件实现不了的功能也由软件来实现。为了方便用户开发更为复杂的程序,操作系统提供了更容易理解的、任务相关的、控制硬件的命令,称为应用程序接口(Application Program Interface,API),它把对硬件控制的具体细节封装起来,通过在计算机裸机上加上一层又一层的软件来组成一个完整的计算系统,为用户提供了一台扩展基本功能、使用更为方便的机器,即是虚拟机,它是一个功能强大、安全可靠、效率极高的计算机系统。

3.2.2 操作系统用户接口

用户接口(User Interface)是为方便用户操作使用计算机而提供的人-机交互接口,分为3种接口方式:命令接口、程序接口和图形接口。

(1) 命令接口:为了便于用户直接或间接控制自己的程序,操作系统提供了命令接口,用户通过该接口向计算机发出命令,执行功能操作。

(2) 程序接口:是为用户程序访问系统资源而设置的接口,为程序中使用操作系统提供的系统调用命令请求操作系统服务,也是用户程序取得操作系统服务的唯一途径。现在的操作系统都提供程序接口,例如,MS-DOS是以系统功能调用的方式提供程序接口,可以在编写汇编语言程序时直接调用。Windows操作系统是以API的方式提供程序接口,API提供了大量的具有各种功能的函数,直接调用这些函数就能编写出各种界面友好、功能强大的应用程序。在可视化编程环境(VB、VC++、Delphi等)中,提供了大量的类库和各种控件,如微软基础类(Microsoft Foundation Classes,MFC),这些类库和控件构建在API函数之上,并提供了方便的调用方法,极大地简化了Windows应用程序的开发。

(3) 图形接口:虽然用户可以通过联机用户接口来取得操作系统的服务,并控制自己的应用程序运行,但要求用户严格按照规定的格式输入命令。显然,这不便于操作使用。于是,图形用户接口(Graphical User Interface,GUI)应运而生。

GUI采用图形化的操作界面,用户利用容易识别的各种图标将系统的各项功能、各种应用程序和文件直观、逼真地表示出来。在Windows操作系统中,通过鼠标、菜单和对话框来完成对各种应用程序和文件的操作。此时用户不必像使用命令接口那样去记住命令名及格式,只要单击鼠标就能实现很多功能,从而使用户从烦琐且单调的操作中解放出来,能够为更多的非专业人员使用。这也是Windows类操作系统受到用户欢迎并得以迅速发展的原因。

3.2.3 常用的操作系统

常用的操作系统有以下几种。

(1) MS-DOS:MS-DOS是微软公司推出的配置在16位字长PC上命令行界面的单用户单任务的操作系统,它对硬件要求低,现已逐渐被Windows替代。

(2) Windows:Windows是微软公司推出的基于图形界面的单用户多任务的操作系统,是20世纪90年代以后使用率最高的一种操作系统。Windows采用了图形化模式GUI,使用的方式更为人性化。

(3) UNIX:UNIX是一种运用较早、使用率较高的网络操作系统之一,是通用、交互式、多用户、多任务的操作系统,是在科学领域和高端工作站上应用最广泛的操作系统。它采用C语言编写,可移植性强。由于UNIX强大的功能和优良的性能,使之成为被业界公认的工业化标准的操作系统。

(4) Linux：Linux 是 20 世纪 90 年代由芬兰赫尔辛基大学的学生 Linus Torvalds 创建并由众多软件爱好者共同开发的操作系统。它是由 UNIX 衍生出来的,性能与 UNIX 接近,最大特点是它的所有源代码都开放,用户可以免费获取 Linux 及其生成工具的源代码,并可以进行修改,建立自己的 Linux 开发平台,开发 Linux 软件。Linux 与 UNIX 兼容,能支持多任务、多进程、多 CPU 和多种网络协议,是一个性能稳定的多用户网络操作系统。

(5) 移动设备的操作系统：智能手机、平板电脑和掌上电脑(Personal Digital Assistant，PDA),我们都称之为"移动设备"。移动设备里的操作系统我们自然也称之为"移动设备操作系统",它在传统 PC 操作系统的基础上又加入了触摸屏、移动电话、蓝牙、Wi-Fi、GPS、近场通信等功能模块,以满足移动设备所特有的需求。

主流的移动设备的操作系统有 Android 和苹果的 iOS 等。Android 是一种基于 Linux 的自由及开放源代码的操作系统,主要使用于移动设备,如智能手机和平板电脑,由 Google 公司和开放手机联盟领导及开发。2005 年 8 月,由 Google 收购注资。2007 年 11 月,Google 与 84 家硬件制造商、软件开发商及电信运营商组建开放手机联盟共同研发改良 Android 系统。第一部 Android 智能手机发布于 2008 年 10 月。Android 逐渐扩展到平板电脑及其他领域上,如电视、数码相机、游戏机等。

(6) 实时嵌入式操作系统：单片机的操作系统软件称为嵌入式系统。嵌入式系统是用于控制、监视或者辅助操作机器和设备的装置。

嵌入式系统几乎都是实时操作系统。实时操作系统比普通操作系统的响应速度更快。系统收到信息后,没有丝毫延迟,马上就能做出反应,因此才称为"实时"。实时操作系统被广泛用于对时间精度要求非常苛刻的领域,例如,工业控制系统、数字机床、电网设备监测、交通管理中的 GPS(Global Positioning System,全球定位系统)、科学实验的精准控制、医疗图像系统、飞机和导弹中的导航系统、商业自动化设备(如自动售货机、收银机等)、家用电器设备(如微波炉、洗衣机、电视机、空调等)、通信设备(如手机、网络设备等)等,都要用到实时嵌入式系统。

(7) 分布式操作系统：随着网络技术的出现与发展,大量联网的计算机可以通过网络通信,相互协调一致,共同组成一个大的运算系统——分布式计算系统,该系统中的每台计算机都有独立的运算能力,各台计算机内运行的分布式程序之间相互传递信息,彼此协调,共同完成特定的运算任务。分布式系统具有可靠性高和扩展性好的优点。系统中任何一台(或多台)机器发生故障,都不会影响到整个系统的正常运转。同时,整个系统的结构是可以动态变化的,也就是说,随时可以有新的计算机加入系统中,也随时可以有计算机从系统中被移除。而且,系统中的计算机可以是多种多样的,网络连接形式也可以是多种多样的。

3.2.4 操作系统的管理功能

操作系统是一个庞大的管理控制程序,一个操作系统通常包括进程管理、中断处理、内存管理、文件系统、设备驱动、网络协议、系统安全和输入/输出等功能模块。

1. 进程管理

计算机程序通常有两种存在形式：一种是人（通常是程序员）能够读懂的"源程序"形式。源程序经过某种处理（术语叫"编译"）就得到了程序的另一种形式，也就是我们常说的"可执行程序"，或者叫"应用软件"。源程序是给人看的：程序员阅读、学习、修改源程序，然后可以生成新的更好的可执行程序。可执行程序通常是人看不懂的，但计算机能读懂，并按照其中的指令做事情，以完成一个运算任务。

那么什么是进程呢？一个运行着的程序，我们就把它称为"进程"。具体点说，程序是保存在硬盘上的源代码和可执行文件，当要运行它时，比如当你要运行浏览器程序时，会在浏览器图标上双击，这个浏览器程序的可执行文件就被操作系统加载到了内存中，一个浏览器进程就此诞生了。之后，CPU会逐行逐句地读取其中的指令，这也就是所谓的"运行"程序了。直到你上网累了，关闭了浏览器窗口，这个进程也就终止了。但浏览器程序（源代码和可执行文件）还原封不动地保存在硬盘上。

一个运转着的计算机系统就像一个小社会，每个进程都是这个社会中活生生的人，而操作系统就像是政府，它负责维持社会秩序，并为每一个进程提供服务。进程管理就是操作系统的重要工作之一，包括为进程分配运行所需的资源，帮助进程实现彼此间的信息交换，确保一个进程的资源不会被其他进程侵犯，确保运行中的进程之间不会发生冲突等。

进程的产生和终止、进程的调度、死锁的预防和处理……这些都是操作系统对于进程的管理工作。

2. 中断处理

操作系统的工作会经常被打断，而且被打断得非常频繁。任何一个进程如果要请求操作系统帮它做些什么，如读写磁盘上的文件，都要去"敲操作系统的门"，也就是要操作系统中断手头的工作来为它服务。针对不同的服务请求，操作系统会调用不同的"中断处理程序"来处理。操作系统中有数以百计的"中断处理程序"，用于处理各种各样的服务请求。

操作系统中断处理分为硬件中断和软件中断两类。

（1）硬件中断：硬件中断就是"硬件来敲门，请求服务"，是外围硬件设备（如键盘、鼠标、磁盘控制器等）发给CPU的一个电信号。在键盘上每按下一个键，都会触发一个硬件中断，于是CPU就要立即来处理，把我们输入的字母显示到屏幕上。

（2）软件中断：软件就是一系列指令。所谓"软件运行"，就是CPU逐行地读取并执行这些指令。在一个软件程序中，通常有很多指令都会请求操作系统提供某种服务。由这些程序指令触发的中断就叫"软件中断"。比如说，一个进程要产生子进程、要读写磁盘上的文件、要建立或删除文件等，这些任务都是要在操作系统的帮助下才能完成的。

另外，如果系统运行过程中出现了硬件和软件故障，也会向操作系统发出中断信号，以便这些意外情况能及时得到处理。

3. 内存管理

在计算机中有很多可以存放程序和数据的地方，按从里向外的层次依次有寄存器、缓存区、内存、硬盘、光盘、U盘等。

一个程序如果要运行起来,必须先把它加载到内存中。为什么呢?因为寄存器和缓存区太小,通常放不下一个程序。而硬盘又太慢,如果让CPU直接从硬盘里读指令的话,速度将是从内存里读指令的速度的百万分之一。因此,内存,这个速度较快,而且又能容纳下不少东西的地方,就成了加载程序的唯一选择。

内存管理是操作系统的重要工作。操作系统是计算机内硬件资源的管理者,而内存就是最为抢手的计算机硬件资源之一。大大小小的程序如果要运行,必须由操作系统给它们分配一定的内存空间。内存空间的分配是否合理直接关系到计算机的运行速度和效率。

(1) 操作系统内存管理的主要任务如下:
- 随时知道内存中的哪些空间被分配出去了,还有哪些空间可用;
- 给将要运行的程序分配空间;
- 如果有程序结束了,就把它占用的空间收回,以便分配给新的进程;
- 保护一个进程的空间不会被其他进程非法闯入;
- 为相关进程提供内存空间共享的服务。

(2) 虚拟内存。实际内存的使用情况只有操作系统才需要知道,用户进程看到的内存并不是真正的物理内存,而是一个"虚拟大内存",大到系统能支持的上限。对于32位系统来说,这个上限是 2^{32} B,也就是4GB。而64位操作系统的寻址能力就是 2^{64} B,也就是17179869184GB。当然这些只是理论值,实际中不可能用到这么大的内存,目前64位Windows 11家庭版操作系统最大可支持128GB。

即使实际可用的物理内存小于用户进程所需空间,进程也可以运行,因为用户进程并不需要100%被加载到内存中。实际上,一个程序经常包含一些极少被用到的功能模块。比如,用于出错处理的功能模块,如果程序不出错的话,这部分功能模块就没必要加载到内存中。一旦需要加载程序剩余的部分,而找不到可用空间的话,操作系统可以"拆东墙补西墙",把暂时不运行的进程挪出内存,以腾出空间加载正要运行的程序。

上述内存管理方式采用的就是"虚拟内存"技术。它将用户进程和物理内存隔离开来,给用户进程一个"虚拟内存"的概念,是内存管理的一大飞跃。虚拟内存不仅提高了系统的安全性,还可以让更多的进程同时运行,使内存的使用效率大大提高。同时,程序员在编程时,不必考虑物理内存有多大,这也降低了编程的复杂度。

4. 设备驱动

操作系统和硬件设备打交道依靠的就是设备驱动程序。操作系统内部有很多设备驱动程序。例如,上网要用网卡;听音乐要用声卡;等等。键盘、鼠标、硬盘……所有这些硬件设备都必须有相应的驱动程序才能正常工作。

现代通用操作系统,如Windows、Linux等都会提供一个I/O模型,允许设备厂商按照此模型编写设备驱动程序,并加载到操作系统中。目前的Windows和Linux操作系统都支持即插即用,即插即用是一种使用户可以快速简易安装某硬件设备而不用安装设备驱动程序或重新配置系统的标准。即插即用需要硬件和软件两方面支持,因此主要是看计算机配件是否支持即插即用。如具备即插即用功能,安装硬件就更为简易。

3.2.5　操作系统中的计算思维

1. 树状目录结构与资源管理

在 Windows 中常常利用"资源管理器"和"我的电脑"进行信息资源管理，在查看和显示信息时，我们用到了树状目录结构。利用树状目录结构来进行资源管理是计算机中的一个重要思想，一般地，涉及资源管理的操作都会使用树状结构。

这种树状结构的设计思想在我们日常生活中也常常用来进行信息的分类组织，比如，一个单位机构的层次结构等。另外，树状目录结构中，随着当前盘和当前文件夹的转换，也就是当前视点的不断转换，我们是不是感受到了一种层次化结构性的跳跃性思维？这种思维方式是计算机学科一个重要的思维特征。比如，网络域名管理、面向对象的分析与设计方法中的类及其继承的应用、Java 中的包管理及引用、程序三大结构的理解、网络规划与设计等。

2. 信息共享机制

Windows 内部提供了各种机制，使应用程序能够迅速而方便地共享数据和信息，这些机制包括剪贴板、对象链接与嵌入、动态数据交换等。

剪贴板是由操作系统维护的一块内存区域，是在 Windows 程序和文件之间传递信息的临时存储区，可以存储正文、图像、声音等多种多样的信息，实现不同应用程序间的信息交换。

对象链接与嵌入（Object Linking and Embedding，OLE）技术可以用来创建复合文档，复合文档可以包含来自于不同源应用程序的文件，有着不同类型的数据，即可以把文字、声音、图像、表格、视频、应用程序等组合在一起。OLE 是一种面向对象的技术，对象被赋予了智能属性，即参与链接和嵌入的对象本身带有计算机指令，所以使得它具有明显的缺点：缓慢而且庞大。

动态数据交换（Dynamic Data Exchange，DDE）是一种允许数据在程序间被共享或者通信的技术，可以用来协调操作系统的应用程序之间的数据交换及命令调用。

3. 回收站——恢复机制

"回收站"是计算机硬盘中的一个名为"Recycled"的文件夹，用于存放被删除的文件、文件夹和快捷方式等对象，处于被回收状态。回收站中的对象仍然占用磁盘空间，但是可以恢复，给用户提供一种"后悔药"。这是一种通过纠错方式，在最坏情况下进行预防、保护和恢复的思维，是一种常用的工程思维。在软件设计时应对可能发生的种种意外故障采取措施。软件是很脆弱的，很可能因为一个微小的错误而引发严重的事故，所以必须加强防范。

思考与探索

在电子类和机械类等工程中，哪些设计属于"回收站"式的工程思维下的产物呢？

3.2.6 我国操作系统的发展

我国在过去 20 年，诞生了超过 20 个不同版本的操作系统，红旗 Red Flag、深度 Deepin、中标麒麟 Neokylin、银河麒麟 Kylin、中兴新支点等，基本上都是基于 Linux 内核进行开发的。随着技术的成熟，国产操作系统已经从"可用"阶段向"好用"阶段发展，同时也可以支持绝大部分的常用办公软件，基本可以满足企业日常办公、电子政务、智慧城市、国防军工、教育、能源交通、党政机关、医疗、电信、教育、金融、生产作业系统以及安全可靠等多个领域的应用需求。

在 2019 年 8 月 9 日，华为公司正式发布鸿蒙操作系统。2020 年 9 月 10 日，鸿蒙操作系统升级至鸿蒙操作系统 2.0 版本，鸿蒙操作系统是一款全新的面向全场景的分布式操作系统，创造一个超级虚拟终端互联的世界，将人、设备、场景有机地联系在一起，将消费者在全场景生活中接触的多种智能终端实现极速发现、极速连接、硬件互助、资源共享，用最合适的设备提供最佳的场景体验。

鸿蒙操作系统能够把手机的内核级安全能力扩展到其他终端，进而提升全场景设备的安全性，通过设备能力互助，共同抵御攻击，保障智能家居网络安全；通过定义数据和设备的安全级别，对数据和设备都进行了分类分级保护，确保数据流通安全可信。

> **思考与探索**
>
> 递归思想：操作系统作为最基本的系统软件，是计算机硬件系统和软件系统（包括系统软件和应用软件）的组织者和管理者，因此，操作系统作为软件也要受到其自身的管理和控制。这是不是和"老和尚给小和尚讲故事"很相似？"从前有座山，山里有个庙，庙里有个老和尚，给小和尚讲故事。故事讲的是：从前有座山，山里有个庙，庙里有个老和尚，给小和尚讲故事……"，这就是著名的递归思维，即整体由局部组成，整体又可以作为局部。在日常生活中，递归一词较常用于描述以自相似方法重复事物的过程。例如，当两面镜子相互之间近似平行时，镜中嵌套的图像是以无限递归的形式出现的。
>
> 想一想：还有哪些计算机应用体现或使用了递归思维呢？

3.3 处理器系统

现代计算机是一个高度自动化的计算系统，有人把计算机称之为"电脑"，是因为它具有类似于人类的大脑，能按照人的意愿执行各种操作，其指挥和控制机构是由运算器、控制器、寄存器、指令系统等构成的处理器系统，它是计算机硬件系统的核心。

3.3.1 处理器的结构组成

随着超大规模集成电路的高速发展,使得电子器件的体积越来越小,为了使主体器件具有一致性能,则将运算器和控制器集成在一块芯片上,称为中央处理器(Central Processor)或中央处理单元(Central Processing Unit,CPU),在微机中称为微处理器(Microprocessor)。

1. CPU 的基本组成

CPU 是计算机中的核心部件,用来实现运算和控制,由运算器、控制器、控制线路等组成。

1) 运算器

运算器(Arithmetical Unit)是用来完成算术运算和逻辑运算的部件,其功能是:快速地对数据进行加、减、乘、除(包括变更数据符号)等算术运算;进行"与""或""非"等逻辑运算,进行逻辑左移、逻辑右移、算术左移、算术右移等移位操作;及时存放算术运算和逻辑运算过程中的中间结果(由通用寄存器组实现),实现挑选参与运算的操作数、选中执行的运算功能,并且把运算结果送到存储器中。

运算器由多功能算术逻辑部件(Arithmetic Logical Unit,ALU)、通用寄存器组(包括累加寄存器、数据缓冲寄存器、状态寄存器)及其控制线路组成。寄存器组用来存放运算器的工作信息和中间运算结果,减少访问存储器的次数,以提高运算器的速度。整个运算过程是在控制器的统一指挥下,对取自 RAM 的数据按照程序的编排进行算术或逻辑运算,然后将运算结果送到 RAM。

2) 控制器

控制器(Control Unit)是计算机系统发布操作命令的部件,其功能是根据指令提供的信息,实现对系统各部件(不仅包括 CPU)的操作和控制。例如,计算机程序和原始数据的输入、CPU 内部的信息处理、处理结果的输出、外部设备与主机之间的信息交换等,都是在控制器的控制下实现的。

2. CPU 的主要部件

CPU 是计算机硬件系统的指挥中心,有人将它形容为人脑的神经中枢。CPU 的指挥控制功能由指令控制、操作控制、时间控制、数据加工等部件实现。

(1) 数据缓冲寄存器(Data Register,DR):存放从 RAM 中取出的指令或数据字。

(2) 指令寄存器(Instruction Register,IR):存放从 RAM 中取出的将要执行的指令。

(3) 指令译码器(Instruction Decoder,ID):执行 IR 中的指令,必须对指令的操作码进行检测,以便识别所要求的操作。

(4) 地址寄存器(Address Register,AR):用来存放下一条将要执行的指令的地址码。

(5) 累加寄存器(Accumulator,AC):简称为累加器,当 ALU 执行算术或逻辑运算时为 ALU 提供工作区。

(6) 状态寄存器(Flag Register,FR)：用来存放算术和逻辑运行或测试的结果建立的条件码内容，如运算进位标志、运算结果溢出标志、运算结果为零标志、运算结果为负标志等。

(7) 微操作控制单元和时序部件：根据指令操作码和时序信号产生微操作控制信号，对各种操作实施时间上的控制。

3.3.2 CPU 的主要性能指标

(1) 字与字长：计算机内部作为一个整体参与运算、处理和传送的一串二进制数，称为一个字。在计算机中，许多数据是以字为单位进行处理的，是数据处理的基本单位。字长越长，运算能力就越强，计算精度就越高。

(2) 主频：CPU 有主频、倍频、外频三个重要参数，它们的关系是：主频＝外频×倍频，主频是 CPU 内部的工作频率，即 CPU 的时钟频率(CPU Clock Speed)。外频是系统总线的工作频率，倍频是它们相差的倍数。CPU 的运行速度通常用主频表示，以 Hz 作为计量单位。主频越高，CPU 的运算速度越快。

(3) 时钟频率：即 CPU 的外部时钟频率(即外频)，它由计算机主板提供，直接影响 CPU 与内存之间的数据交换速度。

(4) 地址总线宽度：地址总线宽度决定了 CPU 可以访问的物理地址空间，即 CPU 能够使用多大容量的内存。假设 CPU 有 n 条地址线，则其可以访问的物理地址为 2^n 个。

(5) 数据总线宽度：数据总线宽度决定了整个系统的数据流量的大小，数据总线宽度决定了 CPU 与二级高速缓存、内存以及输入/输出设备之间一次数据传输的信息量。

3.3.3 计算机的基本工作原理

计算机的基本工作原理包括存储程序和程序控制。计算机工作时先要把程序和所需数据送入计算机内存，然后存储起来，这就是"存储程序"的原理。运行时，计算机根据事先存储的程序指令，在程序的控制下由控制器周而复始地取出指令，分析指令，执行指令，直至完成全部操作，这就是"程序控制"的原理，计算机的基本工作原理如图 3.4 所示。

图 3.4 计算机的基本工作原理

1. 指令和指令系统

指令是指示计算机执行某种操作的命令，它由一串二进制数码组成。一条指令通常由两个部分组成：操作码＋地址码。

（1）操作码：操作码规定计算机完成什么样的操作，如算术运算、逻辑运算或输出数据等操作。

（2）地址码：地址码是指明操作对象的内容或所在的存储单元地址，即指明操作对象是谁等信息。

一台计算机所能识别和执行的全部指令的集合称为这台计算机的指令系统。

指令按其完成的操作类型可分为数据传送指令（主机↔内存）、数据处理指令（算术和逻辑运算）、程序控制指令（顺序和跳转）、输入/输出指令（主机↔I/O设备）和其他指令。

程序是由指令组成的有序集合。对一个计算机系统进行总体设计时，设计师必须根据要完成的总体功能设计一个指令系统。指令系统中包含许多指令。为了区别这些指令，每条指令用唯一的代码来表示其操作性质，这就是指令操作码。操作数表示指令所需要的数值或数值在内存中所存放的单元地址。

2. 计算机的工作过程

计算机的工作过程是计算机依次执行程序的指令的过程。一条指令执行完毕后，控制器再取下一条指令执行，如此下去，直到程序执行完毕。一条指令的操作分为取指令、分析指令和执行指令三个阶段。

（1）取指令：控制器根据程序计数器的内容（存放指令的内存单元地址）从内存中取出指令送到指令寄存器，同时修改程序计数器的值，使其指向下一条要执行的指令。

（2）分析指令：对指令寄存器中的指令进行分析和译码。

（3）执行指令：根据分析和译码实现本指令的操作功能。

> **思考与探索**
>
> 计算机或计算机系统可以被认为是由基本动作以及基本动作的各种组合所构成的。对这些基本动作的控制就是指令。指令的各种组合和数据组成了程序。指令和程序的思维是一种重要的计算思维。

3.4 存储器系统

现代计算机是以存储器为中心的，所有数据和程序都存放在存储器中，所以人们总是希望存储器的存储容量越大越好，存储速度越快越好，存储时间越长越好，存储器件的价格越低越好。然而，没有哪种存储器能够同时满足存储容量大、存储速度快、存储时间长、存储器件价格低的要求。为了适应系统需要，因而采用不同性能的存储器件，即内存储器和外存储器；为了满足应用需要，将不同性能的存储器进行优化组合，构成一个存储系统，并由操作系统实行高效管理。

3.4.1 存储单位

存储单位用来表示存储容量的大小。计算机中所有的数据信息都是以二进制数的形式进行存储的,所以存储单位是指数据存放时占用的二进制位数,常用的存储单位有位、字节和字。

(1) 位(bit,b):计算机中存储数据的最小单位,用来存放一个二进制位(0 或 1)。

一个二进制位只能表示 $2^1=2$ 种状态,若要表示更多的信息,就得组合多个二进制位。

(2) 字节(Byte,B):计算机中的一个存储单元(Memory Cell),ASCII 中的英文字母、阿拉伯数字、特殊符号和专用符号大约有 128~256 个,刚好可以用 8 个二进制位(即 1 字节)表示。

计算机中表示存储容量时通常用 KB、MB、GB、TB、PB、EB 等计量单位,换算关系如下:

$1\ KB=1024B=2^{10}B$　　$1MB=1024KB=2^{20}B$　　$1GB=1024\ MB=2^{30}B$

$1\ TB=1024GB=2^{40}B$　　$1PB=1024\ TB=2^{50}B$　　$1EB=1024PB=2^{60}B$

(3) 字(Word,W):计算机在存储、传送或操作时,作为一个数据单位的一组二进制位称为一个计算机字,简称为"字",每个字所包含的位数称为字长。一个字由若干字节组成,而字节是计算机进行数据处理和数据存储的基本单位,所以"字长"通常是"字节"的整数倍。

3.4.2 内存储器

内存储器(Internal Memory)是计算机中最主要的部件之一,用来存储计算机运行期间所需要的大量程序和数据。内存储器是直接与 CPU 相连并协同工作的存储器,包括只读存储器和随机存储器。随机存储器与 CPU 是计算机中最宝贵的硬件资源,是决定计算机性能的重要因素。内存储器主要由随机存储器(Random Access Memory,RAM)、只读存储器(Read Only Memory,ROM)和高速缓冲存储器(Cache)组成。

1. 随机存储器(RAM)

RAM 的作用是临时存放正在运行的用户程序和数据以及临时(从磁盘)调用的系统程序。其特点是 RAM 中的数据可以随机读出或者写入;关机或者停电时,其中的数据会丢失。

RAM 又可分为静态存储器(Static RAM,SRAM)和动态存储器(Dynamic RAM,DRAM)。

SRAM 的特点是工作速度快,只要电源不断,写入 SRAM 的信息就不会消失,不需要刷新电路,同时读取时不破坏原来存放的信息。信息一经写入可多次读出,但 SRAM 的集成度较低、功耗较大。SRAM 一般用来作为计算机中的高速缓冲存储器(Cache)。

DRAM 的优点是集成度较高,功耗也较低,其缺点是保存在 DRAM 中的信息随着电容器的漏电会逐渐消失，一般信息保存时间为 2 ms 左右，为了保存 DRAM 中的信息，必须每隔 1～2ms 对其刷新一次。因此采用 DRAM 的计算机必须配置动态刷新电路，以防信息丢失，DRAM 一般用作计算机中的主存储器，人们平常所说的内存就是 DRAM。

2. 只读存储器（ROM）

ROM 的作用是存放一些需要长期保留的程序和数据，如系统程序、控制时存放的控制程序等。其特点是只能读，一般不能改写，能长期保留其上的数据，即使断电也不会破坏。一般在系统主板上装有 ROM-BIOS，它是固化在 ROM 芯片中的系统引导程序，完成系统加电自检、引导和设置输入/输出接口的任务。

3. 高速缓冲存储器（Cache）

CPU 在执行程序时，总是按指令地址或操作数地址访问主存的。理论上，主存的读写速度与 CPU 的工作速度不仅越快越好，两者的速度还应该一致。然而，现代计算系统对 CPU 的性能要求越来越高，对主存容量要求越来越大。如果用与 CPU 一样性能的材料制作主存储器，则会使计算机的成本大幅度提高。因此，一般通用计算机的主存速度较 CPU 速度低，CPU 的时钟频率远远超过了主存的响应速度，因而使得 CPU 的执行速度受主存的限制而不能充分发挥自身的快速作用，从而降低了计算机整体的运行速度。

为了协调主存与 CPU 速度上的差异，目前解决这个问题的最有效办法是采用 Cache 技术。Cache 是一种在主存与 CPU 间起缓冲作用的存储器，所以称为高速缓冲存储器。Cache 是在 CPU 与主存两者之间增加一级在速度上与 CPU 相等、在功能上与主存相同的高速缓冲存储器，以其实现在两个不同工作速度的部件之间，在交换信息的过程中起缓冲（协调）作用。

Cache 的容量一般为 512KB 左右，并嵌入 CPU。计算机开始运行后，将当前正要执行的一部分程序批量地从主存复制到 Cache，CPU 读取指令时，先到 Cache 中查找。若在 Cache 中找到，则直接从 Cache 中读取（称为命中），否则从主存中读取。

Cache 既提高了系统性能，又保持了造价低廉。现在一般微型机中都含有内部 Cache，否则其速度难以真正实现。

4. 内存的性能指标

（1）存储容量：通常以 RAM 的存储容量来表示微型计算机的内存容量。常用单位有 KB、MB、GB 等。

（2）存取周期：内存的存取周期是指存储器进行两次连续、独立的操作（存数的写操作和取数的读操作）之间所需要的最短时间，以 ns（纳秒）为单位，该值越小速度越快。常见的有 7ns、10ns、60ns 等。存储器的存取周期是衡量主存储器工作速度的重要指标。

（3）功耗：它能反映存储器耗电量的大小，也反映了发热程度。功耗小，对存储器的工作稳定有利。

3.4.3 外存储器

外存储器（External Storage）是相对内存储器或主存储器而命名的，所以又称为辅助存储器（Auxiliary Storage），用来存放当前不参加运行的程序和数据。与 RAM 相比，外存储器存储容量较大、价格较低、速度较慢,并且不能直接与处理器相连。由于它是一种磁质存储器,因而能永久保存磁盘中的信息。目前常用的外存储器有硬盘存储器、光盘存储器、U盘存储器、移动硬盘等。在大型机和巨型机中,还有磁带存储器(Magnetic Tape Storage),主要用于大数据存储。

1. 硬盘存储器

硬盘是计算机主要的存储媒介之一,由一个或多个铝制或者玻璃制的碟片组成。碟片外覆盖有铁磁性材料。

硬盘主要有固态硬盘、机械硬盘、混合硬盘三类。

(1) 固态硬盘:固态硬盘(Solid State Disk、Solid State Drive,SSD)是用固态电子存储芯片阵列而制成的硬盘,固态硬盘的存储介质分为两种,一种是采用闪存(Flash芯片)作为存储介质,另外一种是采用DRAM作为存储介质。近年来还推出了XPoint颗粒技术。

基于闪存的固态硬盘是固态硬盘的主要类别,其内部构造十分简单,固态硬盘内主体其实就是一块印刷电路板,而这块板上最基本的配件就是控制芯片、缓存芯片(部分低端硬盘无缓存芯片)和用于存储数据的闪存芯片。

固态硬盘的主要特点是读写速度快。采用闪存作为存储介质,读取速度相对机械硬盘更快。固态硬盘不用磁头,寻道时间几乎为0,具有防震抗摔性、低功耗、无噪声、抗震动、低热量、体积小、重量轻、工作温度范围大等特点。

(2) 机械硬盘:机械硬盘(Hard Disk Drive,HDD)即是传统普通硬盘,如图3.5所示,主要由盘片、磁头、盘片转轴及控制电机、磁头控制器、数据转换器、接口、缓存等几个部分组成。

机械硬盘中所有的盘片都装在一个旋转轴上,每张盘片之间是平行的,在每个盘片的存储面上有一个磁头,磁头与盘片之间的距离比头发丝的直径还小,所有的磁头连在一个磁头控制器上,由磁头控制器负责各个磁头的运动。磁头可沿盘片的半径方向运动,加上盘片每分钟几千转的高速旋转,磁头就可以定位在盘片的指定位置上进行数据的读写操作。

图 3.5　机械硬盘

(3) 混合硬盘:混合硬盘(Hybrid Hard Disk,HHD)是把磁性硬盘和闪存集成到一起的一种硬盘。

2. 光盘存储器

光盘存储器由光盘驱动器和盘片组成,其盘片(亦称为母盘)上敷以光敏材料,激光照射时,分子排列发生变化,形成小坑点(亦称为光点),以此记录二进制信息。光盘特点是存储容量大、存储成本低、易保存。常见的光盘驱动器有CD-ROM、DVD-ROM、CD-RW、CD-R。

3. 移动存储器

目前常见的移动存储设备主要是闪盘和移动硬盘。

(1) 闪盘:闪盘具有USB接头,只要插入任何个人计算机的USB插槽,计算机即会检测到并把它视为另一个硬盘,又称优盘或闪存。目前常见的闪盘存储容量有64GB、

128GB、256GB、512GB、1TGB 等，资料存储期限可达 10 年以上。按功能可分为无驱型、固化型、加密型、启动型和红外型等。

（2）移动硬盘：移动硬盘是以硬盘为存储介质，以"盘片"存储文件，容量较大，数据的读写模式与标准 IDE 硬盘是相同的。移动硬盘多采用 USB、IEEE 1394 等传输速度较快的接口。移动硬盘的容量有 500GB、1TB、5TB 等。

4. 云存储

云存储是与云计算同时发展的一个概念。云存储是通过网络提供可配置的虚拟存储及相关数据的服务，即将存储作为一种服务，通过网络提供给用户。用户可以通过若干种方式使用云存储。用户可直接使用与云存储相关的在线服务，如网络硬盘、在线存储、在线备份或在线归档等服务。目前，提供云存储服务的有 Google drive、iCloud、华为网盘、everbox、Windows Live Mesh 和 360 云盘等。

3.4.4 存储体系

为了使计算机能自动、高速运行，除实行存储程序控制外，还需要采取相应的技术措施：一是协调 RAM 与 CPU 之间的运行速度；二是动态地组织存储空间；三是充分利用各种存储器的性能特点并进行优化组合，构成一个存储体系，通过彼此协调工作，提高计算机系统的整体性能。

1. 虚拟存储器

高速缓冲存储器（Cache）的引入相当于提高了主存的速度。但对整体而言，不仅要求主存速度快，还要求存储容量大，但主存容量毕竟是有限的。为了解决这一供需矛盾，现代操作系统中普遍采用虚拟存储技术。其基本思想是：在程序装入时只将当前需要执行的内容装入内存，暂时不用的其余部分保留在外存中，在程序执行过程中，如果需要用到的数据不在内存中，则由操作系统从外存储器上将其调入内存中，从而使用户可以使用一个比实际内存容量大得多的"虚拟存储"空间。

虚拟存储器不是一个实际的物理存储器，而是建立在主-辅层次结构上，是由主存储器、辅助存储器和操作系统的存储管理软件组成的存储体系。虚拟存储体系的实现有三个基本要素：一是有一定的内存容量，能够存放基本程序和数据；二是有足够的外存空间，能够存放多个用户程序；三是有地址变换机构，以动态实现存储过程中逻辑地址到物理地址的变换，也称为地址映射。

2. 存储体系结构

计算机中存储器包括主存储器、辅助存储器和高速缓冲存储器，它们各有其功能特点：主存储器容量较大，运行速度较快，用来在计算机运行时存放操作系统和其他程序代码；辅助存储器是针对主存而言的，主要指硬磁盘，存储器容量最大，速度慢，用来存储各种程序和数据；高速缓冲存储器存储容量最小，运行速度最快，用来协调 RAM 与 CPU 之间速度上的不一致。为了充分利用三种存储器各自的特点，"存储体系"应运而生：人们采用"Cache＋RAM＋硬磁盘"的三级存储体系来解决存储容量和存储速度上的矛盾。三级存储体系的逻辑结构如图 3.6 所示，其对应的层次结构如图 3.7 所示。

图 3.6　三级存储体系的逻辑结构

图 3.7　三级存储体系的层次结构

由于采用三级存储体系结构,既能满足速度、容量要求,又具有良好的性能/价格比,因而已成为现代计算机系统中普遍的存储体系结构模式。它们均由操作系统实施调配和协调。

3.5　总线、主板和输入/输出系统

计算机硬件系统由功能不同、性能各异的部件组成。为了使系统中的各功能部件能够"彼此适应、齐头并进"地高效工作,必须有效地"组织与协调",而担负起该工作的就是总线、主板和输入/输出系统。

3.5.1　总线系统

计算机硬件系统中的主机、输入/输出、外存及其他设备,可通过一组导线按照某种连接方式组织起来,构成一个完整的硬件系统,这组导线被称为总线,是各部件之间的数据通道。

1. 总线的分类

按照计算机所传输的信息种类,计算机的总线主要分为数据总线、地址总线和控制总线三种,分别用来传输数据、数据地址和控制信号,如图 3.8 所示。

图 3.8　微型计算机硬件系统总线结构

(1) 数据总线(Data Bus,DB):数据总线用于实现数据的输入和输出,数据总线的宽度等于计算机的字长。因此数据总线的宽度是决定计算机性能的主要指标。

(2) 地址总线(Address Bus,AB)：地址总线用于 CPU 访问内存和外部设备时传送相关地址。实现信息传送的设备的选择。例如，CPU 与主存传送数据或指令时，必须将主存单元的地址送到地址总线上。地址总线通常是单向线，地址信息由源部件发送到目的部件。地址总线的宽度决定 CPU 的寻址能力。若某计算机的地址总线为 n 位，则此计算机的寻址范围为 $0 \sim 2^n - 1$。

(3) 控制总线(Control Bus,CB)：控制总线用于 CPU 访问内存和外部设备时传送控制信号，从而控制对数据总线和地址总线的访问和使用。

2. 常用总线标准

在计算机系统中通常采用标准总线。标准总线不仅具体规定了线数及每根线的功能，而且还规定了统一的电气特性。主板上主要有 FSB、MB、PCI、PCI-E、USB、LPC、IHA 共 7 大总线。总线标准有 CA、EISA、VESA、PCI、AGP 等总线标准。现在，主板上配备较多的是 PCI 和 AGP 总线。PCI(Peripheral Component Internet)是一种局部总线标准，它能够一次处理 32 位数据，用于声卡、内置调制解调器的连接。AGP(Accelerated Graphics Port，加速图形端口)是显卡的专用扩展插槽，它是在 PCI 图形接口的基础上发展而来的。AGP 直接把显卡与主板控制芯片连接在一起，从而很好地解决了低带宽 PCI 接口造成的系统瓶颈问题。

3. 系统总线的主要性能指标

(1) 总线的带宽：总线的带宽是指单位时间内总线上可传送的数据量，即每秒钟传送的字节数，它与总线的位宽和总线的工作频率有关。

(2) 总线的位宽：总线的位宽是指总线能同时传送的数据位数，即数据总线的位数。

(3) 总线的工作频率：总线的工作频率也称为总线的时钟频率，以 MHz 为单位，总线带宽越宽，总线工作速度越快。

3.5.2 系统主板

系统主板(System Board)又称主板或系统板，用于连接计算机的多个部件，它安装在主机箱内，是微机最基本最重要的部件之一。在微机系统中，CPU、RAM、存储设备和显示卡等所有部件都是通过主板相结合，主板性能和质量的好坏将直接影响整个系统的性能。

1. 主要部件

集成在主机板上的主要部件有芯片组、扩展槽（总线）、BIOS 芯片、CMOS 芯片、电池、CPU 插座、内存槽、Cache 芯片、DIP 开关、键盘插座及小线接脚等。其结构如图 3.9 所示。

主板结构是根据主板上各元器件的布局排列方式、尺寸大小、形状、所使用的电源规格等制定出的通用标准，所有主板厂商都必须遵循，比如 ATX、BTX 等。

主板采用了开放式结构。主板上大都有

图 3.9 主板的结构

6~15个扩展插槽,供PC外围设备的控制卡(适配器)插接。通过更换这些插卡,可以对微机的相应子系统进行局部升级,使厂家和用户在配置机型方面有更大的灵活性。

(1) 芯片组:芯片组(Chipset)是主板的核心组成部分,几乎决定了这块主板的功能,进而影响到整个计算机系统性能的发挥。按照在主板上的排列位置的不同,通常分为北桥芯片和南桥芯片。北桥芯片提供对CPU的类型和主频、内存的类型和最大容量、ISA/PCI/AGP插槽、ECC纠错等支持。南桥芯片则提供对键盘控制器、实时时钟控制器、USB等的支持。其中北桥芯片起着主导性的作用,也称为主桥(Host Bridge)。

(2) CPU插座与插槽:不同主板支持不同的CPU,其上的CPU插座(或插槽)也各不相同。

(3) 内存插槽与内存条:在主板上,有专门用来安插内存条的插槽,称为"系统内存插槽"。根据内存条的线数,可以把内存分为72线、168线、184线、240线等;根据内存条的容量,可以分为512MB、1GB、2GB等。用户可以根据自己主板上的内存插槽类型和个数酌情增插内存条以扩充计算机内存。

(4) 扩展槽与扩展总线:扩展插槽是主板上用于固定扩展卡并将其连接到系统总线上的插槽,也叫扩展槽、扩充插槽,又称"总线接插口",计算机的外设通过接口电路板连接到主板上的总线接插口,与系统总线相连接,可以连接声卡、显卡等设备。扩展槽总线是主板与插到它上面的板卡的数据流通的通道。扩展槽口中的金属线就是扩展总线。扩展槽有ISA、EISA、VESA、PCI、AGP等多种类型。扩展槽是一种添加或增强计算机特性及功能的方法。扩展插槽的种类和数量的多少是决定一块主板好坏的重要指标。

(5) 基本输入/输出系统:基本输入/输出系统(Basic Input/Output System,BIOS)是高层软件(如操作系统)与硬件之间的接口。BIOS主要实现系统启动、系统自检、基本外部设备输入/输出驱动和系统配置分析等功能。BIOS一旦损坏,机器将不能工作。有一些病毒(如CIH等)专门破坏BIOS,使计算机无法正常开机工作,以致系统瘫痪,造成严重后果。

(6) CMOS芯片:CMOS是一块小型的RAM,具有工作电压低、耗电量少的特点。在CMOS中保存有存储器和外部设备的种类、规格及当前日期、时间等系统硬件配置和一些用户设定的参数,为系统的正常运行提供所需数据。若CMOS上记载的数据出错或数据丢失,则系统无法正常工作。恢复CMOS参数的方法是:系统启动时,按设置键(通常是Delete键)进入BIOS设置窗口,进行CMOS的设置。CMOS开机时由系统电源供电,关机时靠主板上的电池供电,即使关机,信息也不会丢失,但应注意更换电池。

2. 工作原理

当主机加电时,电流会在瞬间通过CPU、南北桥芯片、内存插槽、AGP插槽、PCI插槽、IDE接口以及主板边缘的串口、并口、PS/2接口等。随后,主板会根据BIOS来识别硬件,并进入操作系统发挥出支撑系统平台工作的功能。

3.5.3 输入/输出设备

输入/输出设备是计算机硬件系统的功能部件,通过输入设备,把程序、数据、图形、图像甚至语音等信息送入计算机。经过计算机运算或处理后,由输出设备输出运算或处理结果。

1. 输入设备

输入设备用来向计算机输入各种信息,目前常用的输入设备有键盘、鼠标、光电笔、扫描仪、数字化仪、字符阅读器及智能输入(如将语音或手写体转换成文字)设备等。

(1) 键盘:键盘是用于操作设备运行的一种指令和数据输入装置,是最常用也是最主要的输入设备。常规的键盘有机械式按键和电容式按键两种。在工控机键盘中还有一种轻触薄膜按键的键盘。键盘的接口有 AT 接口、PS/2 接口和 USB 接口。键盘是计算机中实现人机交互的主要设备,它由一组排列成矩阵形式的按键开关组成,每按下一个键,相当于接通了相应的开关电路,产生一个相应的字符代码(每个按键的位置码),然后将它转换成 ASCII 码或其他编码送到主机。用户不仅可以通过键盘输入命令、数据和程序等信息,还可以通过一些操作组合键来控制信息的输入和编辑,或对系统的运行实行一定程度的干预和控制。

(2) 鼠标:鼠标是一种屏幕标定装置。鼠标的鼻祖于 1968 年出现,美国科学家道格拉斯·恩格尔巴特(Douglas Englebart)在加利福尼亚制作了第一只鼠标。

鼠标分有线和无线两种。按接口类型可分为串行鼠标、PS/2 鼠标、总线鼠标和 USB 鼠标。按其工作原理及其内部结构的不同可以分为机械式、光机式、光电式和蓝牙式。

(3) 触摸屏:触摸屏是一种附加在显示器上的辅助输入设备。借助这种设备,用户用手指直接触摸屏幕上显示的某个按钮或某个区域,即可达到相应选择的目的,触摸屏为人机交互提供了更简单、更直观的输入方式。触摸屏主要有红外式、电阻式和电容式三种。红外式分辨率低;电阻式分辨率高,透光性稍差;电容式分辨率高,透光性好。

2. 输出设备

输出设备用来输出计算机的信息处理结果,包括数字、文字、表格、图形、图像、语音等。目前常用的输出设备有显示器、打印机、绘图仪等。利用输出设备,可将处理结果呈现给用户。

1) 显示器

显示器是一种将一定的电子文件通过特定的传输设备显示到屏幕上,再反射到人眼的显示工具。显示器通过 VGA、DVI 或 HDMI 接口与主机相连。

根据制造材料的不同,显示器分为阴极射线管显示器(CRT)、等离子显示器(PDP)、液晶显示器(LCD)等。显示器的主要技术指标如下:

(1) 屏幕尺寸,指矩形屏幕的对角线长度,以英寸为单位,反映显示屏幕的大小。

(2) 显示分辨率,指屏幕像素的点阵。像素是指屏幕上能被独立控制其颜色和亮度的最小区域,即荧光点。显示分辨率通常写成(水平点数)×(垂直点数)的形式,例如,800×600、1024×768 等规格。

(3) 点距,指一种给定颜色的一个发光点与离它最近的相邻同色发光点之间的距离。在任何相同分辨率下,点距越小,图像就越清晰,常见的点距规格有 0.31 mm、0.28 mm、0.25 mm 等。

(4) 扫描频率,指显示器每秒钟扫描的行数,单位为千赫(kHz)。它决定着最大逐行扫描清晰度和刷新速度。水平扫描频率、垂直扫描频率、分辨率这三者是密切相关的,每种分辨率都有其对应的最基本的扫描速度,比如分辨率为 1024×768 的水平扫描速率为 64kHz。

(5) 刷新速度,指每秒钟出现新图像的数量,单位为 Hz(赫兹)。刷新率越高,图像的质量就越好,闪烁越不明显,人的感觉就越舒适。

2) 打印机

打印机是计算机系统中一个重要的输出设备。它可以把计算机处理的结果(文字或图形)打印在相关介质上,通过打印机接口或 USB 接口与主机相连。

按照工作方式的不同,可分为针式打印机、喷墨式打印机、激光打印机等。针式打印机通过打印机和纸张的物理接触来打印字符图形,而后两种打印机通过喷射墨粉来印刷字符图形。

3D 打印(3DP)是一种以数字模型文件为基础,运用粉末状金属或塑料等可黏合材料,通过逐层打印的方式来构造物体的技术。3D 打印通常是采用数字技术材料的打印机来实现的。

3) 绘图仪

绘图仪主要用于绘制各种管理图表和统计图、大地测量图、建筑设计图、电路布线图、各种机械图与计算机辅助设计图等。

4) 音箱

音箱是将电信号转换成机械信号的振动,再形成人耳可听到的声波的输出设备。

3.5.4 计算机的启动过程

计算机是如何启动的? 计算机的启动从打开电源到开始操作,我们看见屏幕快速滚动,并出现各种提示。计算机的启动是一个非常复杂的过程。

计算机的整个启动过程分成 4 个阶段。

1. 第一阶段:BIOS

20 世纪 70 年代初,只读存储器(ROM)被发明,开机程序被刷入 ROM 芯片,计算机通电后,第一件事就是读取它。

(1) 硬件自检:基本输入输出系统(BIOS)程序首先检查计算机硬件能否满足运行的基本条件,这称为"硬件自检"(Power-On Self-Test,POST)。如果硬件出现问题,主板会发出不同含义的蜂鸣,启动中止。如果没有问题,屏幕就会显示出 CPU、内存、硬盘等信息。

(2) 启动顺序:硬件自检完成后,BIOS 把控制权转交给下一阶段的启动程序。

这时,BIOS 需要知道下一阶段的启动程序具体存放在哪一个设备。也就是说,BIOS 需要有一个外部存储设备的排序,排在前面的设备就是优先转交控制权的设备。这种排序称为启动顺序(Boot Sequence)。打开 BIOS 的操作界面,里面有一项就是"设定启动顺序"。

2. 第二阶段:主引导记录

BIOS 按照启动顺序,把控制权转交给排在第一位的存储设备。这时,计算机读取该设备的第一个扇区,也就是读取最前面的512字节。如果这512字节的最后两字节是0x55和0xAA,表明这个设备可以用于启动;如果不是,表明设备不能用于启动,控制权于是被转交给启动顺序中的下一个设备。

这最前面的512字节,就称为"主引导记录"(Master Boot Record,MBR)。

(1) 主引导记录的结构:主引导记录只有512字节,主要作用是,告诉计算机到硬盘的哪一个位置去找操作系统。

主引导记录由3个部分组成:第1~446字节为调用操作系统的机器码;第447~510字节为分区表(Partition Table),它的作用是将硬盘分成若干个区;第511~512字节为主引导记录签名(0x55和0xAA)。

(2) 分区表:硬盘分区有很多好处。考虑到每个区可以安装不同的操作系统,主引导记录必须知道将控制权转交给哪个区。分区表的长度只有64字节,里面又分成4项,每项16字节。所以,一个硬盘最多只能分4个一级分区,又称为主分区。

每个主分区的16字节,由6个部分组成:第1字节如果为0x80,就表示该主分区是激活分区,控制权要转交给这个分区,4个主分区里面只能有一个是激活的;第2~4字节是主分区第一个扇区的物理位置(柱面、磁头、扇区号等);第5字节是主分区类型;第6~8字节是主分区最后一个扇区的物理位置;第9~12字节是该主分区第一个扇区的逻辑地址;第13~16字节是主分区的扇区总数,决定了这个主分区的长度。也就是说,一个主分区的扇区总数最多不超过2^{32}。

如果每个扇区为512字节,就意味着单个分区最大不超过2TB。再考虑到扇区的逻辑地址也是32位,所以单个硬盘可利用的空间最大也不超过2TB。如果想使用更大的硬盘,只有两个方法:一是提高每个扇区的字节数,二是增加扇区总数。

3. 第三阶段:硬盘启动

这时,计算机的控制权就要转交给硬盘的某个分区了,这里又分成如下3种情况。

(1) 情况1:卷引导记录。上面提到,4个主分区里面,只有一个是激活的。计算机会读取激活分区的第一个扇区,称为卷引导记录(Volume Boot Record,VBR)。卷引导记录的主要作用是,告诉计算机,操作系统在这个分区里的位置。然后,计算机就会加载操作系统了。

(2) 情况2:扩展分区和逻辑分区。随着硬盘越来越大,4个主分区已经不够了,需要更多的分区。但是,分区表只有4项,因此规定有且仅有一个区可以被定义成扩展分区(Extended Partition)。所谓"扩展分区",就是指这个区里面又分成多个区。这种分区中的分区,就称为逻辑分区(Logical Partition)。计算机先读取扩展分区的第一个扇区,称为"扩展引导记录"(Extended Boot Record,EBR)。它里面也包含一张64字节的分区表,但最多只有两项(也就是两个逻辑分区)。计算机接着读取第二个逻辑分区的第一个扇区,再从里面的分区表中找到第三个逻辑分区的位置,以此类推,直到某个逻辑分区的分区表只包含它自身为止(即只有一个分区项)。因此,扩展分区可以包含无数个逻辑分区。但是,似乎很少通过这种方式来启动操作系统。如果操作系统确实安装在扩展分区,一般采用下一种情况启动。

(3) 情况3:启动管理器。在这种情况下,计算机读取主引导记录前面446字节的机器码之后,不再把控制权转交给某一个分区,而是运行事先安装的启动管理器(Boot Loader),由用户选择启动哪一个操作系统。Linux环境中,目前最流行的启动管理器是Grub。

4. 第四阶段:操作系统

控制权转交给操作系统后,操作系统的内核首先被载入内存,然后是载入和初始化硬件驱动、启动服务等,从而启动整个操作系统。

至此,全部启动过程完成。

3.6 文件管理系统

为了管理外存储器上的文件,操作系统中设置了管理文件的功能模块——文件管理系统,简称为文件系统,它负责管理文件,并为用户提供对文件进行存取、共享及保护的手段,这不仅方便了用户,保证了文件的安全性,还可以有效地提高系统资源利用率,实现对磁盘文件"长治久安"。

3.6.1 文件与文件系统

操作系统对文件管理的实质是对存放文件的磁盘存储空间进行管理。具体地说,就是当建立一个新的文件时,文件系统要为其分配相应的存储空间;删除一个文件时,要及时收回其所占用的空间。

1. 文件

逻辑上具有完整意义的信息集合称为文件。在计算机中,所有程序和数据都是以文件的形式进行存放和管理的。文件通常由若干记录组成,而记录是一些相关数据项的集合,其数据项是数据组织中可以命名的最小逻辑单位。例如,一位职工的信息记录由姓名、性别、籍贯、出生日期、学历、职称等数据项组成,而一个单位职工信息记录的集合就组成了一个文件。

在计算机系统中,一个完整的程序或一组完整的数据记录都是一个文件,它是操作系统实行信息管理的基本单位。文件中记录的符号元素不仅可以是文字、公式、表格、插图信息,还可以是视频信息和音频信息等,而承载这些信息的媒介是外存储器(各类磁盘),并将磁盘中的文件称为磁盘文件。

2. 文件系统

文件系统是操作系统中与文件管理有关的软件和数据的结合,是操作系统中负责存取和管理信息的模块,对文件的存储空间进行组织和分配,负责文件的存储,并对存入文件进行保护和检索的系统。它用统一的方式管理用户和系统信息的存储、检索、更新、共享和保护,并为用户提供一套高效的文件使用方法,是对文件组织和管理的层次抽象。

文件系统由三部分组成:与文件管理有关的软件、被管理的文件、实施管理所需的数据结构。

文件系统的层次结构如下。

（1）逻辑文件系统层：处理文件及记录的相关操作，例如，允许用户利用符号文件名访问文件夹中的记录，实现对文件及记录的保护，实现目录操作等。

（2）文件组织模块层：又称为基本 I/O 管理程序层，完成与磁盘 I/O 有关的工作，包括选择文件所在设备，进行文件逻辑块号到物理块号的转换，对文件空闲存储空间管理，指定 I/O 缓冲区。

（3）基本文件系统层：又称为物理 I/O 层，负责处理内存和外存之间的数据块交换，只关心数据块在辅助存储设备和在主存缓冲区中的位置，不用了解所传送数据块的内容或文件结构。

（4）设备驱动程序层：又称为基本 I/O 控制层，主要由磁盘驱动程序组成，负责启动设备 I/O 操作及对设备发来的中断信号进行处理。

3.6.2 文件的命名

一般地，文件名反映文件的内容和类型信息。给文件起名时，应尽可能"见名知义"，这样有助于记忆和查找。

（1）文件名格式：主名.扩展名，主名表达文件内容，扩展名表达文件类型。

（2）约定一些专用文件的扩展名，表明了不同的文件类型。常见的有.exe（可执行文件）、.com（系统命令文件）、.sys（系统直接调用文件）、.bat（批处理文件）、.obj（目标程序文件）、.bak（备份文件）、.tmp（临时文件）、.txt（文本文件）、.doc（Word 文档）、.xls（Excel 工作簿文件）、.ppt（PowerPoint 演示文稿）等。在 Windows 操作系统中还给不同类型的文件赋给形象的图标。

（3）一些常用的设备也作为文件处理。常见的设备文件名有：CON（键盘/屏幕）、PRN 或 LPT1（第一并行打印机）、LPT2（第二并行打印机）、AUX 或 COM1（第一串行口）、COM2（第二串行口）、NUL（虚拟外部设备）。用户在给文件命名时不能使用系统保留的这些设备名。

（4）查找和显示时可以使用通配符"＊"和"？"，"＊"代表任意多个字符（包括 0 个）；"？"代表任意一个字符。例如，"file＊"可以代表"file123""file1""file2""file.doc"；"file？"可以代表"file1"和"file2"；A＊.doc 可以代表主文件名以 A 开头，扩展名为 DOC 的所有文件，如"ASTB.doc""aBX.doc""ADEF.doc"等。

1. Windows 文件的命名规定

（1）文件名中可以是数字、大小写字母、汉字和多个其他的 ASCII 字符，最多可以有 255 个字符（包括空格），忽略文件名开头和结尾的空格。

（2）不能有以下字符出现：\、/、:、＊、?、"、<、>、|。

（3）文件名中可以分别使用英文字母大写和小写，不会将它们转换成同一种字母，但认为大写和小写字母具有同样的意义。例如，MYFILE 和 myfile 认为是同一个文件名。

（4）可以使用多个分隔符的名字。如"myfiles.examples.2010"和"学习计划.2010.xls"等。

2. MS-DOS 文件的命名规定

MS-DOS 文件的命名除符合文件的一般规定外,还有以下一些规定。

(1) 主文件名最多只允许 8 个字符,扩展名最多 3 个字符,称为"8.3"型文件名。

(2) 这些字符可以是大小写英文字母、数字 0~9、汉字及一些特殊符号(如 $ 、# 、& 、@ 、< 、> 、~ 、| 、^ 、(、) 、- 、{ 、}等)。

3.6.3 文件目录与目录结构

计算机中最常用的文件载体是硬磁盘。就其存储容量而言,一个磁盘可以存放多个文件。但实际上,如果简单地将文件堆放到磁盘中,不但难以搜索,而且即使有足够的存储空间来存放许多个文件,但允许一个区域存放的文件个数也是有限制的。因此,对磁盘文件管理采用了一种"逐级分化"的计算思维,即建立便于文件存放和查找的文件目录及其目录结构。

1. 文件目录

文件是信息的集合,文件与信息的关系形如书本的"节"、节中的符号元素,"节名"便是文件名,节中的文字、公式、表格、插图等信息便是文件的内容。

为了便于文件存储和查找,可在磁盘中建立多个区域,然后在各区域中建立多个"文件夹",而且允许在各文件夹中建立下一级文件夹,把不同文件分别存放到各相关文件夹中,该文件夹称为文件目录,其目录名就是文件夹名。在每一个文件夹中,可以存放多个不同名字的文件;而在不同的文件夹中,可以使用(命名)相同名字的文件。

2. 目录结构

DOS 和 Windows 采用分层式的文件系统结构,即树状目录结构(Tree Directory Structure)。目录和文件的隶属关系像一棵倒置的树,树枝称为子目录,树的末梢称为文件,这里以 C 盘为例讲述文件系统的层次结构,如图 3.10 所示。

图 3.10 树状目录结构

这种文件系统的树状结构有如下几个特点。

(1) 每一个磁盘只有唯一的一个根结点,称根文件,用"\"符号表示,如"C:\"。

(2) 根结点向外可以有若干个子结点,称为文件夹(Folder)。每个子结点都可以作为父结点,再向下分出若干个子结点,即文件夹中可以有若干个文件和子文件夹。

(3) 在同一个文件夹中,不允许有相同的文件名和子文件夹名。

(4)文件标识。在文件系统和层次结构中,一个文件的位置需要由 3 个因素来确定:文件存放的磁盘、存放的各级文件夹和文件名。在文件层次结构中,一个文件的完整定位为:[盘符][路径]主文件名[.扩展名],其中的方括号"[]"表示可以缺省。

- 盘符。用磁盘名加上一个":",如"C:"等。
- 路径。树状结构中,文件夹呈层次关系。当对某个文件或某一文件夹进行操作时,必须指出该文件或文件夹的存取路径。从某一级文件夹出发(可以是根文件夹,也可以是子文件夹),去定位另一个文件夹或文件夹中的一个文件时,中间可能需要经过若干层次的文件夹才能到达,所经过的这些文件夹序列就称为路径。各文件夹后面要加一个"\"符号。

例如,在图 3.5 中,从根文件夹到"Control.exe"文件的路径表示为:
C:\Windows\Command\Control.exe

(5)当前文件夹。引入多级文件夹后,对任何一个操作都需要知道当前系统所在的"位置",也就是说要明确当前的操作是从哪一个文件夹出发的。把执行某一操作时系统所在的那个文件夹称为当前文件夹。

(6)绝对路径。绝对路径是指从根文件夹出发表示的路径名。这种表示方法与当前文件夹无关。在图 3.5 中,\Windows\Media\Ding.wav 表示从根文件夹出发定位文件 Ding.wav。其中,第一个字符"\"表示根文件夹,中间的"\"表示子文件夹之间或子文件夹与文件之间的分隔符。

(7)相对路径。相对路径是指从当前文件夹开始表示的路径,这种表示方法与当前文件夹密切相关。

以图 3.5 为例,设当前目录为 Media,那么 Ding.wav 表示定位当前目录下的 Ding.wav 文件;..\Command\Control.exe 表示先返回到当前目录的父目录(Windows 文件夹),再向下定位 Control.exe 文件。其中,符号".."代表当前文件夹的父文件夹。操作系统在建立子文件夹的时候,自动生成两个文件夹,一个是".",代表当前文件夹;另一个是"..",代表当前文件夹的上一级文件夹。

3. 文件管理

建立文件目录结构,为文件的管理和使用提供了极大方便。为了便于用户操作、管理和维护,在文件管理中采用了如下管理措施。

(1)文件分类:为了便于管理和控制,可将文件分为多种类型。如果按用途划分,可分为系统文件、库文件和用户文件;如果按数据形式划分,可分为源文件、目标文件和可执行文件。

(2)文件命名:为了便于操作使用,每个文件必须有唯一的标记,称为文件名。文件名由主文件名和扩展名两部分组成:主文件名可以由多个连续的字符组成,类似一个人的姓名;扩展名是根据需要加上的,一般用来标识文件的性质(如系统文件、库文件、可执行文件等,类似于标明某人的性别)。扩展名跟在主文件名之后,以"."开头,后跟1~3个连续的字符。

(3)文件属性:操作系统为不同类型文件定义了独特性质,使每个文件能选取不同的属性,隐含(Hidden)、系统(System)、只读(Read Only)、档案(Archive),从而构成属性组 HSRA。

（4）文件操作：为了便于实现文件管理，操作系统提供了许多文件操作功能，如创建文件、复制文件、修改文件、删除文件等。

基础知识练习

（1）什么是指令和指令系统？
（2）简述计算机的工作过程。
（3）微机中的总线分为哪几种？
（4）对比内存储器和外存储器的作用与特点？
（5）内存储器按功能分为哪几类？各自的特点是什么？
（6）关闭应用软件时，常常会看到提示保存的消息对话框，请问它与内存有什么关系？
（7）简单解析交互方式和程序方式的区别。
（8）软件系统分为哪两大类？操作系统属于哪一类？
（9）操作系统的主要功能是什么？目前微机上常用的操作系统有哪些？
（10）文件系统的功能是什么？
（11）完整的文件名包括哪几部分？在 Windows 中，文件的命名规则有哪些？
（12）什么是绝对路径、相对路径和文件标识？如何使用通配符"?"和"*"？
（13）快捷方式的作用是什么？
（14）你认为在日常生活中还有哪些问题还没有得到计算机很好地解决？希望未来的软件是什么模式？

能力拓展与训练

一、角色模拟

（1）现有一位大学生想购买一台价格在 4000 元左右的笔记本电脑，要求同学们分组自选角色扮演此用户和计算机公司营销人员，进行需求调研模拟。要求写出项目需求报告和项目实施报告，然后共同检查项目实施报告的可行性。

（2）现有一位用户需要进行 Windows 操作系统的日常维护（温馨提示：Windows 操作系统的维护主要包括操作系统的定时升级、安装杀毒软件和防火墙、磁盘碎片整理、清除垃圾文件、内存管理等）。围绕项目包括的内容，分组自选角色扮演用户和计算机技术人员，进行项目需求调研。要求写出项目需求和实施报告。

（3）以小组为单位，在 Windows 资源管理器中，以菜单交互方式在 D 盘根目录下建立一小组文件夹，在此文件夹下再建立小组成员的子文件夹。建成后，小组成员分别建立自己的 Word 文档,并保存到各自的文件夹下。最后,进入命令交互方式,通过 dir 命令查看所建立的小组的树状目录结构及存放的文档,并记录下所查看到的文档属性。最后提交一份对两种交互方式的感受报告。

(4) 有一个物流公司需要研发物流管理软件。围绕软件的功能和性能需求,分组自选角色扮演用户和计算机技术人员,进行软件需求分析。要求写出软件需求分析报告。

提示:与用户沟通获取需求的方法有很多,包括访谈、发放调查表、使用情景分析技术、使用快速软件原型技术等。

二、实践与探索

(1) 结合所学的计算思维和相关知识,尝试写一份关于"如何平衡 CPU 的性能和功耗"的研究报告。

(2) 查阅资料,解析 U 盘的原理。

(3) 结合所学的计算思维和相关知识,对比你的手机和学校的台式计算机在体系结构、信息处理能力等方面的区别和联系。

(4) 查阅资料,了解 3D 打印的发展状况。

(5) 使用"和田十二法",尝试设计一种新型多功能计算机,使其比现在常用的计算机至少在 3 个方面有所改进,写出你的设计方案。

(6) 比较当前几种操作系统的优缺点及应用特色,并预测未来操作系统的发展趋势,然后写出报告。

(7) 结合自己用过的软件,归纳总结其中的应用模式。

(8) 结合本章学习,写一份关于交互式使用计算机的研究报告,重点突出计算思维的内容。

(9) 解析"软件=程序+数据+文档"的含义。

三、拓展阅读

1. 注册表

注册表(Registry)是 Windows 操作系统中的一个核心数据库,其中存放着各种参数,直接控制着 Windows 的启动、硬件驱动程序的装载以及一些 Windows 应用程序的运行,在整个系统中起着核心作用。这些作用包括了软硬件的相关配置和状态信息,比如注册表中保存有应用程序和资源管理器外壳的初始条件、首选项和卸载数据等,以及联网计算机的整个系统的设置和各种许可,文件扩展名与应用程序的关联,硬件部件的描述、状态和属性,性能记录和其他底层的系统状态信息及其他数据等。

具体来说,在启动 Windows 时,注册表会对照已有硬件配置数据,检测新的硬件信息;系统内核从注册表中选取信息,包括要装入什么设备驱动程序,以及以什么次序装入,内核传送回它自身的信息,例如版权号等;同时设备驱动程序也向注册表传送数据,并从注册表接收装入和配置参数,一个好的设备驱动程序会告诉注册表它在使用什么系统资源,例如硬件中断或 DMA 通道等,另外,设备驱动程序还要报告所发现的配置数据;为应用程序或硬件的运行提供增加新的配置数据的服务。

如果注册表受到了破坏,轻则使 Windows 的启动过程出现异常,重则可能会导致整个 Windows 系统的完全瘫痪。因此正确地认识、使用,特别是及时备份以及有问题恢复注册表对 Windows 用户来说就显得非常重要。

2. "和田十二法"

"和田十二法"是一种创新技法,它利用信息的多元性来启发人们进行创新性设想。又叫"和田创新法则"(和田创新十二法),即指人们在观察、认识一个事物时,可以考虑是否可以:

(1) 加一加:加高、加厚、加多、组合等。

(2) 减一减:减轻、减少、省略等。

(3) 扩一扩:放大、扩大、提高功效等。

(4) 变一变:变形状、颜色、气味、音响、次序等。

(5) 改一改:改缺点、改不便、不足之处。

(6) 缩一缩:压缩、缩小、微型化。

(7) 联一联:原因和结果有何联系,把某些东西联系起来。

(8) 学一学:模仿形状、结构、方法,学习先进。

(9) 代一代:用别的材料代替,用别的方法代替。

(10) 搬一搬:移作他用。

(11) 反一反:能否颠倒一下。

(12) 定一定:定个界限、标准,能提高工作效率。

如果按这十二个"一"的顺序进行核对和思考,就能从中得到启发,启发人们的创造性设想,是一种打开人们创造思路、从而获得创造性设想的"思路提示法"。

资料来源:http://baike.so.com/doc/6349906.html。

3. 相关书籍

[1] 沙行勉. 计算机科学导论——以 Python 为舟[M]. 2 版. 北京:清华大学出版社,2016.

[2] 蒋本珊. 计算机组成原理[M]. 3 版. 北京:清华大学出版社,2013.

[3] 黄红桃,龚永义,许宪成 等. 现代操作系统教程[M]. 北京:清华大学出版社,2016.

第 4 章 算法思维——问题求解的核心

【导语】 计算机是实现问题求解或数据处理的现代化计算工具。计算工具自身不能直接对各种问题实现自动求解,必须要把解决的问题按照求解步骤编写为程序,让计算机按照步骤有条不紊地自动执行,而设计出高水平程序的基础是优良的算法设计。算法是问题求解的灵魂,算法是计算机科学的美丽体现之一。

4.1 算法的概念

1976 年,瑞士苏黎士联邦工业大学的科学家 Niklaus Wirth(Pascal 语言的发明者,1984 年图灵奖获得者)发表了专著,其中提出了公式"程序=算法+数据结构"(Programs=Algorithms+Data Structures),这一公式指出了程序是由算法和数据结构有机结合构成的。程序是完成某一任务的指令或语句的有序集合;数据是程序处理的对象和结果。数据结构的设计将在第 5 章介绍。就像我们写文章,文章=材料+构思,构思是文章的灵魂,同样算法是程序的灵魂,也是计算的灵魂,在计算思维中占有重要地位。

4.1.1 什么是算法

做任何事情都有一定的步骤。例如,学生考大学,首先要填报名单,交报名费,拿准考证,然后参加全国高考,得到录取通知书,到指定大学报到。又如,网上预订火车票需要如下步骤:第一步登录中国铁路客户服务中心(12306 网站),下载根证书并安装到计算机上;第二步到网站上注册个人信息,注册完毕,到信箱里单击链接,激活注册用户;第三步进行车票查询;第四步进入订票页面,提交订单,通过网上银行进行支付;第五步凭乘车人居民身份证原件到全国火车站的任意售票窗口、铁路客票代售点或车站自动售票机上办理取票手续。

人们从事各种工作和活动,都必须事先想好进行的步骤,这种为解决一个确定类问题而采取的方法和步骤就称为"算法"(Algorithm)。算法规定了任务执行或问题求解的一系列步骤。菜谱是做菜的"算法";歌谱是一首歌曲的"算法";洗衣机说明书是洗衣机使用的"算法"等。

第 4 章　算法思维——问题求解的核心

计算的目的是解决问题,而在问题求解过程中所采取的方法、思路和步骤则是算法。算法是计算机科学中的重要内容,也是程序设计的灵魂。计算是算法的具体实现,类似于前台运行的程序;而算法是计算过程的体现,它更像后台执行的进程。由此可见,计算与算法是密不可分的。

算法不仅是计算机科学的一个分支,更是计算机科学的核心。计算机算法能够帮助人类解决很多问题,比如,找出人类 DNA 中所有 100000 种基因,确定构成人类 DNA 的 30 亿种化学基对的序列;快速地访问和检索互联网数据;电子商务活动中各种信息的加密及签名;制造业中各种资源的有效分配;在地图中确定两地之间的最短路径;各种数学和几何计算(如矩阵、方程、集合)。

试想一下,如果高个子的父母生出的后代一定遗传其高个子,那么我们人类的身高应该会无限高啊? 这就是著名的回归算法。

回归是由英国著名生物学家兼统计学家高尔顿(Francis Galton,1822—1911,生物学家达尔文的表弟)在研究人类遗传问题时提出来的。为了研究父代与子代身高的关系,高尔顿搜集了 1078 对父亲及其儿子的身高数据。他发现这些数据的散点图大致呈直线状态,也就是说,总的趋势是父亲的身高增加时,儿子的身高也倾向于增加。但是,高尔顿对试验数据进行了深入分析,发现了一个很有趣的现象——回归效应。当父亲高于平均身高时,他们的儿子身高比他更高的概率要小于比他更矮的概率;父亲矮于平均身高时,他们的儿子身高比他更矮的概率要小于比他更高的概率。它反映了一个规律,即儿子的身高,有向他们父辈的平均身高回归的趋势。对于这个一般结论的解释是:大自然具有一种约束力,使人类身高的分布相对稳定而不产生两极分化,这就是所谓的回归效应。

Google 作为最大的搜索引擎,其最根本的技术核心是算法! 该算法始于 PageRank,这是 1997 年拉里·佩奇(Larry Page)在斯坦福大学读博士学位时开发的。佩奇的创新性想法是:把整个互联网复制到本地数据库,然后对网页上所有的链接进行分析。基于链接的数量和重要性以及锚文本对网页的受欢迎程度进行评级,也就是通过网络的集体智慧确定哪些网站最有用(锚文本又称锚文本链接,与超链接类似,超链接的代码是锚文本,把关键词作为一个链接,指向其他网页,这种形式的链接就称为锚文本)。

算法无处不在,你鼠标的每一次单击,你在手机上完成的每一次购物,天上飞的卫星,水里游的潜艇,股票的涨跌——我们这个世界,正是建立在算法之上。未来的世界,也还是建立在算法之上。

4.1.2　算法的分类

按照所使用的技术领域,算法可大致分为基本算法、数据结构算法、数论与代数算法、计算几何的算法、图论的算法、动态规划以及数值分析、加密算法、排序算法、检索算法、随机化算法、并行算法、随机森林算法等。

按照算法的形式,可分为以下 3 种。

(1) 生活算法:完成某一项工作的方法和步骤。

(2) 数学算法:对一类计算问题的、机械的、统一的求解方法,如求一元二次方程的解、求圆面积、求立方体的体积等。

（3）计算机算法：对运用计算思维设计的问题求解方案的精确描述，即一种有限、确定、有效并适合计算机程序来实现的解决问题的方法。比如，回忆一下，人们玩扑克时，如果要求同花色的牌放在一起而且从小到大排序，人们一般都会边摸牌边把每张牌依次插入合适的位置，等把牌摸完了，牌的顺序也排好了。这个摸牌过程，也是一种算法。计算机学科就可以把这种生活算法转化成了计算机算法，称为插入排序算法。

4.1.3 算法应具备的特征

一个算法应该具有以下 5 个重要的特征。

（1）确切性：算法的每一个步骤必须具有确切的定义，不能有二义性。

（2）可行性：算法中执行的任何计算步骤都是可以被分解为基本的、可执行的操作步骤，即每个计算步骤都可以在有限时间内完成（也称为有效性）。

（3）输入项：一个算法有 0 个或多个输入，以刻画运算对象的初始情况，所谓 0 个输入是指算法本身设定了初始条件。

（4）输出项：一个算法有一个或多个输出，以反映对输入数据加工后的结果。没有输出的算法是毫无意义的。

（5）有穷性：一个算法必须保证执行有限步后能结束。

例如，操作系统是一个在无限循环中执行的程序，因而不是一个算法。但操作系统的各种任务可看成单独的问题，每一个问题由操作系统中的一个子程序通过特定的算法来实现。该子程序得到输出结果后便会终止。

> **知行合一**
>
> 人类的生活算法或数学算法，通过人类的思维活动，充分利用计算机的高速度、大存储、自动化的特点，就可以生成计算机算法来帮助人类解决现实世界中的问题。
>
> 算法求解问题的基本步骤如下：数学建模→算法的过程设计→算法的描述→算法的模拟与分析→算法的复杂性分析→算法实现。

4.2 算法的设计与分析

4.2.1 问题求解的步骤

人类解决问题的方式是当遇到一个问题时，首先从大脑中搜索已有的知识和经验，寻找它们之间具有关联的地方，将一个未知问题进行适当的转换，转化成一个或多个已知问题进行求解，最后综合起来得到原始问题的解决方案。让计算机帮助我们解决问题也不例外。

（1）建立现实问题的数学模型：首先要让计算机理解问题是什么，这就需要建立现实问题的数学模型。前面提到，在计算思维中，抽象思维最为重要的用途是产生各种各样的系统模型，作为解决问题的基础，因此建模是抽象思维更为深入的认识行为。

（2）输入输出问题：输入是将自然语言或人类能够理解的其他表达方式描述的问题转换为数学模型中的数据；输出是将数学模型中表达的运算结果转换成自然语言或人类能够理解的其他表达方式。

（3）算法设计与分析：算法设计是设计一套将数学模型中的数据进行操作和转换的步骤，使其能演化出最终结果；算法分析主要是计算算法的时间复杂度和空间复杂度，从而找出解决问题的最优算法，提高算法效率。

根据能否被计算机自动执行，可将模型分为两大类。

一类是数学模型，即用数学表达式描述系统的内在规律，它通常是模型的形式表达。另一类是非形式化的概念模型和功能模型，这种模型说明了模型的本质而非细节。但无论何种模型，均有如下特征：模型是对系统的抽象；模型由说明系统本质或特征的各个因素构成；模型集中表明系统因素之间的相互关系。故建模过程本质上是对系统输入、输出状态变量以及它们之间的关系进行抽象，只不过其在不同类型的模型中表现不同。例如，在数学模型中表现为函数关系，在非形式模型中表现为概念、功能的结构关系或因果关系。也正因为描述的关系各异，所以建模手段和方法较为多样。例如，可以通过对系统本身运动规律的分析，根据事物的机理来建模；也可以通过对系统的实验或统计数据的处理，结合已有的知识和经验来建模；还可以同时使用多种方法建模。

另一类是近年来随着大数据技术的蓬勃发展而引起关注和重视的学习模型。学习模型通过对于大量数据的训练或分析来输出相应的结论。常见的学习模型有支持向量机（Support Vector Machine，SVM）、人工神经网络（Artificial Neural Network，ANN）、聚类分析（Cluster Analysis，CA）、邻近分类（k-Nearest Neighbor，k-NN）等。不同的模型有着不同的获取结论的理论和方法。机器学习是利用学习模型获取结论的过程。一个典型的例子是 AlphaGo，尽管其结构和算法都是人们事先给定的，但在通过大量的训练之后，已经无法对它的行为进行预测。这种不确定性正是学习模型的特殊之处。

计算机技术参与的建模有广泛的用途，可用于预测实际系统某些状态的未来发展趋势，如天气预报根据测量数据建立气象变化模型；也可用于分析和设计实际系统，即系统仿真的一种类型；还可实现对系统的最优控制，即在建模基础上通过修改相关参数，获取最佳的系统运行状态和控制指标，属于系统仿真的另外一种类型。建模也不仅应用于物理系统，也同样适用于社会系统，复杂社会系统的建模思想已用于包括金融、生产管理、交通、物流、生态等多个领域的建模和分析。建模变得如此广泛和重要，"计算思维"功不可没，以至于有人认为，"建模是科学研究的根本，科学的进展过程主要是通过形成假说，然后系统地按照建模过程，对假说进行验证和确认取得的"。

4.2.2 数学建模

数学建模是运用数学的语言和方法，通过抽象、简化，建立对问题进行精确描述和定义的数学模型。简单地说，就是抽象出问题，并用数学语言进行形式化描述。

一些表面上看是非数值的问题,进行数字形式化后,就可以方便地进行算法设计。

如果研究的问题是特殊的,比如,我今天所做事情的顺序,因为每天不一样,就没有必要建立模型。如果研究的问题具有一般性,就有必要体现模型的抽象性质,为这类事件建立数学模型。模型是一类问题的解题步骤,也是一类问题的算法。广义的算法就是事情的次序。算法提供一种解决问题的通用方法。

例 4-1 国际会议排座位问题。

现要举行一个国际会议,有 7 个人参会,分别用 a、b、c、d、e、f、g 表示。已知下列事实:a 会讲英语;b 会讲英语和汉语;c 会讲英语、意大利语和俄语;d 会讲日语和汉语;e 会讲德语和意大利语;f 会讲法语、日语和俄语;g 会讲法语和德语。

试问:如果这 7 个人召开圆桌会议,应如何排座位,才能使每个人都能和左右两边的人顺利地沟通交谈?

问题分析:对于这个问题,我们可以尝试将其转化为图的形式,建立一个图的模型,将每个人抽象为一个结点,人与人的关系用结点间的关系(即边)来表示,于是得到结点集合 V = {a,b,c,d,e,f,g}。对于任意的两点,若有共同语言,就在它们之间连一条无向边,可得边的集合 E = {ab,ac,bc,bd,df,cf,ce,fg,eg},图 G = {V,E} 如图 4.1 所示。

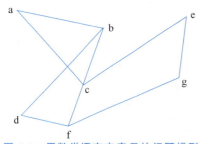

图 4.1 用数学语言来表示的问题模型

这时问题转化为在图 G 中找到一条哈密顿回路的问题。

哈密顿图(Hamiltonian path)是一个无向图,由天文学家哈密顿提出。哈密顿回路是指从图中的任意一点出发,经过图中每一个结点当且仅当一次。这样,我们便从图中得出,a-b-d-f-g-e-c-a 是一条哈密顿回路,照此顺序排座位即可满足问题要求。

例 4-2 警察抓小偷的问题。

警察局抓了 a、b、c、d 四名偷窃嫌疑犯,其中只有一人是小偷。审问记录如下:
a 说:"我不是小偷。"
b 说:"c 是小偷。"
c 说:"小偷肯定是 d。"
d 说:"c 在冤枉人。"
已知:四个人中有三人说的是真话,一人说的是假话。请问:到底谁是小偷?

问题分析:假设变量 x 代表小偷。

审问记录的四句话,以及"四个人中有三人说的是真话,一人说的是假话"分别翻译成如下的计算机形式化语言:

a 说:x≠'a'。
b 说:x='c'。
c 说:x='d'。
d 说:x≠'d'。

四个逻辑式的值之和为 1+1+1+0=3。

使用自然语言描述的算法如下：

(1) 初始化：x='a'；

(2) x 从'a'循环到'd'；

(3) 对于每一个 x,依次进行检验：如果(x≠'a')+(x='c')+(x='d')+(x≠'d')的和为 3,则输出结果并退出循环,否则继续下一次循环。

数学建模的实质是：提取操作对象→找出对象间的关系→用数学语言进行描述。

> **知行合一**
>
> 计算思维是计算机和软件工程学科的灵魂,在学习和使用计算机的过程中,应该着眼于"悟"和"融"：感悟和凝练计算机科学思维模式,并将其融入可持续发展的计算机应用中,这是作为工程人才不可或缺的基于信息技术的行动能力。大学生学习计算机基础课程,不仅要了解计算机是什么、能够做什么、如何做,更重要的是要了解这个学科领域解决问题的基本方法与特点,了解和掌握如何充分利用计算机技术,对现实世界中的问题进行抽象和形式化,达到求解问题的目的。

4.2.3 算法的描述

算法的描述方式主要有以下几种。

1. 自然语言

自然语言是人们日常所用的语言,这是其优点。但自然语言描述算法的缺点也有很多：自然语言的歧义性易导致算法执行的不确定性；自然语言语句一般太长导致算法的描述太长；当算法中循环和分支较多时就很难清晰表示；不便翻译成程序设计语言。因此,人们又设计出流程图等图形工具来描述算法。

例 4-3 已知圆半径,计算圆面积的过程。

我们可以用自然语言表达出以下的算法步骤：

(1) 输入圆半径 r；

(2) 计算 $S=3.14 \times r \times r$；

(3) 输出 S。

2. 流程图

程序流程图简洁、直观、无二义性,是描述程序的常用工具,一般采用美国国家标准化协会规定的一组图形符号,如图 4.2 所示。

对于十分复杂难解的问题,框图可以画得粗略一些、抽象一些,首先表达出解决问题的轮廓,然后再细化。流程图也存在缺点：使设计人员过早考虑算法控制流程,而不去考虑全局结构,不利于逐步求精；随意性太强,结构化不明显；不易表示数据结构；层次感不明显。

图 4.2　程序流程图常用的图形元素

例 4-4　用流程图表示例 4-3 的算法。

用流程图表示例 4-3 的算法如图 4.3 所示。

例 4-5　计算 $1+2+3+\cdots+n$ 的值，n 由键盘输入。

分析：这是一个累加的过程，每次循环累加一个整数值，整数的取值范围为 $1\sim n$，需要使用循环。

用流程图表示的算法如图 4.4 所示。

3. 盒图（N-S 图）

盒图层次感强、嵌套明确；支持自顶向下、逐步求精的设计方法；容易转换成高级语言；但不易扩充和修改，不易描述大型复杂算法。N-S 图中基本控制结构的表示符号如图 4.5 所示。

4. 伪代码

伪代码是用介于自然语言和计算机语言之间的文字和符号来描述算法的工具。它不用图形符号，书写方便，语法结构有一定的随意性，目前还没有一个通用的伪代码语法标准。

图 4.3 程序流程图表示的算法　　图 4.4 程序流程图表示的累加算法

图 4.5 N-S 图中基本控制结构的表示符号

常用的伪代码是用简化后的高级语言来进行编写的,如类 C、类 C++、类 Pascal 等。

5. 程序设计语言

以上算法的描述方式都是为了方便人与人的交流,但算法是最终要在计算机上实现的,所以用程序设计语言进行算法的描述,并进行合理的数据组织,就构成了计算机可执行的程序。

与人类社会使用语言交流相似,人要与计算机交流,必须使用计算机语言。于是人们模仿人类的自然语言,人工设计出一种形式化的语言——程序设计语言。

4.2.4　常用的算法设计策略

掌握一些常用的算法设计策略,有助于我们进行问题求解时,快速找到有效的算法。

1. 枚举法

枚举法,也称为穷举法,其基本思路是:对于要解决的问题,列举出其所有的可能情况,逐个判断有哪些是符合问题所要求的条件,从而得到问题的解。简单地说,枚举法就是按问题本身的性质,一一列举出该问题所有可能的解,并在逐一列举的过程中,检验每个可能解是不是问题的真正解,若是,我们采纳这个解,否则抛弃它。在列举的过程中,既不能遗漏也不应重复。

枚举法也常用于密码的破译,即将密码进行逐个推算直到找出真正的密码为止。例如,一个已知是四位并且全部由数字组成的密码,共有 10000 种可能组合,因此最多尝试 10000 次就能找到正确的密码。理论上利用这种方法可以破解任何一种密码,问题只在于如何缩短破解时间。

例 4-6 求 1~1000 中,所有能被 17 整除的数。

问题分析:这类问题可以使用枚举法,从 1~1000 一一列举,然后对每个数进行检验。

自然语言描述的算法步骤如下。

(1) 初始化:x=1;

(2) x 从 1 循环到 1000;

(3) 对于每一个 x,依次地对每个数进行检验:如果能被 17 整除,就打印输出,否则继续下一个数;

(4) 重复第(2)~(3)步,直到循环结束。

例 4-7 百鸡买百钱问题。

这是中国古代《算经》中的问题:鸡翁一,值钱五;鸡母一,值钱三;鸡雏三,值钱一,百钱买百鸡,问翁、母、雏各几何? 即已知公鸡 5 元/只,母鸡 3 元/只,小鸡 3 只/1 元,要用一百元钱买一百只鸡,问可买公鸡、母鸡、小鸡各几只?

问题分析:设公鸡为 x 只,母鸡为 y 只,小鸡为 z 只,则问题化为一个三元一次方程组:

$$\begin{cases} x+y+z=100 \\ 5x+3y+z/3=100 \end{cases}$$

这是一个不定解方程问题(三个变量,两个方程),只能将各种可能的取值代入,其中能同时满足两个方程的值就是问题的解。

由于共一百元钱,而且这里 x、y、z 为正整数(不考虑为 0 的情况,即至少买 1 只),那么可以确定:x 的取值范围为 1~20,y 的取值范围为 1~33。

使用枚举法求解,算法步骤如下:

(1) 初始化:x=1,y=1;
(2) x 从 1 循环到 20;
(3) 对于每一个 x,依次地让 y 从 1 循环到 33;
(4) 在循环中,对于上述每一个 x 和 y 值,计算 z=100−x−y;
(5) 如果 5x+3y+z/3=100 成立,就输出方程组的解;
(6) 重复第(2)~(5)步,直到循环结束。

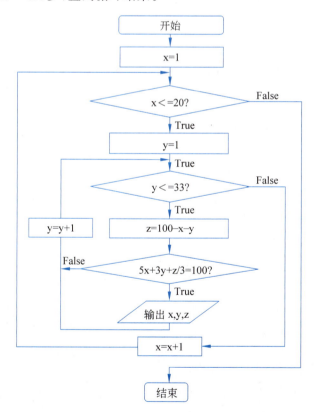

2. 回溯法

在迷宫游戏中,如何能通过迂回曲折的道路顺利地走出迷宫呢? 在迷宫中探索前进时,遇到岔路就从中先选出一条"走着瞧"。如果此路不通,便退回来另寻他途。如此继续,直到最终找到适当的出路或证明无路可走为止。为了提高效率,应该充分利用给出的约束条件,尽量避免不必要的试探。这种"枚举-试探-失败返回-再枚举试探"的求解方法就称为回溯法。

回溯法有"通用的解题法"之称,其采用了一种"走不通就掉头"的试错思想,它尝试分步地去解决一个问题。在分步解决问题的过程中,当它通过尝试发现现有的分步答案不能得到有效的正确解答时,将取消上一步甚至是上几步的计算,再通过其他可能的分步解答再次尝试寻找问题的答案。回溯法通常用最简单的递归方法来实现。

回溯法实际是一种基于穷举算法的改进算法,它是按问题某种变化趋势穷举下去,如某状态的变化结束还没有得到最优解,则返回上一种状态继续穷举。它的优点与穷举法类似,都能保证求出问题的最佳解,而且这种方法不是盲目地穷举搜索,而是在搜索过程中通过限界,可以中途停止对某些不可能得到最优解的子空间的进一步搜索(类似于人工智能中的剪枝),因而它比穷举法效率更高。

运用这种算法的技巧性很强,不同类型的问题解法也各不相同。与贪心算法一样,这种方法也是用来为组合优化问题设计求解算法的,所不同的是它在问题的整个可能解空间搜索,所设计出来的算法的时间复杂度比贪心算法高。

回溯法的应用很广泛,很多算法都用到了回溯法,例如八皇后、迷宫等问题。

例 4-8 八皇后问题。

八皇后问题是一个古老而著名的问题,该问题最早是由国际象棋棋手马克斯·贝瑟尔于 1848 年提出的。之后陆续有数学家对其进行研究,其中包括高斯和康托,并且将其推广为更一般的 n 皇后摆放问题。八皇后问题的第一个解是在 1850 年由弗朗兹·诺克给出的。诺克也是首先将问题推广到更一般的 n 皇后摆放问题的人之一。1874 年,冈德尔提出了一个通过行列式来求解的方法,这个方法后来又被格莱舍加以改进。

在国际象棋中,皇后是最有权力的一个棋子;只要别的棋子在它的同一行或同一列或同一斜线(正斜线或反斜线)上时,它就能把对方棋子吃掉。那么,在 8×8 格的国际象棋上摆放八个皇后,使其不能相互攻击,即任意两个皇后都不能处于同一列、同一行或同一条斜线上面,问共有多少种解法?

例如,(1,5,8,6,3,7,2,4)就是其中一个解,如图 4.6 所示。

图 4.6 八皇后问题

回溯法求解步骤如下。

先把棋盘的行和列分别用1~8编号,并以 x_i 表示第i行上皇后所在的列数,如 $x_2=5$ 表示皇后位于第2行的第5列上,它是一个由8个坐标值 x_1~x_8 所组成的8元组。下面是这个8元组解的产生过程。

(1) 先令 $x_1=1$。此时 x_1 是8元组解中的一个元素,是所求解的一个子集或"部分解"。

(2) 决定 x_2。显然 $x_2=1$ 或 2 都不能满足约束条件,x_2 只能取3~8的一个值。暂令 $x_2=3$,这时部分解变为(1,3)。

(3) 决定 x_3。这时若 x_3 为1~4,都不能满足约束条件,x_3 至少应取5。令 $x_3=5$,这时部分解变为(1,3,5)。

(4) 决定 x_4。这时由于部分解为(1,3,5),取 $x_4=2$ 可满足约束条件,部分解变为(1,3,5,2)。

(5) 决定 x_5。这时由于部分解为(1,3,5,2),取 $x_5=4$ 可满足约束条件,部分解变为(1,3,5,2,4)。

(6) 决定 x_6。这时由于部分解为(1,3,5,2,4),而 x_6 为6、7、8都处于已置位皇后的右斜线上,x_6 暂时无解,只能向 x_5 回溯。

(7) 重新决定 x_5。已知部分解为(1,3,5,2),且 $x_5=4$ 已证明失败,6、7又都处于已置位皇后的右斜线上,只能取 $x_5=8$,这时部分解变为(1,3,5,2,8)。

(8) 重新决定 x_6。此时 x_6 的可用列4、6、7都不能满足约束条件,回溯至 x_5 也不再有选择余地,因为 x_5 已经取最大值8,只能向 x_4 回溯。

(9) 重新决定 x_4。

……

这样"枚举-试探-失败返回-再枚举试探",直到得出一个8元组完全解。

3. 递推法

递推是按照一定的规律来计算序列中的每个项,通常是通过计算机前面的一些项来得出序列中的指定项的值。

递推法是一种归纳法,其思想是把一个复杂而庞大的计算过程转化为简单过程的多次重复,每次重复都在旧值的基础上递推出新值,并由新值代替旧值。该算法利用了计算机运算速度快、适合做重复性操作的特点。

与迭代法相对应的是直接法(或者称为一次解法),即一次性解决问题。迭代法又分为精确迭代和近似迭代。二分法和牛顿迭代法属于近似迭代法。

例 4-9 猴子吃桃子问题。

小猴在某天摘了若干个桃子,当天吃掉一半多一个;第二天接着吃了剩下的桃子的一半多一个;以后每天都吃剩下桃子的一半多一个,到第7天早上要吃时只剩下一个了,问小猴那天共摘下了多少个桃子?

问题分析:设第i+1天剩下 x_{i+1} 个桃子。

因为第i+1天吃了:$0.5x_i+1$,所以第i+1天剩下:$x_i-(0.5x_i+1)=0.5x_i-1$。

因此得:$x_{i+1}=0.5x_i-1$。

即得到本例的数学模型：
$$x_i = (x_{i+1} + 1) \times 2, i = 6, 5, 4, 3, 2, 1$$

因为从第6天到第1天，可以重复使用上式进行计算前一天的桃子数，因此适合用循环结构处理。

此问题的算法设计如下：

(1) 初始化：$x_7 = 1$；

(2) 从第6天循环到第1天，对于每一天，进行计算 $x_i = (x_{i+1} + 1) \times 2, i = 6, 5, 4, 3, 2, 1$；

(3) 循环结束后，x 的值即为第1天的桃子数。

4. 递归法

递归法是计算思维中最重要的思想，是计算机科学最美的算法之一，很多算法，如分治法、动态规划、贪心法都是基于递归概念的方法。递归算法既是一种有效的算法设计方法，也是一种有效的分析问题的方法。

先来听一个故事：

> 从前有座山，
> 山里有个庙，
> 庙里有个老和尚，
> 给小和尚讲故事。
> 故事讲的是：
>   从前有座山，
>   山里有个庙，
>   庙里有个老和尚，
>   给小和尚讲故事。
>   故事讲的是：
>   从前有座山，
>   山里有个庙，
>   ……

这个故事就是一种语言上的递归。但是计算机科学中的递归不能这样没完没了地重复，即不能无限循环。所以需要注意：计算机中的递归算法一定要有一个递归出口，即必须要有明确的递归结束条件。

递归算法求解问题的基本思想是：对于一个较为复杂的问题，把原问题分解成若干个相对简单且类似的子问题，这样较为复杂的原问题就变成了相对简单的子问题；而简单到一定程度的子问题可以直接求解；这样，原问题就可递推得到解。简单地说，递归法就是通过调用自身，只需要少量的程序就可描述出多次重复计算。

学习用递归解决问题的关键就是找到问题的递归式，也就是用小问题的解构造大问题的关系式。通过递归式可以知道大问题与小问题之间的关系，从而解决问题。

并不是每个问题都适宜于用递归算法求解。适宜于用递归算法求解的问题的充分必要条件是:一是问题具有某种可借用的类似自身的子问题描述的性质;二是某一有限步的子问题(也称为本原问题)有直接的解存在。

比如,计算机中文件夹的复制是一个递归问题,因为文件夹是多层次性的,需要读取每一层子文件夹中的文件进行复制。扫雷游戏中也有递归问题,当鼠标单击到四周没有雷的点时往往会打开一片区域,因为在打开没有雷的四周区域时,如果其中打开的某一点其四周也没有雷,那么它的四周也会被打开,以此类推,就能打开一片区域。这些问题用递归方法实现既清晰易懂,还能通过较为简单的程序代码实现。

递归就是在过程或函数中调用自身。一个过程或函数在其定义或说明中直接或间接调用自身的一种方法,它通常把一个大型复杂的问题层层转化为一个与原问题相似但规模较小的问题来求解。一般来说,递归需要有边界条件、递归前进段和递归返回段。当边界条件不满足时,递归前进;当边界条件满足时,递归返回。

例 4-10 使用递归法解决斐波那契(Fibonacci)数列问题。

列昂纳多·斐波那契(Leonardoda Fibonacci,约 1170—1250)是意大利著名数学家。在他的著作《算盘书》中有许多有趣的问题,最著名的问题是"兔子繁殖问题":如果每对兔子每月繁殖一对子兔,而子兔在出生后两个月后就有生殖能力,试问第一月有一对小兔子,12 个月后会有多少对兔子?

无穷数列 1,1,2,3,5,8,13,21,34,55,……,称为 Fibonacci 数列,又称黄金分割数列和兔子数列。

假设第 n 个月的兔子数目为 $f(n)$,那么 Fibonacci 数列规律如下:
$f(1)=f(2)=1$
$f(n)=f(n-1)+f(n-2)$ 当 $n \geqslant 3$
它可以递归地定义如下:

$$F(n)=\begin{cases} 1 & n=1 \\ 1 & n=2 \\ F(n-1)+F(n-2) & n>2 \end{cases}$$

递归算法的执行过程主要分递推和回归两个阶段。

(1) 输入 n 的值。

(2) 在递推阶段,把较复杂的问题(规模为 n)的求解递推到比原问题简单一些的问题(规模小于 n)的求解。

本例中,求解 $F(n)$,把它递推到求解 $F(n-1)$ 和 $F(n-2)$。也就是说,为计算 $F(n)$,必须先计算 $F(n-1)$ 和 $F(n-2)$,而计算 $F(n-1)$ 和 $F(n-2)$,又必须先计算 $F(n-3)$ 和 $F(n-4)$。以此类推,直至计算 $F(2)$ 和 $F(1)$,均能立即得到结果 1 和 1。

> **注意**:在使用递归策略时,在递推阶段,必须有一个明确的递归结束条件,称为递归出口。例如在函数 F 中,当 n 为 2 和 1 的情况。

(3) 在回归阶段,当满足递归结束条件后,逐级返回,依次得到稍复杂问题的解,本例中得到 $F(2)$ 和 $F(1)$ 后,返回得到 $F(3)$ 的结果,……,在得到了 $F(n-1)$ 和 $F(n-2)$ 的结果后,返回得到 $F(n)$ 的结果。

(4) 输出 $F(n)$ 的值。

例 4-11 汉诺(Hanoi)塔问题。

古代有一个梵塔,塔内有三个座 A、B、C,A 座上有 64 个盘子,盘子大小不等,大的在下,小的在上,如图 4.6 所示。现要求将塔座 A 上的这 64 个圆盘移到塔座 B 上,并仍按同样顺序叠置。在移动圆盘时应遵守以下移动规则:

(1) 每次只能移动 1 个圆盘;

(2) 任何时刻都不允许将较大的圆盘压在较小的圆盘之上;

(3) 在满足移动规则(1)和(2)的前提下,可将圆盘移至 A、B、C 中任一塔座上。

图 4.6 汉诺塔问题

算法分析:

这是一个经典的递归算法的例子。这个问题在圆盘比较多的情况下,很难直接写出移动步骤。我们可以先分析圆盘比较少的情况。

假定圆盘从大向小依次为:圆盘 1,圆盘 2,……,圆盘 64。

如果只有一个圆盘,则不需要利用 B 座,直接将圆盘 1 从 A 移动到 C。

如果有 2 个圆盘,可以先将圆盘 1 上的圆盘 2 移动到 B;将圆盘 1 移动到 C;将圆盘 2 移动到 C。这说明了:借助 B 可以将 2 个圆盘从 A 移动到 C。

如果有 3 个圆盘,那么根据 2 个圆盘的结论,可以借助 C 将圆盘 1 上的两个圆盘从 A 移动到 B;将圆盘 1 从 A 移动到 C,A 变成空座;借助 A 座,将 B 上的两个圆盘移动到 C。这说明:借助一个空座,可以将 3 个圆盘从一个座移动到另一个。

如果有 4 个圆盘,那么首先借助空座 C,将圆盘 1 上的 3 个圆盘从 A 移动到 B;将圆盘 1 移动到 C,A 变成空座;借助空座 A,将 B 座上的 3 个圆盘移动到 C。

上述的思路可以一直扩展到 64 个圆盘的情况:借助空座 C 可以将圆盘 1 上的 63 个圆盘从 A 移动到 B;将圆盘 1 移动到 C,A 变成空座;借助空座 A,可以将 B 座上的 63 个圆盘移动到 C。

递推关系往往是利用递归的思想来建立的;递推由于没有返回段,因此更为简单,有时可以直接用循环实现。

> **思考与探索**
>
> 感受递归思想之美:递归策略只需少量的程序就可描述出解题过程所需要的多次重复计算,大大地减少了程序的代码量。递归的能力在于用有限的语句来定义对象的无限集合。

5. 分治法

任何一个可以用计算机求解的问题所需的计算时间都与其规模有关。问题的规模越小,越容易直接求解,解题所需的计算时间也越少。

例如,对于 n 个元素的排序问题,当 $n=1$ 时,不需任何计算。$n=2$ 时,只要做一次比较即可排好序,$n=3$ 时只要做 3 次比较即可,……。而当 n 较大时,问题就不那么容易处理了。要想直接解决一个规模较大的问题,有时是相当困难的。

分治法就是把一个复杂的问题分成两个或更多相同或相似的子问题,再把子问题分成更小的子问题……,直到最后子问题可以直接求解,原问题的解即为子问题解的合并。在计算机科学中,分治法是一种很重要的算法,是很多高效算法的基础。

分治法的精髓:"分"——将问题分解为规模更小的子问题;"治"——将这些规模更小的子问题逐个击破;"合"——将已解决的子问题合并,最终得出"母"问题的解。

由分治法产生的子问题往往是原问题的较小模式,这就为使用递归技术提供了方便。在这种情况下,反复运用分治手段,可以使子问题与原问题类型一致而其规模却不断缩小,最终使子问题缩小到很容易直接求出其解。这自然导致递归过程的产生。分治与递归像一对孪生兄弟,经常同时应用在算法设计之中,并由此产生了许多高效算法。

分治法所能解决的问题一般具有以下几个特征:

(1) 该问题的规模缩小到一定的程度就可以容易地解决;
(2) 该问题可以分解为若干个规模较小的相同问题,即该问题具有最优子结构性质;
(3) 利用该问题分解出的子问题的解可以合并为该问题的解;
(4) 该问题所分解出的各个子问题是相互独立的,即子问题之间不包含公共的子问题。

上述的第(1)条特征是绝大多数问题都可以满足的,因为问题的计算复杂性一般是随着问题规模的增加而增加;第(2)条特征是应用分治法的前提,它也是大多数问题可以满足的,此特征反映了递归思想的应用;第(3)条特征是关键,能否利用分治法完全取决于问题是否具有第(3)条特征,如果具备了第(1)条和第(2)条特征,而不具备第(3)条特征,则可以考虑用贪心法或动态规划法。第(4)条特征涉及分治法的效率,如果各子问题是不独立的则分治法要做许多额外的工作,重复地解公共子问题,此时虽然可用分治法,但一般选择动态规划法较好。

根据分治法的分割原则,原问题应该分为多少个子问题才较为适宜?各个子问题的规模应该怎样才为恰当?人们从大量实践中发现,在用分治法设计算法时,最好将一个问题分成大小相等的 k 个子问题。这种使子问题规模大致相等的做法是出自一种平衡子问题的思想,它几乎总是比子问题规模不等的做法要好。

例 4-12 使用分治法解决斐波那契(Fibonacci)数列问题。

当 $n=5$ 时使用分治法计算斐波那契数的过程,如图 4.7 所示。

例 4-13 循环赛日程表问题。

设有 $n=2^K$ 个运动员要进行网球循环赛,现要设计一个满足以下要求的比赛日程表:

图 4.7　当 $n=5$ 时使用分治法计算斐波那契数的过程

(1) 每个选手必须与其他 $n-1$ 个选手各赛一次；

(2) 每个选手一天只能赛一次；

(3) 循环赛一共进行 $n-1$ 天。

请按此要求将比赛日程表设计成有 n 行和 $n-1$ 列的一个表。在表中的第 i 行、第 j 列处填入第 i 个选手在第 j 天所遇到的选手，其中 $1 \leqslant i \leqslant n, 1 \leqslant j \leqslant n-1$。

算法分析：按分治策略，将所有的选手分为两半，n 个选手的比赛日程表就可以通过为 $n/2$ 个选手设计的比赛日程表来决定。递归地对选手进行分割，直到只剩下 2 个选手时，比赛日程表的制定就变得很简单了。这时只要让这 2 个选手进行比赛就可以了。如图 4.8 所示，所列出的正方形表是 8 个选手的比赛日程表。其中左上角与左下角的两小块分别为选手 1～4 和选手 5～8 前 3 天的比赛日程。据此，将左上角小块中的所有数字按其相对位置抄到右下角，又将左下角小块中的所有数字按其相对位置抄到右上角，这样我们就分别安排好了选手 1～4 和选手 5～8 在后 4 天中的比赛日程。依此思想容易将这个比赛日程表推广到具有任意多个选手的情形。

1	2	3	4	5	6	7	8
2	1	4	3	6	5	8	7
3	4	1	2	7	8	5	6
4	3	2	1	8	7	6	5
5	6	7	8	1	2	3	4
6	5	8	7	2	1	4	3
7	8	5	6	3	4	1	2
8	7	6	5	4	3	2	1

图 4.8　8 个选手的比赛日程表

例 4-14　公主的婚姻。

艾述国王向邻国秋碧贞楠公主求婚。公主出了一道题：求出 49 770 409 458 851 929 的一个真因子（除它本身和 1 外的其他约数）。若国王能在一天之内求出答案，公主便接受他的求婚。国王回去后立即开始逐个数地进行计算，他从早到晚，共算了三万多个数，最终还是没有结果。国王向公主求情，公主将答案相告：223 092 827 是它的一个真因子。公主说："我再给你一次机会。"国王立即回国，并向时任宰相的大数学家孔唤石求教，大数学家在仔细地思考后认为这个数为 17 位，则最小的一个真因子不会超过 9 位，他给国王出了一个主意：按自然数的顺序给全国的老百姓每人编一个号发下去，等公主给出数目后，立即将它们通报全国，让每个老百姓用自己的编号去除这个数，除尽了立即上报，赏金万两。

算法分析：国王最先使用的是一种顺序算法，后面由宰相提出的是一种并行算法。其中包含了分治法的思维。

分治法求解问题的优势是可以并行地解决相互独立的问题。目前计算机已经能够集成越来越多的核，设计并行执行的程序能够有效利用资源，提高对资源的利用率。

6. 贪心算法

贪心算法又称为贪婪算法,是用来求解最优化问题的一种算法。但它在解决问题的策略上目光短浅,只根据当前已有的信息就做出有利的选择,而且一旦做出了选择,不管将来有什么结果,这个选择都不会改变。换言之,贪心法并不是从整体最优考虑,它所做出的选择只是在某种意义上的局部最优。这种局部最优选择并不总能获得整体最优解,但通常能获得近似最优解。

例 4-15 付款问题。

假设有面值为 5 元、2 元、1 元、5 角、2 角、1 角的货币,需要找给顾客 4 元 6 角现金。如何找给顾客零钱,使付出的货币数量最少?

贪心法求解步骤:为使付出的货币数量最少,首先选出 1 张面值不超过 4 元 6 角的最大面值的货币,即 2 元;再选出 1 张面值不超过 2 元 6 角的最大面值的货币,即 2 元;再选出 1 张面值不超过 6 角的最大面值的货币,即 5 角;再选出 1 张面值不超过 1 角的最大面值的货币,即 1 角,最后总共付出 4 张货币。

在付款问题每一步的贪心选择中,在不超过应付款金额的条件下,只选择面值最大的货币,不去考虑在后面看来这种选择是否合理,而且它还不会改变决定:一旦选出了一张货币,就永远选定。付款问题的贪心选择策略是尽可能使付出的货币最快地满足支付要求,其目的是使付出的货币张数最慢地增加,这正体现了贪心法的设计思想。

因此,对于某些求最优解问题,贪心算法是一种简单、迅速的设计技术。用贪心法设计算法的特点是一步一步地进行,通常以当前情况为基础根据某个优化测度作为最优选择,而不考虑各种可能的整体情况。它省去了为找最优解要穷尽所有可能而必须耗费的大量时间。它采用自顶向下,以迭代的方法做出相继的贪心选择,每做一次贪心选择就将所求问题简化为一个规模更小的子问题,通过每一步贪心选择,可得到问题的一个最优解。虽然每一步上都要保证能够获得局部最优解,但由此产生的全局解有时不一定是最优的。

在计算机科学中,贪心算法往往被用来解决旅行商(Traveling Salesman Problem, TSP)问题、图着色问题、最小生成树问题、背包问题、活动安排问题、多机调度问题等。

7. 动态规划法

动态规划是运筹学的一个分支,是求解决策过程最优化的数学方法。20 世纪 50 年代初,美国数学家 R. E. Bellman 等人在研究多阶段决策过程的优化问题时,提出了著名的最优化原理,把多阶段过程转化为一系列单阶段问题,利用各阶段之间的关系,逐个求解,创立了解决这类过程优化问题的新方法——动态规划。1957 年,出版了他的名著 *Dynamic Programming*,这是该领域的第一本著作。

动态规划的基本思想与分治法类似,也是将待求解的问题分解为若干个子问题(阶段),按顺序求解子阶段,前一子问题的解,为后一子问题的求解提供了有用的信息。在求解任一子问题时,列出各种可能的局部解,通过决策保留那些有可能达到最优的局部解,丢弃其他局部解。依次解决各子问题,最后一个子问题的解就是初始问题的解。

由于动态规划解决的问题多数有重叠子问题这个特点,为减少重复计算,对每一个子问题只解一次,将其不同阶段的不同状态保存在一个二维数组中。因此,适合使用动态规划求解最优化问题应具备两个要素:一是具备最优子结构,如果一个问题的最优解包含子问题的最优解,那么该问题就具有最优子结构;二是子问题重叠。

分治法要求各个子问题是独立的(即不包含公共的子问题),因此一旦递归地求出各个子问题的解后,便可自下而上地将子问题的解合并成原问题的解。如果各子问题是不独立的,那么分治法就要做许多不必要的工作,重复地求解公共的子问题。

动态规划与分治法的不同之处在于动态规划允许这些子问题不独立(即各子问题可包含公共的子问题),它对每个子问题只解一次,并将结果保存起来,避免每次碰到时都要重复计算。这就是动态规划高效的一个原因。

动态规划法在经济管理、生产调度、工程技术和最优控制等方面得到了广泛的应用。例如库存管理、资源分配、设备更新、排序、装载等。

动态规划求解问题一般分为以下 4 个步骤。

(1) 分析最优解的结构,刻画其结构特征;
(2) 递归地定义最优解的值;
(3) 按自底向上的方式计算最优解的值。
(4) 用第(3)步中的计算过程的信息构造最优解。

例 4-16 三角数塔问题。

图 4.9 是一个由数字组成的三角形,顶点为根结点,每个结点有一个整数值。从顶点出发,可以向左走或向右走,要求从根结点开始,请找出一条路径,使路径之和最大,只要求输出路径的和。

(1) 分析最优解的结构,刻画其结构特征。

首先考虑如何将问题转化成较小子问题。如果在找该路径时,从上到下走到了第 3 层第 0 个数 2,那么接下来选择走 19。如果从上到下走到了第 3 层第 1 个数 18,那么接下来选择走 10。同理,如果从上到下走到了第 3 层第 2 个数 9,那么接下来选择走 10;如果从上到下走到了第 3 层第 3 个数 5,那么接下来选择走 16。根据这个思路可以更新第 3 层的每个数,即把 2 更新成 21(即 2+19),把 18 更新成 28(即 18+10),把 9 更新成 19(即 9+10),把 5 更新成 21(即 5+16)。更新后的三角数塔如图 4.10 所示。

图 4.9 三角数塔

图 4.10 更新第 3 层后的三角数塔

同理,更新后的第 2 层、第 1 层、第 0 层的三角数塔分别如图 4.11、图 4.12 和图 4.13 所示。

图 4.11 更新第 2 层后的三角数塔　　　　图 4.12 更新第 1 层后的三角数塔

图 4.13 更新第 0 层后的三角数塔

(2) 递归地定义最优解的值。

定义 a(i,j) 为第 i 层第 j 个数到最下层的所有路径中最大的数值之和。本例中,第 4 层是最下层,所以用 5×5 的二维数组 T 存储数塔的初始值,根据上面的思路,a(3,0) 等于 a(4,0) 和 a(4,1) 中较大的数值加上 T(3,0);a(3,1) 等于 a(4,1) 和 a(4,2) 中较大的数值加上 T(3,1);a(3,2) 等于 a(4,2) 和 a(4,3) 中较大的数值加上 T(3,2)。由此,得到以下递归式:

$$a(i,j)=\begin{cases} T(i,j), & i=4 \\ \max(a(i+1,j),a(i+1,j+1))+T(i,j), & \forall i(0\leqslant i<4), j\leqslant i \end{cases}$$

(3) 按自底向上的方式计算最优解的值。

根据自底向上的方式,根据上面的递归式,先计算第 n−1 层的 a(n−1,0),a(n−1,1),…a(n−1,n−1),然后计算第 n−2 层的 a(n−2,0),a(n−2,1),…a(n−2,n−2),……,直到计算最顶层的 a(0,0)。本例如表 4.1 所示。

表 4.1 本例生成的动态规划表

i \ j	0	1	2	3	4
4	19	7	10	4	16
3	21	28	19	21	0
2	38	34	29	0	0
1	50	49	0	0	0
0	59	0	0	0	0

(4) 用第(3)步中的计算过程的信息构造最优解。

我们使用回溯法找出最大数值之和的路径。首先从 a(0,0)=59 开始,a(0,0)−T

(0,0)=59−9=50,即 a(0,0)是通过 T(0,0)加上 a(1,0)得到的;回溯到 a(1,0)=50,a(1,0)−T(1,0)=50−12=38,即 a(1,0)是通过 T(1,0)加上 a(2,0)得到的;回溯到 a(2,0)=38,a(2,0)−T(2,0)=38−10=28,即 a(2,0)是通过 T(2,0)加上 a(3,1)得到的;回溯到 a(3,1)=28,a(3,1)−T(3,1)=28−18=10,即 a(3,1)是通过 T(3,1)加上 a(4,2)得到的。从而得到路径为(0,0)→(1,0)→(2,0)→(3,1)→(4,2),其和值为 59。

以上就是用动态规划法求解问题的步骤。

总结:一个问题该用递推法、贪心法还是动态规划法,完全是由这个问题本身阶段间状态的转移方式决定的。如果每个阶段只有一个状态,则用递推;如果每个阶段的最优状态都是由上一个阶段的最优状态得到的,则用贪心;如果每个阶段的最优状态可以从之前某个阶段的某个或某些状态直接得到而不管之前这个状态是如何得到的,则用动态规划。

4.2.5 算法分析

对同一个问题,可以有不同的解题方法和步骤,即可以有不同的算法,而一个算法的质量优劣将影响到算法乃至程序的效率。算法分析的目的在于选择合适算法和改进算法。对于特定的问题来说,往往没有最好的算法,只有最适合的算法。

例如,求 1+2+3+…+100,可以按顺序依次相加,也可以(1+99)+(2+98)+…+(49+51)+100+50=100×50+50=5050,还可以按等差数列求和等。因为方法有优劣之分,所以为了有效地解题,不仅要保证算法正确,还要考虑算法的质量,选择合适的算法。

通过对算法的分析,在把算法变成程序实际运行前,就知道为完成一项任务所设计算法的好坏,从而运行好算法,改进差算法,避免无益的人力和物力浪费。

对算法进行全面分析,可分为如下两个阶段进行。

(1) 事前分析:事前分析是指通过对算法本身的执行性能的理论分析,得出算法特性。一般使用数学方法严格地证明和计算它的正确性和性能指标。

- 算法复杂性指算法所需要的计算机资源,一个算法的评价主要从时间复杂度和空间复杂度来考虑。
- 数量关系评价体现在时间——算法编程后在机器中所耗费的时间。
- 数量关系评价体现在空间——算法编程后在机器中所占的存储量。

(2) 事后测试:一般地,将算法编制成程序后实际放到计算机上运行,收集其执行时间和空间占用等统计资料,进行分析判断。对于研究前沿性的算法,可以采用模拟/仿真分析方法,即选取或实际产生大量的具有代表性的问题实例——数据集,将要分析的某算法进行仿真应用,然后对结果进行分析。

一般地,评价一个算法,需要考虑以下几个性能指标。

1. 正确性

算法的正确性是评价一个算法优劣的最重要标准。一个正确的算法是指在合理的数据输入下,能在有限的运行时间内得到正确的结果。算法正确性的评价包括两个方面:问题的解法在数学上是正确的;执行算法的指令系列是正确的。可以通过对输入数据的所有可能情况的分析和上机调试,以证明算法是否正确。

2. 可读性

算法的可读性是指一个算法可供人们阅读的难易程度。算法应该好读、清晰、易读、易懂、易证明,且便于调试和修改。

3. 健壮性

健壮性是指一个算法对不合理输入数据的反应能力和处理能力,也称为容错性。算法应具有容错处理能力。当输入非法数据时,算法应对其做出反应,而不是产生莫名其妙的输出结果。

4. 时间复杂度

算法的时间复杂度是指执行算法所需要的计算工作量。为什么要考虑时间复杂性呢?因为有些计算机需要用户提供程序运行时间的上限,一旦达到这个上限,程序将被强制结束,而且程序可能需要提供一个满意的实时响应。

与算法执行时间相关的因素包括:问题中数据存储的数据结构、算法采用的数学模型、算法设计的策略、问题的规模、实现算法的程序设计语言、编译算法产生的机器代码的质量、计算机执行指令的速度等。

一般来说,计算机算法是问题规模 n 的函数 $f(n)$,算法的时间复杂度也因此记作:

$$T(n)=O(f(n))$$

一个算法的执行时间大致上等于其所有语句执行时间的总和,对于语句的执行时间是指该条语句的执行次数和执行一次所需时间的乘积。一般随着 n 的增大,$T(n)$ 增长较慢的算法为最优算法。

例 4-17　计算汉诺塔问题的时间复杂度。

算法:C 语言描述(部分代码)

```
hanoi(int n,char left,char middle,char right)
{
    if(n==1) move(left,right);         /* 函数 move(x,y) 表示将盘子从 x 座移到 y 座 */
    else
    {
        hanoi(n-1,left,right,middle);
        move(left,right);
        hanoi(n-1,middle,left,right);
    }
}
```

当 $n=64$ 时,要移动多少次?需花费多长时间呢?

$$\begin{aligned}h(n)&=2h(n-1)+1\\&=2(2h(n-2)+1)+1=2^2h(n-2)+2+1\\&=2^3h(n-3)+2^2+2+1\end{aligned}$$

……

$$= 2^n h(0) + 2^{n-1} + \cdots + 2^2 + 2 + 1$$
$$= 2^{n-1} + \cdots + 2^2 + 2 + 1$$
$$= 2^n - 1$$

需要移动盘子的次数为：

$$2^{64} - 1 = 18446744073709551615$$

假定每秒移动一次，一年有 31536000 秒，则一刻不停地来回搬动，也需要花费大约 5849 亿年的时间。假定计算机以每秒 1000 万个盘子的速度进行处理，则需要花费大约 58490 年的时间。

因此，理论上可以计算的问题，实际上并不一定能行。一个问题求解算法的时间复杂度大于多项式（如指数函数）时，算法的执行时间将随 n 的增加而急剧增长，以致即使是中等规模的问题也不能被求解出来，于是在计算复杂性时，将这一类问题称为难解性问题。

5. 空间复杂度

算法的空间复杂度是指算法需要消耗的内存空间。其计算和表示方法与时间复杂度类似，一般都用复杂度的渐近性来表示。与时间复杂度相比，空间复杂度的分析要简单得多。考虑程序的空间复杂性的原因主要有：在多用户系统中运行时，需要指明分配给该程序的内存大小；可提前知道是否有足够可用的内存来运行该程序；一个问题可能有若干个内存需求各不相同的解决方案，从中择取；利用空间复杂性来估算一个程序所能解决问题的最大规模。

在公主的婚姻案例中，国王最先使用的顺序算法，其复杂性表现在时间上；后面由宰相提出的并行算法，其复杂性表现在空间上。

直觉上，我们认为顺序算法解决不了的问题完全可以用并行算法来解决，甚至会想，并行计算机系统求解问题的速度将随着处理器数目的不断增加而不断提高，从而解决难解性问题，其实这是一种误解。当将一个问题分解到多个处理器上解决时，由于算法中不可避免地存在必须串行执行的操作，从而大大地限制了并行计算机系统的加速能力。

> **知行合一**
>
> 如果你要成就一番事业，那么你需要基于市场需求做出决定。研究对你有吸引力的招聘广告（工作类型、地点、语言、薪酬、所需经验等）。跟踪这些语言（和其他技能），这些广告提到的主要技能正是你需要学习的。如果你认为你难于接受这种语言或环境，那么你可能需要重新评估你的事业目标。

4.3 算法的实现——程序设计语言

高级语言体系与自然语言体系十分相似。我们可以回忆一下语文和英语的学习，就可以得出自然语言的学习过程：基本符号及书写规则→单词→短语→句子→段落→文章。因此,计算机语言的学习过程也很类似:基本符号及书写规则→常量、变量→运算符和表达式→语句→过程、函数→程序。前面提到,在写作中,必须要求文章语法规范、语义清晰。程序也要求清晰、规范,符合一定的书写规则。

传统程序的基本构成元素包括常量、变量、运算符、内部函数、表达式、语句、自定义过程或函数等。

现代程序增加了类、对象、消息、事件和方法等元素。

4.3.1 程序设计语言的分类

自 20 世纪 60 年代以来,世界上公布的程序设计语言已有上千种之多,但只有很小一部分得到了广泛的应用。从发展历程来看,程序设计语言可以分为如下 4 代。

1. 机器语言

机器语言(Machine Language)是计算机硬件系统能够直接识别的不需翻译的计算机语言。机器语言中的每一条语句实际上是一条二进制形式的指令代码,由操作码和操作数组成。操作码指出进行什么操作;操作数指出参与操作的数或其在内存中的地址。用机器语言编写程序工作量大、难于使用,但执行速度快。它的二进制指令代码通常随 CPU 型号的不同而不同,不能通用,因而说它是面向机器的一种低级语言。通常不用机器语言直接编写程序。

2. 汇编语言

汇编语言(Assemble Language)是为特定计算机或计算机系列设计的。汇编语言用助记符代替操作码,用地址符号代替操作数。由于这种"符号化"的做法,所以汇编语言也称为符号语言。用汇编语言编写的程序称为汇编语言"源程序"。汇编语言程序比机器语言程序易读、易检查、易修改,同时又保持了机器语言程序执行速度快、占用存储空间少的优点。汇编语言也是面向机器的一种低级语言,不具备通用性和可移植性。

3. 高级语言

高级语言(High Level Language)是由各种意义的词和数学公式按照一定的语法规则组成的,它更容易阅读、理解和修改,编程效率高。高级语言不是面向机器的,而是面向问题的,与具体机器无关,具有很强的通用性和可移植性。高级语言的种类很多,有面向过程的语言,例如 Fortran、BASIC、Pascal、C 等;有面向对象的语言,例如 C++、Java 等。

不同的高级语言有不同的特点和应用范围。Fortran 语言是 1954 年提出的,是出现最早的一种高级语言,适用于科学和工程计算;BASIC 语言是初学者的语言,简单易学,人机对话功能强;Pascal 语言是结构化程序语言,适用于教学、科学计算、数据处理和系统软件开发,目前逐步被 C 语言所取代;C 语言程序简练、功能强,适用于系统软件、数值计算、数据处理等,成为目前高级语言中使用最多的语言之一;C++、C# 等面向对象的程序设计语言,给非计算机专业的用户在 Windows 环境下开发软件带来了福音;Java 语言是一种基于 C++ 的跨平台分布式程序设计语言。

4. 非过程化语言

上述的通用语言仍然都是"过程化语言"。编码时,要详细描述问题求解的过程,告诉计算机每一步应该"怎样做"。

4GL 语言是非过程化的,面向应用,只需说明"做什么",不需描述算法细节。目前的 4GL 语言有:查询语言(比如数据库查询语言 SQL)和报表生成器;NATURAL、FOXPRO、MANTIS、IDEAL、CSP、DMS、INFO、LINC、FORMAL 等应用生成器;Z、NPL、SPECINT 等形式规格说明语言等。这些具有 4GL 特征的软件工具产品具有缩短应用开发过程、降低维护代价、最大限度地减少调试中出现的问题等优点。

4.3.2 语言处理程序

程序设计语言能够把算法翻译成机器能够理解的可执行程序。这里把计算机不能直接执行的非机器语言源程序翻译成能直接执行的机器语言的语言翻译程序称为语言处理程序。

(1) 源程序:用各种程序设计语言编写的程序称为源程序,计算机不能直接识别和执行。

(2) 目标程序:源程序必须由相应的汇编程序或编译程序翻译成机器能够识别的机器指令代码,计算机才能执行,这正是语言处理程序所要完成的任务。翻译后的机器语言程序称为目标程序。

(3) 汇编程序:将汇编语言源程序翻译成机器语言程序的翻译程序称为汇编程序,如图 4.14 所示。

图 4.14　汇编过程

(4) 编译方式和解释方式:编译方式是将高级语言源程序通过编译程序翻译成机器语言目标代码,如图 4.15 所示;解释方式是对高级语言源程序进行逐句解释,解释一句就执行一句,但不产生机器语言目标代码。例如 BASIC 语言是按这种方式处理的。大部分高级语言都采用编译方式。

图 4.15　编译过程

4.3.3 常用的高级语言

常用的高级语言包括 Visual Basic、C、Python、Java 等,本书只介绍前三种。

1. Visual Basic 语言

Visual Basic(以下简称 VB)是美国微软公司旗下的一个主流程序开发工具。1991年,微软公司推出了 Visual Basic 1.0,当时引起了很大的轰动。许多专家把 VB 的出现当作软件开发史上一个具有划时代意义的事件。

Visual Basic 是在原有 BASIC 语言基础上的进一步发展,综合运用了 BASIC 语言和新的可视化工具,既具有 Windows 所特有的优良性能和图形工作环境,又具有编程的简易性。用户不用编写大量的代码去描述界面元素的外观与位置,而只需要将预先建立的对象添加到窗体上即可。可用 Visual Basic 快速创建 Windows 程序,并可编写企业水平的客户端/服务器程序和强大的数据库应用程序。

例 4-18 计算 $1+2+3+\cdots+n$ 的值,n 由键盘输入。写出其 VB 程序。

```
Private Sub Command1_Click()
Dim i As Integer
Dim sum As Integer
sum = 0
For i = 1 To 100 Step 1
    sum = sum + i
Next i
Print "1+2+…+100=", sum
End Sub
```

2. C 语言

C 语言是一种通用的、结构化、面向过程的程序设计语言,于 1972 年由 Dennis Ritchie 在贝尔电话实验室实现 UNIX 操作系统时开发的。C 语言不仅可用来实现系统软件,也可用于开发应用软件。它还被广泛使用在大量不同软件平台和不同架构的计算机上,而且几个流行的编译器都采用它来实现。面向对象的编程语言目前主要有 C++、C#、Java 语言。这 3 种语言都是从 C 语言派生出来的,C 语言的知识几乎都适用于这 3 种语言。

C 语言的编程环境一直在不断发展。随着 Windows 编程的兴起,目前流行的是兼容 C 语言的 Microsoft Visual C++ 6.0(简称 VC++ 6.0)和 Borland C++ 集成开发环境。

目前,很多著名系统软件,如 dBASE IV 等都是用 C 语言编写的。在图像处理、数据处理和数值计算等应用领域都可以方便地使用 C 语言。

例 4-19 计算 $1+2+3+\cdots+n$ 的值,n 由键盘输入。写出 C 语言程序。

```
#include<stdio.h>
void main()
```

```
{
    int i, sum;
    sum=0;
    for(i=1; i<=100; i++)
    {
        sum = sum + i;
    }
    printf("1+2+…+100=%d", sum);
}
```

3. Python 语言

Python 是一种面向对象的直译式计算机程序设计语言,也是一种功能强大的通用型语言,由吉多·范罗苏姆(Guido van Rossum)于 1989 年末开发,已经具有 20 多年的发展历史,成熟且稳定。

Python 主要特点如下。

(1) 简单易学:Python 是一门优雅优美的语言,语法简洁清晰,好学易用。阅读一个良好的 Python 程序就感觉像是在读英语一样。它使你能够专注于解决问题而不是去搞明白语言本身。不计较程序语言在形式上的诸多细节和规则,可以专心地学习程序本身的逻辑和算法,以及探究程序的执行过程。

(2) 免费、开源:Python 是 FLOSS(自由/开放源码软件)之一。使用者可以自由地发布这个软件的拷贝、阅读它的源代码、对它进行改动、把它的一部分用于新的自由软件中。

(3) 可扩展性、可嵌入性和可移植性强:Python 提供了丰富的 API 和工具,以便程序员能够轻松地使用 C 语言、C++、Python 来编写扩展模块。Python 解释器本身也可以被集成到其他需要脚本语言的程序内。因此,很多人还把 Python 作为一种"胶水语言"(Glue Language)使用。使用 Python 将其他语言编写的程序进行集成和封装。比如,可以把部分程序用 C 或 C++ 编写,然后在 Python 程序中使用它们,也可以把 Python 嵌入 C/C++ 程序。Google 内部的很多项目使用 C++ 编写对性能要求极高的部分,然后用 Python 调用相应的模块。很多游戏,如 EVE Online 使用 Python 来处理游戏中繁多的逻辑。

(4) 规范的代码:Python 采用强制缩进的方式使得代码具有较好可读性。这与其他大多数计算机程序设计语言不一样。而且,Python 语言编写的程序不需要编译成二进制代码。

(5) Python 标准库很丰富:它包含了一组完善且容易理解的标准库,能够轻松完成很多常见的任务,包括正则表达式、文档生成、单元测试、线程、数据库、网页浏览器、CGI、FTP、电子邮件、XML、XML-RPC、HTML、WAV 文件、密码系统、GUI(图形用户界面)、Tk 和其他与系统有关的操作。除了标准库以外,还有许多其他高质量的库,如 wxPython、Twisted 和 Python 图像库等。Python 对于各种网络协议的支持也很完善,因而经常用于编写服务器软件、网络爬虫。第三方库 Twisted 支持异步网络编程和多数标准的网络协议(包含客户端和服务器),并且提供了多种工具,被广泛用于编写高性能的服务器软件。在其他领域,比如科学计算、人工智能等也有广泛的运用。

(6) Python 支持命令式编程、面向对象程序设计、函数式编程、泛型编程等多种编程范式;Python 是完全面向对象(函数、模块、数字、字符串都是对象)的语言,并且完全支持继承、重载、派生、多继承,有益于增强代码的复用性。Python 支持重载运算符,因此,Python 也支持泛型设计。虽然 Python 可能被粗略地分类为"脚本语言"(script language),但实际上,一些大规模软件开发计划,如 Zope、Mnet、BitTorrent 及 Google 也广泛地使用它。

例 4-20 计算 $1+2+3+\cdots+n$ 的值,n 由键盘输入。编写 Python 程序来实现。

```
n = int(input("请输入 n:"))
s = 0
for i in range(1,n+1):
    s = s + i
print ('1+2+3+…+ ',  n,   '= ',   s)
```

目前新语言研究方向是更贴近自然语言的计算机语言、图形化表达语言、积木式程序构造语言和专业领域化的内容表达与计算语言。

> **思考与探索**
>
> 因为高级语言一般诞生于西方,所以这些语言的语句格式中使用的标点符号一定是英文标点符号,除非作为字符串中的内容时,才可以使用其他标点符号。语言中的对象的属性、方法、命令等术语本质是英文,学习时结合英文本义来记忆会大大提高学习效率。

基础知识练习

(1) 举例说明什么是数学建模。数学建模的意义何在?

(2) 什么是算法?

(3) 算法应具备哪些特征?

(4) 常用的算法设计策略有哪些?

(5) 算法的描述方式有哪些?

(6) 什么是算法的复杂度分析?

(7) 评价算法的标准有哪些?

(8) 设计一个算法,求 $1+2+4+\cdots+2^n$ 的值,并画出算法流程图。

(9) 某单位发放临时工工资,工人每月工作不超过 20 天时一律发放 2000 元。超过 20 天时分段处理:25 天以内,对超过天数为每天 100 元,25 天以上则是每天 150 元。设计一个算法,根据输入的天数,计算应发的工资,并画出算法流程图。

(10) 找出由 n 个数组成的数列 x 中最大的数 Max。如果将数列中的每一个数字大小看成一颗豆子的大小,我们可以利用一个"捡豆子"的生活算法来找到最大数,步骤如下:首先将第一颗豆子放入口袋中;从第二颗豆子开始比较,如果正在比较的豆子比口袋中的还大,则将它捡起放入口袋中,同时丢掉原先口袋中的豆子,如此循环直到最后一颗豆子;最后口袋中的豆子就是所有的豆子中最大的一颗。尝试用流程图表示这个算法。

(11) 分别用递推法和递归法计算 $n!$。

(12) 设计一个算法,找出 1~1000 中所有能被 7 和 11 整除的数。

(13) 一张单据上有一个 5 位数的编号,万位数是 1,千位数是 4,百位数是 7,个位数、十位数已经模糊不清。该 5 位数是 57 或 67 的倍数,输出所有满足这些条件的 5 位数的个数。设计本问题的算法。

(14) 雨水淋湿了一道算术题,总共 8 个数字只能看清 3 个,第一个数字虽然看不清,但可看出不是 1。设计一个算法求其余数字是什么。

$$[\Box \times (\Box 3 + \Box)]^2 = 8\Box\Box 9$$

(15) 有 5 个人,第 5 个人说他比第 4 个人大 2 岁,第 4 个人说他比第 3 个人大 2 岁,第 3 个人说他比第 2 个人大 2 岁,第 2 个人说他比第 1 个人大 2 岁,第 1 个人说他 10 岁。求第 5 个人多少岁? 利用本章所学问题求解的思维,设计本问题的算法。

(16) 有一个莲花池,起初有一朵莲花,每过一天莲花的数量就会翻一倍。假设莲花永远不凋谢,30 天的时候莲花池全部长满了莲花,请问第 23 天的莲花占莲花池的几分之几? 利用本章所学问题求解的思维,设计本问题的算法。

(17) 有一个农场在第一年的时候买了一头刚出生的牛,这头牛在第四年的时候就能生一头小牛,以后这头牛每年都会生一头小牛。这些小牛成长到第四年又会生小牛,以后每年同样会生一头牛,假设牛不死,如此反复。请问 50 年后,这个农场会有多少头牛? 利用本章所学问题求解的思维,设计本问题的算法。

(18) 列举递归和分治算法的生活示例。

能力拓展与训练

一、角色模拟

有一个物流公司需要研发物流管理软件。围绕软件的功能和性能需求,分组自选角色扮演用户和计算机技术人员,进行软件需求分析。要求写出软件需求分析报告。

提示:与用户沟通获取需求的方法有很多,包括访谈、发放调查表、使用情景分析技术、使用快速软件原型技术等。

二、实践与探索

(1) 搜索资料,学习使用回溯法解决八皇后问题。

(2）搜索资料，列出常用的查找和排序算法。

(3）搜索遗传算法、蚁群算法、免疫算法的资料，了解利用仿生学进行问题求解和算法设计的思维，写出研究报告。

(4）解析"软件＝程序＋数据＋文档"的含义。

三、拓展阅读：主宰这个世界的10种算法

算法虽然广泛应用在计算机领域，但却完全源自数学。实际上，最早的数学算法可追溯到公元前1600年Babylonians有关求因式分解和平方根的算法。

1. 归并排序、快速排序和堆积排序

哪个排序算法效率最高？

归并排序算法，是目前为止最重要的算法之一，是分治法的一个典型应用，由数学家John von Neumann于1945年发明。

快速排序算法，结合了集合划分算法和分治算法，性能不是很稳定，但在处理随机阵列（AM-based arrays）时效率相当高。

堆积排序，采用优先队列机制，减少排序时的搜索时间，但性能同样不是很稳定。

与早期的排序算法相比（如冒泡算法），这些算法将排序算法提上了一个大台阶。也多亏了这些算法，才有今天的数据发掘、人工智能、链接分析以及大部分网页计算工具。

2. 傅里叶变换和快速傅里叶变换

这两种算法简单，但却相当强大，整个数字世界都离不开它们，其功能是实现时间域函数与频率域函数之间的相互转化。因特网、Wi-Fi、智能机、座机、路由器、卫星等几乎所有与计算机相关的设备都或多或少与它们有关。

3. 迪杰斯特拉算法（Dijkstra's Algorithm）

可以这样说，如果没有这种算法，因特网肯定没有现在的高效率。只要能以"图"模型表示的问题，都能用这个算法找到"图"中两个结点间的最短距离。虽然如今有很多更好的方法来解决最短路径问题，但迪杰斯特拉算法的稳定性仍无法取代。

4. RSA非对称加密算法

毫不夸张地说，如果没有这个算法对密钥学和网络安全的贡献，如今因特网的地位可能就不会如此之高。现在的网络毫无安全感，但遇到钱与相关的问题时我们必须保证有足够的安全感，如果你觉得网络不安全，肯定不会在网页上输入自己的银行卡信息。RSA算法，是密钥学领域最厉害的算法之一，由RSA公司的三位创始人提出，奠定了当今的密钥研究领域。用这个算法解决的问题简单又复杂：在保证安全的情况下，实现在独立平台和用户之间分享密钥。

5. 哈希安全算法（Secure Hash Algorithm）

确切地说，这不是一种算法，而是一组加密哈希函数，由美国国家标准技术研究所首先提出。无论是应用商店、电子邮件和杀毒软件，还是浏览器等，都使用这种算法来保证正常下载，防止被"中间人攻击"，或者"网络钓鱼"。

6. 整数质因子分解算法（Integer Factorization）

这其实是一个数学算法，不过已经广泛应用于计算机领域。如果没有这个算法，加密

信息也不会如此安全。通过一系列步骤，它可以把一个合成数分解成不可再分的因子。很多加密协议都采用了这个算法，就比如上面提到的 RSA 算法。

7. 链接分析算法（Link Analysis）

在因特网时代，对不同入口间关系的分析至关重要。从搜索引擎和社交网站，到市场分析工具，都在不遗余力地寻找因特网的真正构造。链接分析算法一直是这个领域最让人费解的算法之一，其实现方式不一，而且其本身的特性让每个实现方式的算法发生异化，不过基本原理却很相似。链接分析算法的机制其实很简单：可以用矩阵表示一幅"图"，形成本征值问题。本征值问题可以帮助分析这个"图"的结构，以及每个结点的权重。这个算法于 1976 年由 Gabriel Pinski 和 Francis Narin 提出。

谁会用这个算法呢？Google 公司的网页排名、Facebook 向你发送信息流时（所以信息流不是算法，而是算法的结果）、Google＋和 Facebook 的好友推荐功能、LinkedIn 的工作推荐、YouTube 的视频推荐等。人们普遍认为，Google 公司是首先使用这类算法的，不过其实早在 1996 年（Google 公司问世前 2 年）李彦宏创建的 RankDex 小型搜索引擎就使用了这个思路。而 Hyper Search 搜索算法建立者马西莫·马奇奥里也曾使用过类似的算法。这两个人后来都成为了 Google 公司历史上的传奇人物。

8. 比例微积分算法（Proportional Integral Derivative Algorithm）

飞机、汽车、电视、手机、卫星、工厂和机器人等中都有这个算法的身影。

简单地讲，这个算法主要是通过"控制回路反馈机制"，减小预设输出信号与真实输出信号间的误差。只要需要信号处理或电子系统来控制自动化机械、液压和加热系统，都需要用到这个算法。没有它，就没有现代文明。

9. 数据压缩算法

数据压缩算法有很多种，哪种最好？这要取决于应用方向，压缩 MP3、JPEG 和 MPEG-2 文件的算法都不一样。除文字外，游戏、视频、音乐、数据储存、云计算等都使用了数据压缩算法。它让各种系统更轻松、效率更高。

10. 随机数生成算法

到如今，计算机还没有办法生成"真正的"随机数，伪随机数生成算法在许多领域都有应用，如网络连接、加密技术、安全哈希算法、网络游戏、人工智能以及问题分析中的条件初始化。

上面这个算法列表并不完整，很多与我们密切相关的算法都没有提到，如机器学习和矩阵乘法。

资料来源：https://blog.csdn.net/cangshou5010/article/details/100962275。

第 5 章 数据思维——数据的组织、管理与挖掘

【导语】 "数据不仅能够记录历史,还能预测未来!"数字化时代,每个人都应该建立起用数据思考、用数据说话、用数据管理、用数据决策的思维模式,培养用数据来发现问题、解决问题的能力。数据思维是用数据来探索、思考事物的一种思维模式,用数据来发现问题、洞察规律、探索真理。

5.1 数据的组织和管理

前面章节我们了解了数值、西文字符、汉字和多媒体信息在计算机中的数据表示和编码。本章主要介绍相互关联的数据的组织、管理和挖掘及面向数据组织和数据处理时的基本思维框架。

信息是对客观世界中各种事物的运动状态和变化的反映。数据是信息的一种载体,是信息的一种表达方式,在计算机中信息是使用二进制进行编码的。数据是描述客观事物的数值、字符以及能输入机器且能被处理的各种符号集合。简而言之,数据就是计算机化的信息。

计算机的程序是对信息(数据)进行加工处理。可以说,程序=算法+数据组织和管理,程序的效率取决于两者的综合效果。随着信息量的增大,数据的组织和管理变得非常重要,它直接影响程序的效率。

5.1.1 数据结构

数据结构是计算机存储、组织数据的方式。数据结构是指相互之间存在一种或多种特定关系的数据元素的集合。通常情况下,精心选择的数据结构可以带来更高的运行或者存储效率。数据结构往往与高效的检索算法和索引技术有关。

例如,一幅图像是由简单的数值组成的矩阵,一个图形中的几何坐标可以组成表,语言编译程序中使用的栈、符号表和语法树,操作系统中所用到的队列、树状目录等都是有结构的数据。

数据结构通常包括以下几个方面。

(1) 数据的逻辑结构：由数据元素之间的逻辑关系构成。

(2) 数据的存储结构：数据元素及其关系在计算机存储器中的存储表示，也称为数据结构的物理结构。

(3) 数据的运算：施加在该数据上的操作。

1. 逻辑结构

数据的逻辑结构是从逻辑关系上描述数据，它与数据的存储无关，是独立于计算机的，因此数据的逻辑结构可以看作从具体问题抽象出来的数学模型。数据的逻辑结构有两个要素，一是数据元素，二是关系。根据数据元素之间关系的不同特性，通常有4类基本结构：集合结构、线性结构、树结构和图结构。

1) 集合结构

集合是指比较简单的数据，即少量、相互间没有太大关系的数据。比如，在进行计算某方程组的解时，中间的计算结果数据可以存放在内存中以便以后调用。在程序设计语言中，往往用变量来实现。

2) 线性结构

线性结构是指该结构中的数据元素之间存在一对一的关系。其特点是开始元素和终端元素都是唯一的，除了开始元素和终端元素以外，其余元素都有且仅有一个前驱元素，有且仅有一个后继元素。典型的线性结构有线性表、栈和队列。

(1) 线性表：简单说，线性数据是指同类的批量数据，也称线性表。比如，英文字母表(A、B、…、Z)，1000个学生的学号和成绩，3000个职工的姓名和工资，一年中的四个季节(春、夏、秋、冬)等。

(2) 栈：如果对线性数据操作增加如下规定：数据的插入和删除必须在同一端进行，每次只能插入或删除一个数据元素，则这种线性数据组织方式就称为栈结构。通常将允许进行插入、删除操作的一端称为栈顶(Top)，另一端称为栈底(Bottom)。当栈中没有元素时称为空栈。

栈的插入操作被形象地称为进栈或入栈，删除操作称为出栈或退栈。

栈是先进后出(First In Last Out，FILO)的结构，如图5.1(a)所示。日常生活中铁路调度就是栈的应用，如图5.1(b)所示。

(a) 栈　　　　　　　　(b) 铁路调度

图 5.1　栈和栈的应用

比如，网络浏览器会把用户最近访问过的网址组织为一个栈。这样，用户每访问一个新页面，其地址就会被存放至栈顶；而用户每按下一次"后退"按钮，即可沿相反的次序访问此前刚访问过的页面。

类似地,主流的文本编辑器也大都支持编辑操作的历史记录功能(按 Ctrl+Z 快捷键撤销操作,按 Ctrl+Y 快捷键恢复操作),用户的编辑操作被依次记录在一个栈中。一旦出现误操作,用户只需按下"撤销"按钮,即可取消最近一次操作并回到此前的编辑状态。

(3) 队列:如果对线性数据操作增加如下规定:只允许在表的一端插入元素,而在另一端删除元素,则这种线性数据组织方式就称为队列,如图 5.2 所示。

图 5.2 队列

队列具有先进先出(Fist In Fist Out,FIFO)的特性。在队列中,允许插入的一端称为队尾(rear),允许删除的一端则称为队头(front)。

队列运算包括入队运算(从队尾插入一个元素)和退队运算(从队头删除一个元素)。

日常生活中排队就是队列的应用。计算机及其网络自身内部的各种计算资源,无论是多进程共享的 CPU 时间,还是多用户共享的打印机,都需要借助队列结构实现合理和优化的分配。

3) 树结构

如果要组织和处理的数据具有明显的层次特性,比如,家庭成员间辈分关系、一个学校的组织图,这时可以采用层次数据的组织方法,也形象地称为树结构。

层次模型是数据库系统中最早出现的数据模型,是用树结构来表示各类实体以及实体间的联系。层次数据库是将数据组织成树结构,并用"一对多"的关系联结不同层次的数据库。

严格地讲,满足下面两个条件的基本层次联系的集合称为树状数据模型或层次数据模型:

- 有且只有一个结点没有双亲结点,这个结点称为根结点;
- 根以外的其他结点有且只有一个双亲结点,如图 5.3 所示。

国际象棋、西洋跳棋与围棋、中国象棋一样都属于双人完备博弈。所谓双人完备博弈,就是两位选手对垒,轮流走步,其中一方完全知道另一方已经走过的棋步以及未来可能的走步,对弈的结果要么是一方赢(另一方输),要么是和局。

对于任何一种双人完备博弈,都可以用一棵博弈树(与或树)来描述,并通过博弈树搜索策略寻找最佳解。

图 5.3 树状数据模型

博弈树类似于状态图和问题求解搜索中使用的搜索树。搜索树上的第一个结点对应一个棋局,树的分支表示棋的走步,根结点表示棋局的开始,叶结点表示棋局的结束。一个棋局的结果可以是赢、输或者和局。

树在计算机领域中也有着广泛的应用,例如,在编译程序中,用树来表示源程序的语法结构;在数据库系统中,可用树来组织信息;在分析算法的行为时,可用树来描述其执行过程。

4) 图结构

有时,还会遇到更复杂一些的数据关系,满足下面两个条件的基本层次联系的集合称为图状数据模型或网状数据模型:

- 允许一个以上的结点无双亲;
- 一个结点可以有多于一个的双亲。

比如,在第 4 章的国际会议排座位的问题中,可以将问题转化为在图 G 中找到一条哈密顿回路的问题。

例 5-1 哥尼斯堡七桥问题。

1736 年,29 岁的欧拉向圣彼得堡科学院递交了《哥尼斯堡的七座桥》的论文,在解答问题的同时,开创了数学的一个新的分支——图论与几何拓扑。

哥尼斯堡七桥问题是:17 世纪的东普鲁士有一座哥尼斯堡城,城中有一座奈佛夫岛,普雷格尔河的两条支流环绕其旁,并将整个城市分成北区、东区、南区和岛区 4 个区域,全城共有 7 座桥将这 4 个区域相连起来。

人们常通过这 7 座桥到各区域游玩,于是产生了一个有趣的数学难题:寻找走遍这 7 座桥,且只许走过每座桥一次,最后又回到原出发点的路径。该问题就是著名的"哥尼斯堡七桥问题",如图 5.4 所示。

与例 5-1 一样,欧拉抽象出问题最本质的东西,忽视问题非本质的东西(如桥的长度等),把每一块陆地考虑成一个点,连接两块陆地的桥以线表示,并由此得到了如图 5.5 所示的几何图形。

图 5.4　哥尼斯堡七桥问题　　　　图 5.5　赋权图示例

若我们分别用 A、B、C、D 四个点表示为哥尼斯堡的四个区域。这样著名的"七桥问题"便转化为是否能够用一笔不重复地画出过此七条线的一笔画问题了。

欧拉不仅解决了此问题,且给出了一笔画问题的必需条件:图形必须是连通的;途中的奇点个数是 0 或 2(奇点是指连到一点的边的数目是奇数条)。

由此判断"哥尼斯堡七桥问题"中 4 个点全是奇点,可知其图不能一笔画出,也就是不存在不重复地通过所有桥的路径。

"哈密尔顿回路问题"与"欧拉回路问题"的不同点是:"哈密顿回路问题"是访问每

个结点一次，而"欧拉回路问题"是访问每条边一次。

欧拉的论文为图论的形成奠定了基础。图论是对现实问题进行抽象的一个强有力的数学工具，已广泛地应用于计算学科、运筹学、信息论、控制论等学科。

在实际应用中，有时图的边或弧上往往与具有一定意义的数有关，即每一条边都有与它相关的数，称为权，这些权可以表示从一个顶点到另一个顶点的距离或耗费等信息。我们将这种带权的图称为赋权图或网，如图 5.6 所示。

可以利用算法求出图中的最短路径、关键路径等，因此图可以用来解决多类问题：电路网络分析、线路的铺设、交通网络管理、工程项目进度安排、商业活动安排等，是一种应用极为广泛的数据结构。

网状模型与层次模型的区别在于：网状模型允许多个结点没有双亲结点；网状模型允许结点有多个双亲结点；网状模型允许两个结点之间有多种联系（复合联系）；网状模型可以更直接地去描述现实世界；层次模型实际上是网状模型的一个特例。

2. 存储结构

数据对象在计算机中的存储表示称为数据的存储结构，也称为物理结构。把数据对象存储到计算机时，通常既要存储各数据元素的数据，又要存储数据元素之间的逻辑关系，数据元素在计算机内用一个结点来表示，数据元素在计算机中有两种基本的存储结构，分别是顺序存储结构和链表存储结构。

1）顺序存储结构

顺序存储结构是借助元素在存储器中的相对位置来表示数据元素之间的逻辑关系，通常借助程序设计语言的数组类型来描述，如图 5.7 所示。

图 5.6　赋权图示例　　　　图 5.7　顺序存储

在此方式下，每当插入或删除一个数据，该数据后面的所有数据都必须向后或向前移动。因此，这种方式比较适合于数据相对固定的情况。

2）链表存储结构

顺序存储结构要求所有的元素依次存放在一片连续的存储空间中，而链表存储结构，不必占用整块存储空间,但为了表示结点之间的关系,需要给每个结点附加指针字段用于存放后继元素的存储地址,所以,链表存储结构通常借助于程序设计语言的指针类型来描述。

在链表存储方式中,每个结点由两部分组成:一部分用于存放数据元素的值,称为数据域;另一部分用于存放指针,称为指针域,用于指向该结点的前一个或后一个结点(即前件或后件)。对于最后一个数据,就填上一个表示结束的特殊值,这种像链条一样的数据组织方法也称链表结构。设一个头指针 head 指向第一个结点。指定线性表中最后一个结点的指针域为"空"(NULL),如图 5.8 所示。

(a) 结点结构　　　　　　　(b) 一个非空的线性链表示意图

图 5.8　链表结构

例 5-2　线性表(A,B,C,D,E,F,G)的单链表存储结构,如图 5.9 所示,整个链表的存取需从头指针开始进行,依次顺着每个结点的指针域找到线性表的各个元素。

头指针 Head 位置：16

存储地址	数据域	指针域
1	D	55
8	B	22
22	C	1
37	F	25
16	A	8
25	G	NULL
55	E	37

图 5.9　线性表(A,B,C,D,E,F,G)的单链表存储结构

在此方式下,每当插入或删除一个数据,可以方便地通过修改相关数据的位置信息来完成。因此,这种方式比较适合于数据相对不固定的情况。

> **思考与探索**
>
> 在链表存储结构中,每个数据都增加了存放位置信息的空间,所以是利用空间来换取减少数据频繁插入和删除等操作时间的设计,这种空间和时间的平衡问题是计算机中算法和方法设计中的经常要考虑的问题。

3. 数据结构与算法

数据结构与算法之间存在着密切的关系。可以说不了解施加于数据上的算法需求就无法决定数据结构;反之算法的结构设计和选择又依赖于作为其基础的数据结构。即数据结构为算法提供了工具,算法是利用这些工具来解决问题的最佳方案。

(1) 数据结构与算法的联系:数据结构是算法实现的基础,算法总是要依赖于某种

数据结构来实现的。算法的操作对象是数据结构。算法的设计和选择要同时结合数据结构。简单地说,数据结构的设计就是选择存储方式,如确定问题中的信息是用普通的变量存储还是用其他更加复杂的数据结构。算法设计的实质就是对实际问题要处理的数据选择一种恰当的存储结构,并在选定的存储结构上设计一个好的算法。不同的数据结构的设计将导致差异很大的算法。数据结构是算法设计的基础。算法设计必须考虑到数据结构,算法设计是不可能独立于数据结构的。另外,数据结构的设计和选择需要为算法服务。如果某种数据结构不利于算法实现,那么它将没有太大的实际意义。知道某种数据结构的典型操作才能设计出好的算法。

总之,算法的设计同时伴有数据结构的设计,两者都是为最终解决问题服务的。

(2) 数据结构与算法的区别:数据结构关注的是数据的逻辑结构、存储结构以及基本操作,而算法更多的是关注如何在数据结构的基础上解决实际问题。算法是编程思想,数据结构则是这些思想的逻辑基础。

5.1.2 文件系统和数据库

5.1.2.1 文件系统

在较为复杂的线性表中,数据元素(data elements)可由若干数据项组成,由若干数据项组成的数据元素称为记录(record),由多条记录构成的线性表称为文件(file)。

以文件方式进行数据组织和管理,一般需要进行文件建立、文件使用、文件删除、文件复制和移动等基本操作,其中文件使用必须经过打开、读、写、关闭这4个基本步骤。程序设计语言一般都提供了文件管理功能。

5.1.2.2 数据库系统

如果数据量非常大,关系也很复杂,这时可以考虑使用数据库技术来组织和管理。

数据管理技术是在20世纪60年代后期开始的,经历了人工管理、文件管理、数据库系统三个阶段。与前两个阶段相比,数据库系统具有以下特点。

(1) 数据结构化:在数据库系统中的数据是面向整个组织的,具有整体的结构化,同时存取数据的方式可以很灵活,可以存取数据库中的某一个数据项、一组数据项、一条记录或者一组记录。

(2) 共享性高、冗余度低、易扩充:数据库系统中的数据不再面向某个应用,而是面向整个系统,因而可以被多个用户、多个应用共享使用。使用数据库系统管理数据可以减少数据冗余度,并且数据库系统弹性大,易于扩充,可以适应各种用户的要求。

(3) 数据独立性高:数据独立性包括数据的物理独立性和数据的逻辑独立性。物理独立性是指用户的应用程序与存储在磁盘上的数据库中的数据是相互独立的。数据的物理存储改变了,应用程序不用改变。逻辑独立性是指用户的应用程序与数据库的逻辑结构是相互独立的,数据的逻辑结构改变了,用户程序也可以不变。

利用数据库系统,可以有效地保存和管理数据,并利用这些数据得到各种有用的信息。

1. 数据库系统概述

数据库系统主要包括数据库(DataBase)和数据库管理系统(Database Management System, DBMS)等。

(1) 数据库：数据库是长期存储在计算机内的、有组织的、可共享的数据集合。数据库中的数据按一定的数据模型组织、描述和存储，具有较小的冗余度、较高的数据独立性和易扩展性，并可为各种用户共享。

(2) 数据库管理系统：数据库管理系统具有建立、维护和使用数据库的功能；具有面向整个应用组织的数据结构，程序与数据的独立性好、数据共享性高、冗余度低、一致性好、可扩充性强、安全性和保密性好、数据管理灵活方便等特点；具有使用方便、高效的数据库编程语言的功能；能提供数据共享和安全性保障。

数据库系统包括两部分软件——应用层与数据库管理层。

应用层负责数据库与用户之间的交互，决定整个系统的外部特征，例如采用问答或者填写表格的方式与用户交互，也可以采用文本或图形用户界面的方式等。

数据库管理层负责对数据进行操作，例如数据的添加、修改等，是位于用户与操作系统之间的一层数据管理软件，主要有以下几个功能。

- 数据定义功能：提供数据定义语言，以对数据库的结构进行描述。
- 数据操纵功能：提供数据操纵语言，用户通过它实现对数据库的查询、插入、修改和删除等操作。
- 数据库的运行管理：数据库在建立、运行和维护时由数据库管理系统统一管理、控制，以保证数据的安全性、完整性、系统恢复性等。
- 数据库的建立和维护功能：数据库的建立、转换，数据的转储、恢复，数据库性能监视、分析等，这些功能需要由数据库管理系统完成。

(3) 数据库管理员：数据库和人力、物力、设备、资金等有形资源一样，是整个组织的基本资源，具有全局性、共享性的特点，因此对数据库的规划、设计、协调、控制和维护等需要专门人员来统一管理，这些人员统称为数据库管理员。

2. 数据模型

各个数据以及它们相互间关系称为数据模型。数据库从结构上主要有 4 种数据模型，即层次型、网状型、关系型和面向对象模型。

关系模型是1970年IBM公司的研究员E. F. Codd首次提出的，是目前最重要的一种数据模型，它建立在严格的数学概念基础上，具有严格的数学定义。20世纪80年代以来推出的数据库管理系统几乎都支持关系模型，关系数据库系统采用关系模型作为数据的组织方式。关系型数据模型应用最为广泛，例如 SQL Server、MySQL、Oracle、Access、Sybase、Excel 等都是常用的关系型数据库管理系统。

关系模式是对关系的描述，由关系名及其所有属性名组成的集合。格式为：关系名(属性1,属性2,……)，比如，表5.1的学生成绩管理(学号,姓名,高数,英语,计算机)等。

表 5.1 学生成绩表

学　　号	姓　　名	高　　数	英　　语	计　算　机
130840101	张三	90	87	92
130740103	李四	77	88	96
130840102	王五	89	97	87
……	……	……	……	……

关系模型中数据的逻辑结构实际上就是一个二维表,它应具备如下条件。

(1) 关系模型要求关系必须是规范化的。最基本的一个条件是:关系的每一个分量必须是不可分的数据项。

(2) 表中每一列的名称必须唯一;且每一列除列标题外,必须有相同的数据类型。

(3) 表中不允许有内容完全相同的元组(行)。

(4) 表中的行或列的位置可以任意排列,不会影响所表示的信息内容。

> **思考与探索**
>
> 从抽象到具体的实现思想:数据库技术来源于现实世界的数据及其关系的分析和描述。首先建立抽象的概念模型,然后将概念模型转换为适合计算机实现的逻辑数据模型,最后将数据模型映射为计算机内部具体的物理模型(存储结构)。

5.2 挖掘数据的潜在价值——数据仓库与数据挖掘

从人类认知的历史来看,最早了解自然规律的手段就是观察和归纳,人类最早就是从数据中获取知识的。只是到了 17 世纪之后,伽利略等逐步开创了现代实证主义研究的手段,观察研究就让位于实验。过去的观察手段比较落后,难以获得大量数据,而建立在小数据基础上的分析,其结论往往是不准确的,得到的结论也缺乏说服力。

现在随着信息技术的发展,获取数据的能力有了极大提高,进入了大数据时代,通过把观察设备(传感器等)作用于各种自然现象、社会活动和人类行为,产生了大量的数据,分析和处理这些数据,并且进行归纳和提炼。《大数据时代》的作者舍恩伯格写道:"大数据标志着'信息社会'终于名副其实。"当采用大数据的分析方法和处理手段来解决问题时,我们得到了一系列对于世界的新认知,极大地提高了我们认识能力,也丰富了我们的知识体系。这些成果包括 AlphaGo、语音识别、图像判断、自动驾驶等领域。

2011 年 5 月,全球知名咨询公司麦肯锡全球研究院发布了一份题为《大数据:创新、竞争和生产力的下一个新领域》的报告。该报告指出,数据已经渗透到每一个行业和业务职能领域,逐渐成为重要的生产因素;而人们对于大数据的运用预示着新一波生产力提高和消费者盈余浪潮的到来。

5.2.1 大数据

1. 大数据的概念

研究机构 Gartner 给出了这样的定义：大数据（Big data）是指无法在一定时间范围内用常规软件工具进行捕捉、管理和处理的数据集合，是需要新处理模式才能具有更强的决策力、洞察发现力和流程优化能力的海量、高增长率和多样化的信息资产。大数据不仅用来描述大量的数据，还涵盖了处理数据的速度。

麦肯锡全球研究所给出的定义是：一种规模大到在获取、存储、管理、分析方面大大超出了传统数据库软件工具能力范围的数据集合，具有海量的数据规模、快速的数据流转、多样的数据类型和价值密度低四大特征。

当前对大数据基本共识是：大数据泛指无法在可容忍的时间内用传统信息技术和软硬件工具对其进行获取、管理和处理的巨量数据集合，具有海量性、多样性、时效性及可变性等特征，需要可伸缩的计算体系结构以支持其存储、处理和分析。

大数据最根本的价值在于为人类提供了认识复杂系统的新思维和新手段，著名计算机科学家、图灵奖获得者 Jim Gray 将数据密集型科研称为继实验观测、理论推导和计算模拟之后，人类探索未知、求解问题的"第四范式"，即数据驱动。基于数据，我们可以去触摸、理解和逼近现实复杂系统。

2. 大数据的特点

大数据具有 5 个层面的特点，可以用 5 个"V"来代表——Volume（大量）、Velocity（高速）、Variety（多样）、Veracity（真实）、Value（价值）。

（1）数据量大：大数据的起始计量单位至少是 PB（1000TB）、EB（100 万 TB）或 ZB（10 亿 TB）。

（2）速度快、时效高：大数据的处理速度快，时效性要求高。这是大数据区别于传统数据挖掘最显著的特征。

（3）类型繁多：大数据的数据类型繁多，包括网络日志、音频、视频、图片、地理位置信息等，多类型的数据对数据的处理能力提出了更高的要求。

（4）真实性：只有真实而准确的数据才能使对数据的管控和治理真正有意义。

（5）使用价值和潜在价值：大数据的数据价值密度相对较低。以视频为例，连续不间断监控过程中，可能有用的数据仅仅有一两秒。如何通过强大的机器算法更迅速地完成数据的价值"提纯"，是大数据时代亟待解决的难题。

大数据时代对人类的数据驾驭能力提出了新的挑战，也为人们获得更为深刻、全面的洞察能力提供了前所未有的空间与潜力。

简言之，从各种各样类型的数据中，快速获得有价值信息的能力，就是大数据技术。

3. 大数据的应用

（1）大数据正在改善我们的生活：大数据不单单只是应用于企业和政府，同样也适用我们生活当中的每个人。比如，我们可以利用穿戴的装备（如智能手表或者智能手环）生成最新的数据，让我们可以根据热量消耗以及睡眠模式来进行健康情况追踪。

（2）业务流程优化：大数据正在帮助业务流程实现优化。其中应用最广泛的就是供应链以及配送路线的优化：利用地理定位和无线电频率的识别追踪货物和送货车；利用实时交通路线数据制定更加优化的路线。

（3）理解客户、满足客户服务需求：大数据的应用目前在这领域是最广为人知的。很多企业搜集社交方面的数据、浏览器的日志、传感器的数据等，并建立出数据模型进行预测，以更好地了解客户以及他们的爱好和行为。比如美国的著名零售商 Target 就是通过大数据分析，得到有价值的信息，精准地预测到客户在什么时候想要小孩，从而推断出什么时候买母婴用品。此外，通过大数据的应用，电信公司可以更好预测出流失的客户；沃尔玛公司更加精准地预测哪个产品会热卖；汽车保险行业更精准地了解客户的需求和驾驶水平。

（4）在体育行业的应用：现在很多运动员在训练时应用了大数据技术。比如，使用视频分析来追踪和分析比赛中每个球员的表现，使用智能技术来追踪运动员的营养状况以及睡眠状况，并智能地给出战术策略和健康营养方面的建议。

（5）医疗研发：大数据分析应用的计算能力让我们在几分钟内就可以解码整个 DNA，从而帮助我们制定出最佳的治疗方案，同时也可以更好地去理解和预测疾病。

（6）金融交易：大数据在金融行业主要是应用金融交易。比如，现在很多股权的交易都是利用大数据算法进行的。

（7）改善我们的城市：大数据还被应用改善我们日常生活的城市。例如，基于城市实时交通信息、利用社交网络和天气数据来优化最新的交通情况。

（8）改善安全和执法：大数据现在已经广泛应用到安全执法的过程当中。各国安全部门利用大数据技术进行恐怖主义打击；而企业则应用大数据技术防御网络攻击；警察应用大数据技术捕捉罪犯；信用卡公司应用大数据技术来监测欺诈性交易。

（9）优化机器和设备性能：大数据分析还可以让机器和设备在应用上更加智能化和自主化。例如，无人驾驶汽车、智能电话的优化等。

4. 大数据与云计算的关系

云计算是一种基于互联网的计算方式，通过这种方式，共享的软硬件资源和信息可以按需提供给计算机和其他设备。大数据与云计算的关系就像一枚硬币的正反面一样密不可分。大数据的特色在于对海量数据进行分布式数据挖掘，但它必须依托云计算的分布式处理、分布式数据库、云存储和虚拟化技术。

5.2.2 数据挖掘

1. 数据挖掘的作用

大数据时代，数据挖掘是最关键的工作。数据挖掘是一种决策支持过程，它能够基于人工智能、机器学习、模式识别、统计学、数据库、可视化技术等，高度自动化地分析企业的数据，做出归纳性的推理，从中挖掘出潜在的模式，帮助决策者调整市场策略，减少风险，做出正确的决策。

数据挖掘对许多领域都起到重要的作用。数据挖掘的应用领域非常广泛，比如金融

（风险预测）、零售（顾客行为分析）、体育、电信、气象、电子商务等。数据挖掘可以适用于各种行业，并且为解决诸如欺诈甄别（fraud detection）、保留客户（customer retention）、消除摩擦（attrition）、数据库营销（database marketing）、市场细分（market segmentation）、风险分析（risk analysis）、亲和力分析（affinity analysis）、客户满意度（customer satisfaction）、破产预测（bankruptcy prediction）、职务分析（portfolio analysis）等业务问题提供了有效的方法。

◆ 例 5-3　"尿布与啤酒"的故事。

在一家超市里，有一个有趣的现象：尿布和啤酒赫然摆在一起出售。但是这个奇怪的举措却使尿布和啤酒的销量双双增加了。这不是一个笑话，而是发生在美国沃尔玛连锁店超市的真实案例，并一直为商家所津津乐道。沃尔玛拥有世界上最大的数据仓库系统，为了能够准确了解顾客在其门店的购买习惯，沃尔玛对其顾客的购物行为进行购物篮分析，想知道顾客经常一起购买的商品有哪些。沃尔玛数据仓库里集中了其各门店的详细原始交易数据。在这些原始交易数据的基础上，沃尔玛利用数据挖掘方法对这些数据进行分析和挖掘。一个意外的发现是：跟尿布一起购买最多的商品竟是啤酒！经过大量实际调查和分析，揭示了一个隐藏在"尿布与啤酒"背后的美国人的一种行为模式：在美国，一些年轻的父亲下班后经常要到超市去购买尿布，而他们中有 30%～40% 的人同时也为自己买一些啤酒。产生这一现象的原因是：美国的太太们常叮嘱她们的丈夫下班后为小孩买尿布，而丈夫们在买尿布后又随手带回了他们喜欢的啤酒。

按常规思维，尿布与啤酒风马牛不相及，若不是借助数据挖掘技术对大量交易数据进行挖掘分析，沃尔玛是不可能发现数据内在这一有价值的规律的。

2. 数据挖掘的概念

数据挖掘（Data Mining，DM）的概念在 1989 年 8 月美国底特律市召开的第十一届国际联合人工智能学术会议上正式提出。从 1995 年开始，每年举行一次知识发现（Knowledge Discovery in Database，KDD）国际学术会议，把对 DM 和 KDD 的研究推入高潮。

数据挖掘就是从大量数据中获取有效的、新颖的、潜在有用的、最终可理解的模式的非平凡过程，简单地说，数据挖掘就是从大量数据中提取或"挖掘"知识，又被称为数据库中的知识发现。

数据挖掘与传统的数据分析不同，数据挖掘是在没有确定假设的前提下去挖掘信息、发现知识，其目的不在于验证某个假定模式的正确性，而是自己在数据库中找到模型。比如，商业银行可以利用数据挖掘方法对客户数据进行科学分析，发现其数据模式及特征、存在的关联关系和业务规律，并根据现有数据预测未来业务的发展趋势，对商业银行管理、制定商业决策、提升核心竞争力具有重要的意义和作用。

数据挖掘是 KDD 过程中对数据真正应用算法抽取知识的那一步，是 KDD 过程中的重要环节。

3. 数据挖掘步骤

数据挖掘的大致步骤如下。

(1) 研究问题域：包括掌握应预先了解的有关知识和确定数据挖掘任务；

(2) 选择目标数据集：根据第(1)步的要求选择要进行挖掘的数据；

(3) 数据预处理：将第(2)步的数据进行集成、清理、变换等，使数据转换为可以直接应用数据挖掘工具进行挖掘的高质量数据；

(4) 数据挖掘：根据数据挖掘任务和数据性质选择合适的数据挖掘工具和挖掘模式；

(5) 模式解释与评价：去除无用的或冗余的模式，将有趣的模式以用户能理解的方式表示，并存储或提交给用户；

(6) 应用：用上述步骤得到的有趣模式(或知识)指导人的行为。

5.2.3 数据仓库

1. 数据仓库的概念

数据仓库早在20世纪90年代起就开始流行。由于它为最终用户处理所需要的决策信息提供了一种有效方法，因此数据仓库被广泛应用，并且得到很好的发展。

W. H. Inmon 在 *Building the Data Warehouse* 一书中定义数据仓库为："数据仓库是面向主题的、集成的、随时间变化的、历史的、稳定的、支持决策制定过程的数据集合。"

数据仓库研究和解决从数据库中获取信息的问题，它本身是一个非常大的数据库，存储着由数据库中转换和整合而来的数据，特别是事务处理系统(On-Line Transactional Processing，OLTP)所得来的数据。公司的决策者则利用这些数据做出决策；但是，这个转换及整合数据的过程是建立一个数据仓库最大的挑战。数据仓库中的数据主要包括整合性数据、详细和汇总性的数据、历史数据和解释数据的数据。

2. 数据仓库与数据挖掘的关系

如果将数据仓库比作矿井，那么数据挖掘就是深入矿井采矿的工作，是从数据仓库中找出有用信息的一种过程与技术。

数据挖掘需要高质量的数据，因此需要认真选择或者建立一种适合数据挖掘应用的数据环境。数据仓库能够满足数据挖掘技术对数据环境的要求。

数据挖掘和数据仓库的协同工作，一方面，数据仓库可以迎合和简化数据挖掘过程中的重要步骤，提高数据挖掘的效率和能力，确保数据挖掘中数据来源的广泛性和完整性。另一方面，数据挖掘技术已经成为数据仓库应用中极为重要和相对独立的方面和工具。

数据仓库不是必需的。如果只是为了数据挖掘，也可以把一个或几个事务数据库导到一个只读的数据库中，就把它当作数据集市，然后在其上进行数据挖掘。

思考与探索

从简单数据的处理到复杂数据的组织和管理以及数据的挖掘，人们逐渐认识到数据的价值。人们利用数据进行论证、决策和知识发现，这就是关于数据的思维，并已逐渐成为人们的一种普适思维方式。

基础知识练习

(1) 什么是数据结构？常用的数据结构有哪些？
(2) 什么是数据库系统？列举生活中所用到的数据库系统的示例。
(3) 什么是大数据？
(4) 什么是数据挖掘和数据仓库？
(5) 数据库和数据仓库有哪些不同之处？
(6) 简述数据的价值。

能力拓展与训练

一、实践与探索

(1) Web 挖掘是针对包括 Web 页面内容、页面之间的结构、用户访问信息、电子商务信息等在内的各种 Web 数据，运用数据挖掘方法以帮助人们从网络中提取知识，为其提供决策支持。请运用所学知识和计算思维，尝试写一份关于"Web 挖掘及其应用"的研究报告。

(2) "对于大数据的运用预示着新一波生产力提高和消费者盈余浪潮的到来"，你对这句话是如何理解？并说明原因。

二、拓展阅读

1. 区块链技术

所谓区块链技术（Blockchain Technology，BT），也称为分布式账本技术，是一种互联网数据库技术，综合应用了分布式数据存储、点对点传输、共识机制、加密算法等计算机技术。

2. 区块链进化

- 区块链 1.0——数字货币。
- 区块链 2.0——数字资产与智能合约。
- 区块链 3.0——DAO、DAC（区块链自治组织、区块链自治公司）→区块链大社会（科学、医疗、教育，区块链＋人工智能）。

3. 区块链的特征

(1) 去中心化：由于使用分布式核算和存储，不存在中心化的硬件或管理机构，任意结点的权利和义务都是均等的，系统中的数据块由整个系统中具有维护功能的结点来共同维护。

(2) 开放性：系统是开放的，除了交易各方的私有信息被加密外，区块链的数据对所有人公开,任何人都可以通过公开的接口查询区块链数据和开发相关应用,因此整个系统信息高度透明。

(3) 自治性：区块链采用基于协商一致的规范和协议(比如一套公开透明的算法)使得整个系统中的所有结点能够在去信任的环境自由安全地交换数据,使得对"人"的信任改成了对机器的信任,任何人为的干预都不起作用。

(4) 信息不可篡改：一旦信息经过验证并添加至区块链,就会永久地存储起来,除非能够同时控制住系统中超过51%的结点,否则单个结点上对数据库的修改是无效的,因此区块链的数据稳定性和可靠性极高。

(5) 匿名性：由于结点之间的交换遵循固定的算法,其数据交互是无须信任的(区块链中的程序规则会自行判断活动是否有效),因此交易对手无须通过公开身份的方式让对方自己产生信任,对信用的累积非常有帮助。

4. 区块链的核心优势

任何结点都可以创建交易,在经过一段时间的确认之后,就可以合理地确认该交易是否为有效,区块链可有效地防止双方问题的发生。

对于试图重写或者修改交易记录而言,它的成本是非常高的。

区块链实现了两种记录：交易(transaction)以及区块(block)。交易是被存储在区块链上的实际数据,而区块则是记录确认某些交易是在何时以及以何种顺序成为区块链数据库的一部分。交易是由参与者在正常过程中使用系统所创建的(在加密数字货币的例子中,一笔交易是由 Bob 将代币发送给 Alice 所创建的),而区块则是由我们称之为矿工(miners)的单位负责创建。

5. 区块链的应用

区块链应用包括金融行业、艺术行业、法律行业、医疗行业、物联网、互联网、房地产行业、保险及教育等其他行业。

6. 相关书籍

[1] 裘宗燕. 数据结构与算法：Python 语言描述[M]. 北京：机械工业出版社,2016.

[2] 王珊,萨师煊. 数据库系统概论[M]. 5 版. 北京：高等教育出版社,2016.

[3] 彭鸿涛,聂磊. 发现数据之美：数据分析原理与实践[M]. 北京：电子工业出版社,2014.

[4] 严蔚敏,李冬梅,吴伟民. 数据结构(C 语言版)[M]. 2 版. 北京：人民邮电出版社,2017.

[5] 李春葆. 数据结构教程[M]. 6 版.北京：清华大学出版社,2022.

第 6 章 信息的开放、协作与分享

【导语】 计算机网络是计算机技术和通信技术相结合的产物,不仅使计算机的体系结构发生了巨大变革,还改变了人们的生活和工作方式,已成为数字化、网络化和信息化的时代特征。

6.1 计算机网络的基本知识

6.1.1 计算机网络的基本概念

1. 计算机网络的定义

所谓计算机网络,就是把分散布置的多台计算机及专用外部设备,用通信线路互连,并配以相应的网络软件所构成的系统。它将信息传输和信息处理功能相结合,为远程用户提供共享的网络资源,从而提高了网络资源的利用率、可靠性和信息处理能力。

2. 计算机网络的主要功能

计算机网络的功能很多,其中最主要的功能如下。

(1) 数据通信:数据通信是计算机网络最基本的功能,是实现其他功能的基础。它主要是实现计算机与计算机、计算机与终端之间的数据传输。这样,地理位置分散的生产单位或部门可通过计算机网络连接起来,实现集中控制和管理。

(2) 资源共享:资源共享是使用网络的主要目的。计算机系统资源可分成数据资源、软件资源和硬件资源三大类,因此资源共享也分为数据共享、软件共享和硬件共享三类。数据共享是指共享网络中设置的各种专门数据库;软件共享是指共享各种语言处理程序和各类应用程序;硬件共享是指共享计算机系统及其特殊外围设备,是共享其他资源的物质基础。通过资源共享,可使网络中各地区的资源互通有无,分工协作,大大提高了系统的利用率。

(3) 负荷均衡,分布处理:计算机网络管理可以在各资源主机间分担负荷,使得在某时刻负荷特重的主机可通过网络将一部分任务送给远地空闲的计算机处理。尤其是对于地理跨度大的远程网,还可以利用时间差来均衡负荷不均的现象,合理使用网络资源。

在具有分布处理能力的计算机网络中,在网络操作系统的调度和管理下,一个计算机网络中的多台主机可以协同工作来解决一个依靠单台计算机无法解决的大型任务。这样,以往只有大型计算机才能完成的工作,现在可由多台微机或小型机构成的网络协同完成,而且费用低廉。

(4) 提高系统的可靠性和可用性:网络中的各台计算机可以彼此成为后备机。若网络中有单个部件或少量计算机失效,可由网络将信息传递给其他计算机代为处理,不影响用户的正常操作,还可以从其他计算机的备份数据库中恢复被破坏的数据。

3. 计算机网络的组成

从逻辑功能上来看,计算机网络是由资源子网和通信子网组成的。

(1) 资源子网:资源子网由各种数据处理资源和数据存储资源组成,由计算机系统、终端、终端控制器、连网外设、各种软件资源与信息资源组成。

(2) 通信子网:通信子网承担整个网络的数据传输、加工和变换等通信处理工作,由网络结点和通信链路组成。

4. 计算机网络的分类

从不同的角度出发,计算机网络有不同的划分方法。

1) 按网络的覆盖范围划分

按网络的覆盖范围划分如下。

(1) 局域网(Local Area Network,LAN):局域网的覆盖范围一般是几百米到几十千米,通常是处于同一座建筑物、同一所大学或方圆几千米地域内的专用网络。这种网络一般由部门或单位所有。

(2) 城域网(Metropolitan Area Network,MAN):城域网是在一个城市内部组建的计算机信息网络,提供全市的信息服务。

(3) 广域网(Wide Area Network,WAN):广域网又称远程网。它的覆盖范围一般从几十千米到几千千米,通常遍布一个国家、一个洲甚至全球。

2) 按网络的通信介质划分

按网络的通信介质划分如下。

(1) 有线网:采用同轴电缆、双绞线、光纤等有线介质来传输数据的网络。

(2) 无线网:采用激光、微波等无线介质来传输数据的网络。

3) 按网络的拓扑结构划分

按网络的拓扑结构分为星状网、总线型网、环状网、树状网和网状网。

> **思考与探索**
>
> 计算机网络的内涵解析:(1)多个计算机系统的互连;(2)网络系统中各个计算机系统是相对独立的;(3)协议起举足轻重的作用;(4)从系统性角度认识计算机网络,包括通信、计算机、数学、物理等多学科的知识和技术。

6.1.2 计算机网络的拓扑结构

拓扑结构是指网络中各结点之间相互连接的方式。常见的拓扑结构有星状、总线型、环状、树状和网状 5 种。

1. 星状拓扑结构

星状拓扑结构是由网络中的每个站点通过点到点的链路直接与一个公共的中央结点连接而成,如图 6.1 所示。

星状拓扑结构中的中央结点可以与其他的结点直接通信,而当一个结点与另一个结点进行通信时,首先向中央结点发出请求,中央结点检测要连接的结点是否空闲,若空闲则建立连接,两个结点间便可以相互通信,通信完毕,由中央结点拆除链路。一旦建立了通信连接,可以没有延时地在连接的通道之间相互传送数据。由此可见,中央结点实行集中控制策略。中央结点相对复杂,工作量大;而其他结点的通信负担很小。星状拓扑结构多用于电话交换系统,在局域网中的使用也很多。

星状拓扑结构的特点如下。

第一,采用星状结构,每条链路只涉及中央结点和一个工作站点,控制介质访问方法简单,因此访问协议简单;每条链路只连接一个设备,某个站点出现故障时,只影响它本身,不会影响整个网络;同时,发生故障易于检测、隔离,故障排除容易;中央结点和中央接线盒都集中在一起,便于维护和重置。

第二,星状结构过于依赖中央结点。由于周围各个结点之间不能直接通信,必须通过中央结点来转换,中央结点要完成信息转换和处理的功能,任务繁重。中央结点一旦出现故障,将导致整个网络的瘫痪;星状结构中的工作站总数受中央结点能力的限制;此外,由于每个结点与中央结点直接相连,电缆使用量大,线路利用率低。

2. 总线型拓扑结构

总线型拓扑结构采用一条传输线作为传输介质(称为总线),所有站点都通过相应的接口直接连接到总线上,如图 6.2 所示。

图 6.1　星状拓扑结构　　　　　图 6.2　总线型拓扑结构

总线型拓扑结构的网络通常采用广播式传输,即连接在总线上的主机都是平等的,它们中的任何一台主机都允许把数据传送到总线上或从总线上接收数据。总线型拓扑结构中的每个站点发送信号时,先将源地址和目的地址的信息编入信号中,发出的信号均沿着传输介质传送,而且能被所有的站点接收。在网上的站点收到信息后,将其中包含的目的地址与本站点地址相比较,只有地址相同的站点才真正接收信息,否则不予理睬。

总线型拓扑结构的特点:网络中只有一条总线,电缆使用量少,易于安装,易于扩充;而且站点与总线之间的连接采用无源器件,网络的可靠性高;但由于总线型拓扑结构不是集中控制,对总线的故障很敏感,总线发生故障将导致整个网络瘫痪。

3. 环状拓扑结构

环状拓扑结构是由一组转发器和连接转发器的点到点链路组成的一个闭合环路,如图 6.3 所示。

在环状拓扑结构中,每个转发器与两条链路相连。转发器的作用是接收从一条链路传送来的数据,同时不经过任何缓冲,以同样的速率把接收的数据传送到另一条链路上。这种线路是单向的,即所有站点的数据只能按同一方向进行传输。数据的接收也是将传来的数据中包含的地址信息与本站点地址相比较,如果地址相同,则接收数据,否则不予接收。

图 6.3　环状拓扑结构

环状拓扑结构的特点:电缆使用量小,线路利用率高,适合于光纤通信,由于在信号传输中采用有源传输(转发器),可使传输距离增大,但同时也使得整个网络的可靠性受有源器件的影响而降低;网络中的某一个结点发生故障,对整个网络都有影响;当工作站数量增加时,线路延时也将增加。

4. 树状拓扑结构

树状拓扑结构是总线型拓扑结构的扩充和发展,树状拓扑结构形状像一棵倒置的树,顶端是一个带分支的"根",每个分支还可延伸出子分支,如图 6.4 所示。

图 6.4　树状拓扑结构

树状拓扑结构是分层结构,这种结构可以一层一层地往下发展,越靠近"根"结点,要求处理能力越强。树状拓扑结构适合于上下级界限分明的单位,例如政府机构、军事单位等。

树状拓扑结构的传输方式是当某个站点发送信号时,首先"根"接收该信号,然后再由"根"重新发送到全网,而不需要转发器。

树状拓扑结构继承了总线型的优点,同时也有自身的特点。它扩展容易,出现故障容易隔离。然而它对"根"的依赖性大,如果"根"发生故障,则全网将不能正常工作,这点类似于星状拓扑结构。

5. 网状拓扑结构

网状拓扑结构的每一个结点与其他结点有不止一条的直接连接，如图 6.5 所示。

图 6.5 网状拓扑结构

网状拓扑结构的优点如下。

（1）网络可靠性高，一般通信子网中任意两个结点交换机之间，存在着两条或两条以上的通信路径，这样，当一条路径发生故障时，还可以通过另一条路径把信息送至结点交换机。

（2）网络可组建成各种形状，采用多种通信信道，多种传输速率。

（3）网内结点共享资源容易。

（4）可改善线路的信息流量分配。

（5）可选择最佳路径，传输延迟小。

网状拓扑结构也有其缺点，一是控制复杂，软件复杂；二是线路费用高，不易扩充。

网状拓扑结构适用于网络结构复杂、对可靠性和传输速率要求较高的大型网络中。

6.2 计算机网络硬件

计算机网络系统主要由硬件系统和软件系统两大部分组成。计算机网络硬件由网络主体设备、网络连接设备和传输介质组成。

1. 网络主体设备

计算机网络中的主体设备称为主机（Host），一般可分为中心站（又称为服务器）和工作站（客户机）两类。

（1）服务器是为网络提供共享资源的基本设备，在其上运行网络操作系统，是网络控制的核心。其工作速度、磁盘及内存容量的指标要求都较高，携带的外部设备多且大多为高级设备。

（2）工作站是网络用户入网操作的结点，有自己的操作系统。用户既可以通过运行工作站上的网络软件共享网络上的公共资源，也可以不进入网络，单独工作。用作工作站的客户机一般配置要求不是很高，大多采用微机并携带相应的外部设备，如打印机、扫描仪、鼠标等。

2. 网络连接设备

不同的网络连接设备具有不同的功能和工作方式，针对不同的网络技术形态可能需要使用不同的网络连接设备。常用网络连接设备有以下几种。

1）网络适配器

网络适配器又称为网络接口卡（Network Interface Card，NIC），简称为网卡，是计算机与通信介质的接口，主要实现物理信号的转换、识别、传输，数据传输出错检测，硬件故障的检测。网络适配器通过有线传输介质建立计算机与局域网的物理连接，负责执行通信协议，在计算机之间通过局域网实现数据的快速传输。

2）交换机

交换机（Switch）是一种用于电信号转发的网络设备，可以为接入交换机的任意两个网络结点提供独享的电信号通路。最常见的交换机是以太网交换机。其他常见的还有电话语音交换机、光纤交换机等。交换机不但可以对数据的传输进行同步、放大和整形处理，还提供对数据的完整性和正确性的保证。

交换机根据工作位置的不同，可以分为广域网交换机和局域网交换机。广域网的交换机就是一种在通信系统中完成信息交换功能的设备，它应用在数据链路层。交换机有多个端口，每个端口都具有桥接功能，可以连接一个局域网、一台高性能服务器或工作站。实际上，交换机有时被称为多端口网桥。

3）路由器

路由器（Router）是网络层的数据转发设备，是连接因特网中各局域网、广域网的设备，它会根据信道的情况自动选择和设定路由，以最佳路径，按前后顺序发送信号。路由器是互联网络的枢纽——"交通警察"。目前，路由器已经广泛应用于各行各业，各种不同档次的产品已成为实现各种骨干网内部连接、骨干网间互联和骨干网与互联网互联互通业务的主力军。路由和交换机之间的主要区别就是交换机发生在OSI参考模型第二层（数据链路层），而路由发生在第三层，即网络层。这一区别决定了路由和交换机在移动信息的过程中需使用不同的控制信息，所以两者实现各自功能的方式是不同的。

路由器有一张表，称为路由表，它记录了从哪里来的数据该到哪里去。这里的"哪里来"和"哪里去"指的是IP地址。路由器工作原理示例如下：

- 工作站A将工作站B的地址12.0.0.5连同数据信息以数据包的形式发送给路由器1（R1）。
- 路由器1（R1）收到工作站A的数据包后，先从包头中取出地址12.0.0.5，并根据路由表计算出发往工作站B的最佳路径：R1→R2→R5→B；并将数据包发往路由器2（R2）。
- 路由器2（R2）重复路由器1（R1）的工作，并将数据包转发给路由器5（R5）。
- 路由器5（R5）同样取出目的地址，发现12.0.0.5就在该路由器所连接的网段上，于是将该数据包直接交给工作站B。
- 工作站B收到工作站A的数据包，一次通信过程宣告结束。

4）网关

网关（Gateway）又称网间连接器、协议转换器。网关在网络层以上实现网络互连，是最复杂的网络互连设备，仅用于两个高层协议不同的网络互连。网关既可以用于广域网互连，也可以用于局域网互连。网关是一种承担转换重任的计算机系统或设备。在使用不同的通信协议、数据格式或语言，甚至体系结构完全不同的两种系统之间，网关是一个翻译器。与网桥只是简单地传达信息不同，网关对收到的信息要重新打包，以适应目的系统的需求。

网关用于异种网络的互连，不仅有路由器的全部功能，还能对不同网络间的网络协议进行转换。

5)网桥

网桥(Bridge)是数据链路层的互连设备,用于将两个相似的网络的互连,它具有放大信号的功能,对转发的信号还有寻址和路径选择的功能。即它不但能扩展网络的距离或范围,而且可提高网络的性能、可靠性和安全性。

6)集线器

集线器(Hub)的主要功能是对接收到的信号进行再生、整形和放大,以扩大网络的传输距离,同时把所有结点集中在以它为中心的结点上。它工作于物理层。集线器与网卡、网线等传输介质一样,属于局域网中的基础设备。

7)中继器

中继器(Repeater)是工作在物理层上的连接设备,是对信号进行再生和还原的网络设备,适用于完全相同的两类网络的互连,主要功能是通过对数据信号的重新发送或者转发,来扩大网络传输的距离。

3. 网络传输介质

传输介质是通信中实际传送信息的载体。计算机网络中采用的传输介质可分为有线和无线两大类。双绞线、同轴电缆和光纤是常用的三种有线介质;卫星、无线电通信、红外线通信、激光通信以及微波通信等传送信息的载体属于无线介质。

1)有线传输介质

有线传输介质包括如下几种。

(1)双绞线。

双绞线(Twisted-Pair)是一种经常使用的物理传输媒体。它是由两条互相绝缘、螺旋状缠绕在一起的铜线组成。将两条导线螺旋状地绞在一起可以减少线间的电磁干扰,并能保持恒定的特性阻抗。双绞线有非屏蔽和屏蔽两种类型。非屏蔽双绞线(Unshielded Twisted-Pair,UTP)中没有用作屏蔽的金属网,易受外部干扰,其误码率为 $10^{-6} \sim 10^{-5}$。普通电话线使用的就是非屏蔽双绞线。屏蔽双绞线(Shielded Twisted-Pair,STP)是在其外面加上金属包层来屏蔽外部干扰,其误码率为 $10^{-8} \sim 10^{-6}$。虽然 STP 抗干扰性能更好,但比 UTP 昂贵,而且安装也困难。

双绞线的特点是成本低,易于铺设,双绞线既能传输数字信号又能传输模拟信号,但容易受外部高频电磁波的影响,线路也有一定噪声。如果用于数字信号的传输,每隔 2~3km 需要加一台中继器或放大器,所以,双绞线一般用于建筑物内的局域网和电话系统。

(2)同轴电缆。

同轴电缆(Coaxial Cable)比双绞线的屏蔽性更好,因此可以传输更远的距离。同轴电缆由中心导体、环绕绝缘层、金属屏蔽网(用密织的网状导体环绕)和最外层保护性的护套组成。中心导体可以是单股或多股导线。

同轴电缆又分为基带同轴电缆和宽带同轴电缆。基带同轴电缆(阻抗 50Ω)用来直接传输数字信号。同轴电缆的带宽取决于电缆的长度。1km 的电缆可达到 800Mb/s 的数据传输速率。当长度增加时,传输率会降低,要使用中间放大器。宽带同轴电缆(阻抗 75Ω)用来传输模拟信号,数字信号需要调制成模拟信号才能在宽带同轴电缆上传输。利用频分多路复用技术(FDM)实现同时传输多路信号。例如,电视广播采用的CATV电缆就是宽带同轴电缆。

同轴电缆的特点是价格适中,传输速度快,在高频下抗干扰能力强,传输距离较双绞线远。目前广泛应用于有线电视网络。

(3) 光纤。

光纤即光导纤维,是一根很细的可传导光线的纤维媒体,其半径仅几微米至一二百微米。光纤由缆芯、包层、吸收层和防护层四部分组成。缆芯是一股或多股光纤,通常为超纯硅、玻璃纤维或塑料纤维;包层包裹在缆芯的外面,对光的折射率低于缆芯;吸收层用于吸收没有被反射而被泄漏的光;防护层对光纤起保护作用。

光纤是通过内部的全反射来传输一束经过编码的光信号。由于光纤的折射率大于包层,只要入射角大于临界角,就会产生光的全反射,通过光在光纤内不断地反射来传输光信号。即使光纤弯曲或扭结,光束也能沿着缆芯传播。光信号在光纤中的传播损耗极低。用光纤传播信号之前,在发送端要通过发送设备将电信号转换为光信号;而在接收端则要把光纤传来的光信号再通过接受设备转换为电信号。

相对于双绞线和同轴电缆等金属传输媒体来说,光纤的优点是能在长距离内保持高速率传输;体积小,重量轻;低衰减,大容量;不受电磁波的干扰,且无电磁辐射;耐腐蚀等。缺点是价格昂贵,安装、连接不易。目前广泛应用于电信网络、有线电视、计算机网络和视频监控等行业。

2) 无线传输介质

无线传输介质非常适用于难于铺设传输线路的边远山区和沿海岛屿,也为大量便携式计算机入网提供了条件,目前常用的无线信道有无线电通信、红外通信、激光通信和微波通信等。

(1) 无线电通信。

无线电通信在无线电广播和电视广播中已被广泛使用。国际电信联盟的ITU-R已将无线电的频率划分为若干波段。在低频和中频波段内,无线电波可以轻易地通过障碍物,但能量随着与信号源距离的增大而急剧减小,因而可沿地表传播,但距离有限;高频和超高频波段内的电波,会被距地表数百千米高度的电离层反射回地面,因而可用于远距离传输。

蓝牙(Bluetooth)是通过无线电介质来传输数据的,它是由东芝、爱立信、IBM、Intel和诺基亚公司于1998年5月共同提出的近距离无线数据通信技术标准。

(2) 红外通信。

红外通信是利用红外线进行的通信,已广泛应用于短距离的传输。这项技术自1974年发明以来,得到市场的普及、推广与应用,如红外线鼠标、红外线打印机、红外线键盘、电视机和录像机的遥控器等。红外线不能穿透物体,在通信时要求有一定的方向性,即收发设备在视线范围内。红外通信很难被窃听或干扰,但是雨、雾等天气因素对它影响较大。此外,红外通信设备安装非常容易,不需要申请频率分配,不授权也可使用。它也可以用于数据通信和计算机网络。红外线是波长为750nm～1mm的电磁波,频率高于微波低于可见光。

(3) 激光通信。

激光通信原理与红外通信基本相同,但使用的是相干激光。它具有与红外线相同的特点,但不同之处是由于激光器件会产生低量放射线,所以需要加装防护设施;激光通信必须向政府管理部门申请,授权分配频率后方可使用。

(4) 微波通信。

微波通信也是沿直线传播,但方向性不及红外线和激光强,受天气因素影响不大。微波传输要求发送和接收天线精确对准,由于微波沿直线传播,而地球表面是曲面,天线塔的高度决定了微波的传输距离,因此可通过微波中继接力来增大传输距离。

Wi-Fi 属于微波通信。Wi-Fi 信号是由有线网提供的,只要接一个无线路由器,就可以把有线信号转换成 Wi-Fi 信号。在这个无线路由器的电波覆盖的有效范围都可以采用 Wi-Fi 连接方式进行联网。

卫星通信可以看成是一种特殊的微波通信。与一般地面微波通信不同的是,它使用地面同步卫星作为中继站来转发微波信号。

6.3 计算机网络软件

6.3.1 计算机网络软件的组成

计算机网络软件一般是指系统的网络操作系统、计算机网络协议和应用级的提供网络服务功能的专用软件。其中网络操作系统是用于管理网络软、硬资源,提供简单网络管理的系统软件。常见的网络操作系统有 UNIX、Netware、Windows NT、Linux 等。应用级的提供网络服务功能的专用软件是指为某个应用目的而开发的网络软件,如远程教学软件、电子图书馆等。下面重点介绍计算机网络协议。

6.3.2 计算机网络协议的概念

在计算机网络中,为使计算机之间或计算机与终端设备之间能有序而准确地传送数据,必须在数据传输顺序、格式和内容等方面有统一的标准、约定或规则,这组标准、约定或规则称为计算机网络协议。

网络协议主要由三个部分组成,称为网络协议三要素,即语义、语法和规则。

(1) 语义:语义指对构成协议的协议元素的解释,即需要发出何种控制信息、完成何种协议以及做出何种应答。

(2) 语法:语法用于规定双方对话的格式,即数据与控制信息的结构或格式。

(3) 规则:规则用于规定双方的应答关系。

描述网络协议的基本结构是协议分层。通信协议被分成不同的层次,在每个层次内又分为若干子层,不同层次的协议完成不同的任务,各层次之间协调工作。

6.3.3 OSI/RM 参考模型

国际标准化组织(ISO)在 1978 年提出了"开放系统互连参考模型"(Open System Interconnection Reference Model,OSI/RM),OSI/RM 按照分层的结构化技术,构造了顺序式的计算机网络七层协议模型,即物理层、数据链路层、网络层、传输层、会话层、表示层和应用层,如图 6.6 所示。每一层都规定有明确的接口任务和接口标准,不同系统对等层之间按相应协议进行通信,同一系统不同层之间通过接口进行通信。除最高层外,每层都向上一层提供服务,同时又是下一层的用户。

图 6.6　OSI 的七层体系结构

1. 物理层

物理层(或称实体层)是唯一涉及通信介质的一层,它提供与通信介质的连接,作为系统和通信介质的接口,把需要传输的信息转变为可以在实际线路上传送的物理信号,使数据在链路实体间传输二进制位。

2. 数据链路层

数据链路层的工作包含如下两部分。

(1) 将来自网络层的数据包添加辅助信息,即为数据包加上头部和尾部,即添加一些控制信息,包括封装信息、差错控制、流量控制、链路管理等。

(2) 收到物理层的比特流,将这些比特流正确地拆分成数据包,即将头部和尾部拆分出来。

数据传输的基本单位是帧(Frame)。

3. 网络层

网络层用于源站点与目标站点之间的信息传输服务,其传输的基本单位是分组(Packet)。信息在网络中传输时,必须进行路由选择、差错检测、顺序及流量控制。

4. 传输层

传输层为源主机与目标主机之间提供可靠的、合理的透明数据传输，其基本传输单位是报文（Message）。这里的通信是源主机与目标主机中的两个应用程序的通信。传输层的作用就是能够识别是哪个应用程序在进行信息传递。

5. 会话层

会话层又称会晤层，它为不同系统内的应用之间建立、维护和结束会话连接。

6. 表示层

表示层向应用层提供信息表示方式，对不同表示方式进行转换管理，提供标准的应用接口、公用信息服务。

7. 应用层

应用层包括面向用户服务的各种软件，例如电子邮件服务、远程登录服务等。

但 OSI/RM 模型在当今世界上没有大规模使用。因特网采用的 TCP/IP 并不完全符合 OSI/RM 的七层参考模型。

6.3.4 TCP/IP

1. TCP/IP 的概念

TCP/IP（Transmission Control Protocol/Internet Protocol），即传输控制协议/因特网互联协议，是针对因特网开发的体系结构和网络标准，它定义了电子设备如何连入因特网，以及数据如何在它们之间传输的标准。其目的在于解决异种计算机网络的通信，为各类用户提供通用的、一致的通信服务。

TCP 将消息或文件分成包，以保证数据的传输质量，IP 负责给各种包加地址以便保证数据的传输。TCP/IP 是一个协议族而不是简单的两个协议，包括上百个各种功能的协议，如远程登录、文件传输、域名服务和电子邮件等协议。简单地说，TCP 负责发现传输的问题，一有问题就发出信号，要求重新传输，直到所有数据安全正确地传输到目的地。而 IP 是给因特网的每一台联网设备规定一个地址，即用 Internet 协议语言表示地址。

2. TCP/IP 四层体系结构

TCP/IP 采用四层体系结构，如图 6.7 所示，从中可以看到，在 TCP/IP 模型去掉了 OSI/RM 模型中的会话层和表示层，这两层的功能合并到应用层实现；同时将 OSI 模型中的数据链路层和物理层合并为网络接口层。每一层都呼叫它的下一层所提供的协议来完成自己的需求。各层的主要功能如下。

图 6.7 OSI/RM 模型与 TCP/IP 模型

1）应用层

应用层提供各种应用服务，如简单电子邮件传输协议（Simple Mail Transfer Protocol，SMTP）、文件传输协议（File Transfer Protocol，FTP）、网络远程访问协议（Telecommunications Network，Telnet）、万维网的超文本传输协议（Hyper Text Transfer Protocol，HTTP）、域

名服务(Domain Name Service,DNS)、网上新闻传输协议(Net News Transfer Protocol,NNTP)等。

2) 传输层

传输层提供主机间的数据传送服务,负责对传输的数据进行分组并保证这些分组正确传输和接收。在这一层定义了两个端到端的协议:传输控制协议(Transmission Control Protocol,TCP)和用户数据报协议(User Datagram Protocol,UDP)。TCP 是面向连接的协议,它提供可靠的报文传输和对上层应用的连接服务。UDP 是面向无连接的不可靠传输的协议,主要用于不需要 TCP 的排序和流量控制等功能的应用程序。因此,这一层功能一是区分不同的网络应用软件,格式化信息流;二是负责传输控制,提供可靠传输。

3) 网络层

网络层负责相邻计算机之间的通信。其功能包括三方面:一是处理来自传输层的分组发送请求,收到请求后,将分组装入 IP 数据报,填充报头,选择路径,然后将数据报发往适当的网络接口;二是处理输入数据报:首先检查其合法性,然后进行寻径,假如该数据报已到达目的主机,则去掉报头,将剩下部分交给适当的传输协议,假如该数据报尚未到达,则转发该数据报;三是处理路径、流控、拥塞等问题。

简单地说,其主要功能是为计算机设计和分配地址,使数据能够被正确送达。

网络层定义的协议有 IP(Internet Protocol)、ICMP(Internet Control Message Protocol,Internet 控制报文协议)、IGMP(Internet Group Manage Protocol,Internet 组管理协议)、ARP(Address Resolution Protocol,地址解析协议)、RARP(Reverse Address Resolution Protocol,反向地址转换协议)等。

4) 网络接口层

网络接口层与 OSI/RM 中的物理层和数据链路层相对应。数据链路层负责接收 IP 数据包并通过网络发送,或者从网络上接收物理帧,抽出 IP 数据包,交给 IP 层。物理层是定义物理介质的各种特性:机械特性、电子特性、功能特性和规程特性。

事实上,TCP/IP 本身并未定义该层的协议,而由参与互连的各网络使用自己的物理层和数据链路层协议,然后与 TCP/IP 的网络接入层进行连接。具体的实现方法随着网络类型的不同而不同。如以太网、令牌环网、光纤分布式数据接口网络(Fiber Distributed Data Interface Network,FDDI)等。

3. TCP/IP 的数据传输过程

TCP/IP 的数据传输过程简述如下。

(1) TCP 负责将计算机发送的数据分解成若干个数据报(Datagram),并给每个数据报加上报头,报头上有相应的编号和检验数据是否被破坏的信息,以保证接收端计算机能将数据还原成原来的格式。TCP 被称为一种端对端协议,当一台计算机需要与另一台远程计算机连接时,TCP 会让它们建立一个连接、发送和接收数据以及终止连接。

(2) IP 是负责为每个数据报的报头加上接收端计算机的地址,使数据能找到自己要去的目的地。

(3) 如果传输过程中出现数据丢失和数据失真等情况,TCP 会自动要求数据重传,并重组数据报。

例如,A 同学(QQ 号为 12345678)通过 QQ 给 B 同学(QQ 号为 87654321)发了消息"你好",我们来简略地解析一下这条消息的发送和接收过程。

(1) 首先 A 同学在应用层使用 QQ 发送了一条消息"你好";这条消息首先到达 QQ,QQ 先把数据报文"你好"转换成 ASCII 码,并在此基础上添加上收发双方的 QQ 号,我们可以简单地认为在原报文基础上增加一个 QQ 报文头——"12345678 对 87654321 说",这时会处理所有与数据表示及运输有关的问题,包括转换、加密和压缩。

此时报文为:(QQ 报文头——"2345678 对 87654321 说)+(你好的 ASCII 码)。

(2) 接下来进入传输层,如前所述,这一层功能一是区分不同的网络应用软件,格式化信息流;二是负责传输控制,提供可靠传输。所以,我们可以简单地认为在原报文基础上又增加了一个报文头——"QQ 说"。

此时报文为:("QQ 说")+(QQ 报文头——"2345678 对 87654321 说)+(你好的 ASCII 码)。

(3) 接下来进入网络层,如前所述,这一层主要功能是为计算机设计和分配地址,使数据能够被正确送达。所以,我们可以简单地认为在原报文基础上又增加了一个 IP 报文头——"A 同学地址对 B 同学地址说"。

此时报文为:("A 同学 IP 地址对 B 同学 IP 地址说")+("QQ 说")+(QQ 报文头——"2345678 对 87654321 说)+(你好的 ASCII 码)。

(4) 最后进入网络接口层,我们可以简单地认为在原报文基础上又增加了一个以太报文头。

此时报文为:(以太报文头)+("A 同学 IP 地址对 B 同学 IP 地址说")+("QQ 说")+(QQ 报文头——"2345678 对 87654321 说)+(你好的 ASCII 码)。

然后,报文被分割为若干个帧,在物理层将这段 01 串在物理介质上的传输,送到 B 同学的计算机。

(5) B 同学的计算机收到报文后,依次剥掉各个报文头,然后交给 QQ 处理,QQ 再把 ASCII 码还原成"你好"。

我们可以将上述传送过程简单比喻成"封包"和"解包"的过程。

> **思考与探索**
>
> 计算机网络协议体现了分层求解问题的思想,即将复杂问题层层分解,每层仅实现一种相对独立、明确的功能,这是化解复杂问题的普适思维,也是计算机系统的基本思维模式。

6.4　Internet 概述

Internet 是一个全球性的信息通信网络,是连接全球数百万台计算机的计算机网络的集合。它在世界范围内连接了不同专业、不同领域的组织机构和人员,成为人们打破时间和空间限制的有力手段。

6.4.1　Internet 在中国的发展

1994 年 4 月 20 日，中国通过一条 64Kb/s 国际专线全功能接入国际互联网，成为中国互联网的起点。

2000 年，新浪、搜狐和网易三大门户网站在纳斯达克上市，由风险投资和新经济机制推动的中国互联网火种由此点燃，成为未来中国互联网蓬勃发展的关键基石。

2005 年 6 月 30 日，中国网民第一次突破 1 亿大关，网民基数的扩大和 Web 2.0 浪潮的全面掀起，使得网民群体开始成为互联网主要的生产者和创造者。

2008 年 6 月底，中国网民达到 2.53 亿，普及率接近 20%，首次并大幅度超过美国，跃居世界第一位。

2009 年 1 月 7 日，工业和信息化部为中国移动、中国电信和中国联通发放 3 张 3G 牌照，标志着中国进入 3G 时代。

2013 年 12 月 4 日，工业和信息化部正式发放 4G 牌照，标志着中国进入 4G 时代。

2017 年 6 月 1 日，《中华人民共和国网络安全法》正式施行。

2020 年，5G 元年，一场涉及企业、行业、国家、区域和全球的 5G 竞赛全速开启。

6.4.2　Internet 的 IP 地址

1. IP 地址的概念

在日常生活中，通信双方借助于彼此的地址和邮政编码进行信件的传递。Internet 中的计算机通信与此相类似，网络中的每台计算机都有一个网络地址（相当于人们的通信地址），发送方在要传输的信息上写上接收方计算机的网络地址，信息才能通过网络传递到接收方。在 Internet 上，每台主机、终端、服务器和路由器都有自己的 IP 地址，这个 IP 地址是全球唯一的，用于标识该机在网络中的位置。常见的 IP 地址，分为 IPv4 与 IPv6 两大类。

1）IPv4 地址

IPv4 地址规定每个 IP 地址用 32 个二进制位表示（占 4 字节）。例如：

第一台计算机的地址编号为：00000000 00000000 00000000 00000000

第二台计算机的地址编号为：00000000 00000000 00000000 00000001

……

最后一台计算机的地址编号为：11111111 11111111 11111111 11111111

则有 2^{32} = 4294967296 个地址编号，这表明因特网中最多可有 4294967296 台计算机。

然而，要记住每台计算机的 32 位二进制数据编号是很困难的。为了便于书写和记忆，人们通常用 4 个十进制数来表示 IP 地址，分为 4 段，段与段之间用"."分隔，每段对应 8 个二进制位。因此，每段能表达的十进制数是 0～255。比如，32 位二进制数

11111111 11111111 11111111 00000111

就表示为：255.255.255.7。

其转换规则是将每字节转换为十进制数据，因为 8 位二进制数最大为 255，所以 IP 地址中每个段的十进制数不超过 255。这个数据并不是很大，过不了多久就会用完，为此设计了 IPv6。

2）IPv6 地址

在 IPv6 中，每个地址占 128 位，地址空间大于 3.4×10^{38}。IPv6 地址采用冒号十六进制的记法表示，它把每个 16 位的值用十六进制值表示，各值之间用冒号分割。例如：

68E6:8C64:FFFF:FFFF:0:1180:960A:FFFF

在十六进制记法中，允许把数字前面的 0 省略。上面的 0000 中的前三个 0 可省略。冒号十六进制记法允许零压缩，即一连串连续的零可以用一对冒号取代，例如 FF05：0：0：0：0：0：B3，可以写成：FF05：：B3。此记法规定在任一地址中只能使用一次零压缩。

2. IP 地址的分类

在 Internet 中，根据网络地址和主机地址，常将 IP 地址分为 A、B、C、D、E 五类。A 类地址主要用于大型（主干）网络，其特点是网络数量少，但拥有的主机数量多。B 类地址主要用于中等规模（区域）网络，其特点是网络数量和主机数量大致相同。C 类地址主要用于小型局域网络，其特点是网络数量多，但拥有的主机数量少。D 类地址通常用于已知地址的多点传送或者组的寻址。E 类地址为将来使用保留的实验地址，目前尚未开放。

常用的 A、B、C 三类 IP 地址的起始编号和主机数如表 6.1 所示。

表 6.1 A、B、C 三类 IP 地址

IP 地址类型	最大网络数	最小网络号	最大网络号	最多主机数
A	$126(=2^7-2)$	1	127	$2^{24}-2=16777214$
B	$16384(=2^{14})$	128.0	191.255	$2^{16}-2=65534$
C	$2097152(=2^{21})$	192.0.0	223.255.255	$2^8-2=254$

Internet 最高一级的维护机构为网络信息中心，负责分配最高级的 IP 地址。它授权给下一级申请成为 Internet 网点的网络管理中心，每个网点组成一个自治系统。信息中心只给申请成为新网点的组织分配 IP 地址的网络号，主机地址则由申请的组织自己来分配和管理。自治域系统负责自己内部网络的拓扑结构、地址建立与刷新，这种分层管理的方法能有效地防止 IP 地址冲突。

6.4.3　Internet 的域名系统

IP 地址虽然解决了 Internet 上统一地址的问题，并用十进制数来表示各段的二进制数。但是，这串用数字符号表示的 IP 地址非常难以记忆。因此，在 Internet 上采用了一套"名称-IP"的转换方案，即名称和 IP 地址对应的域名系统（Domain Name System，

DNS),而用来完成这一转换工作的计算机被称为域名服务器。

1. 域名地址

DNS 使用与主机位置、作用、行业有关的一组字符来表示 IP 地址,这组字符类似英文缩写或汉语拼音,这个符号化的 IP 地址被称为"域名地址",简称为"域名",并由各段(子域)组成。例如,搜狐的域名为 www.sohu.com。显然,域名地址既容易理解,又方便记忆。

2. 域名结构

Internet 的域名系统和 IP 地址一样,采用典型的层次结构,每层由域或标号组成。最高层域名(顶级域名)由因特网协会(Internet Society)的授权机构负责管理。设置主机域名时必须符合以下规则。

(1) 域名的各段之间以"."分隔。从左向右看,"."右边域总是左边域的上一层,只要上层域的所有下层域名字不重复,那么网上的所有主机的域名就不会重复。

(2) 域名系统最右边的域为一级(顶级)域,如果该级是地理位置,则通常是国家(或地区)代码,如 cn 表示中国,如表 6.2 所示。如果该级中没有位置代码,就默认在美国。常用的机构顶级域名有 7 个,如表 6.3 所示。

表 6.2 国家或地区(部分)的顶级域名

国家或地区	代码	国家或地区	代码	国家或地区	代码
中国	cn	英国	uk	加拿大	ca
日本	jp	法国	fr	俄罗斯	ru
韩国	kr	新加坡	sg	澳大利亚	au
丹麦	de	巴西	br	意大利	it

表 6.3 常用的机构顶级域名

代 码	域 名 类 型	代 码	域 名 类 型
com	商业组织	mil	军事部门
edu	教育机构	net	网络支持中心
gov	政府部门	org	各种非营利组织
int	国际组织		

因为美国是 Internet 的发源地,所以美国的主机其第一级域名一般直接说明其主机性质,而不是国家(或地区)代码。如果用户看到某主机的第一级域名为 com、edu、gov 等,一般可以判断这台主机置于美国。其他国家(或地区)的第一级域名一般是其代码。

(3) 第二级是"组织名"。由于美国没有地理位置,这一级就是顶级,对其他国家(或地区)来说是第二级。第三级是"本地名"即省区,第四级是"主机名",即单位名。

(4) 域名不区分大小写字母。一个完整的域名不超过 255 个字符,其子域级数不予限制。

3. 域名分配

域名的层次结构给域名的管理带来了方便，每部分授权给某机构管理，授权机构可以将其所管辖的名字空间进一步划分，授权给若干子机构管理，形成树状结构，如图 6.8 所示。

图 6.8 域名结构

在我国，一级域名为 cn，二级域名有教育（edu）、电信网（net）、团体（org）、政府（gov）、商业（com）等。

各省份则采用其拼音缩写，如 bj 代表北京、sh 代表上海、hn 代表湖南等。例如，河北工程大学信电学院域名为 xindian.hebeu.edu.cn，其中，hebeu 表示河北工程大学，xindian 是主机名。

4. DNS 服务

用户使用域名访问 Internet 上的主机时，需要通过提供域名服务的域名服务器将域名解析（转换）成对应的 IP 地址。当用户输入域名时，计算机的网络应用程序自动把请求传递到域名服务器，域名服务器从域名数据库中查询出此域名对应的 IP 地址，并将其返回发出请求的计算机，计算机通过 IP 地址和目标主机进行通信。

Internet 上有许多域名服务器，负责各自层次的域名解析任务，当计算机设置的主域名服务器的名字数据库中查询不到请求的域名时，会把请求转发到另一个域名服务器，直到查询到目标主机。如果所有域名服务器都查不到请求的域名，则返回错误信息。

6.4.4 Internet 提供的主要服务

Internet 提供的服务分为三类：通信（电子邮件、新闻组、对话等）、获取信息（文件传输、自动搜索、分布式文本检索、WWW 等）和共享资源（远程登录、客户机/服务器系统等）。

1. WWW 服务

环球网（World Wide Web，WWW）简称 Web，原意是"遍布世界的蜘蛛网"，又称为全球信息网或万维网。目前，WWW 服务是互联网的主要服务形式。WWW 通过超文本把互联网上不同地址的信息有机地组织在一起，并以多媒体的表现形式，把文字、声音、动画、图片等展现在人们面前，为人们提供信息查询服务。通过 WWW，可以实现电子商务、电子政务、网上音乐、网上游戏、网络广告、远程医疗、远程教育、网上新闻等。

2. 文件传输服务

无论两台计算机相距多远,只要它们都连入互联网并且都支持文件传输协议(File Transfer Protocol,FTP),则这两台计算机之间就可以进行文件的传送。访问 FTP 服务器有两种方式:一种访问是注册用户登录到服务器系统;另一种是匿名(Anonymous)进入服务器系统。

3. 远程登录服务

远程登录(Telnet)是将一台用户主机以仿真终端方式,登录到一个远程主机的分时计算机系统,暂时成为远程计算机的终端,直接调用远程计算机的资源和服务。利用远程登录,用户可以实时使用远程计算机上对外开放的全部资源,可以查询数据库、检索资料,可以通过 Telnet 访问电子公告牌,在上面发表文章,或利用远程计算机完成只有巨型机才能做的工作。

4. 电子邮件服务

电子邮件是指在计算机之间通过网络即时传递信件、文档或图形等各种信息的一种手段。电子邮件是 Internet 最基本的服务,也是最重要的服务之一。

1) 电子邮件的协议

电子邮件的协议如下。

(1) SMTP(Simple Mail Transmission Protocol)采用客户机/服务器模式,适用于服务器与服务器之间的邮件交换和传输。Internet 上的邮件服务器大都遵循 SMTP。

(2) POP3(Post Office Protocol)是邮局协议的第三个版本,电子邮件客户端用它来连接 POP3 电子邮件服务器,访问服务器上的信箱,接收发给自己的电子邮件。当用户登录 POP3 服务器上相应的邮箱后,所有邮件都被下载到客户端计算机上,而在邮件服务器中不保存邮件的副本。

大多数的电子邮件服务软件都支持 SMTP 和 POP3。因此,许多公司或 ISP 都有一台提供 SMTP 和 POP3 功能的服务器。

2) 电子信箱地址(E-mail 地址)

电子信箱地址是 Internet 网上用户所拥有的不与他人重复的唯一地址。电子信箱的格式为:

用户名@邮箱所在的邮件服务器的域名

其中,@符号代表英语中的 at,@前面的部分为用户名;@后面部分表示用户信箱所在计算机的域名地址。如 hb_liming@yahoo.com.cn,用户名是 hb_liming,邮件信箱所在的主机域名地址是 yahoo.com.cn。

5. 即时通信服务

即时通信软件包括微信、QQ 等,往往以网上电话、网上聊天的形式出现。即时通信比电子邮件使用还要方便和简单。

> **思考与探索**
>
> "超文本"(Hypertext)和"超媒体"(Hypermedia)是 Internet 上常用的组织信息资源的方法,即通过指针来链接分散的信息资源,包括文本、声音、图形、图像、动画、视频等多媒体信息,这种管理信息的方法更符合人类的思维方式。

6.5 物联网概述

物联网(Internet of Things, IoT)通过射频识别(RFID)、红外感应器、全球定位系统、激光扫描器、气体感应器等信息传感设备,按约定的协议,把任何物品与互联网连接起来,进行信息交换和通信,以实现智能化识别、定位、跟踪、监控和管理的一种网络。简而言之,物联网就是"物物相连的互联网"。这有两层意思:其一,物联网的核心和基础仍然是互联网,是在互联网基础上的延伸和扩展的网络;其二,其用户端延伸和扩展到了任何物品与物品之间,进行信息交换和通信,也就是物物相息。物联网通过智能感知、识别技术与普适计算等通信感知技术,广泛应用于网络的融合中,也因此被称为继计算机、互联网之后世界信息产业发展的第三次浪潮。物联网是互联网的应用拓展,与其说物联网是网络,不如说物联网是业务和应用。物联网包括互联网及互联网上所有的资源,兼容互联网所有的应用,但物联网中所有的元素(所有的设备、资源及通信等)都是个性化和私有化的。最简单的物联网是各种各样的刷卡系统。比如,校园一卡通、公交卡等。

世界上的万事万物,小到手表、钥匙,大到汽车、楼房,只要嵌入一个微型感应芯片,把它变得智能化,这个物体就可以"自动开口说话"。再借助无线网络技术,人们就可以与物体"对话",物体与物体之间也能"交流",这就是物联网。

以下是物联网的应用案例。

物联网传感器产品已率先在上海浦东国际机场防入侵系统中得到应用。该系统铺设了3万多个传感结点,覆盖了地面、栅栏和低空探测,可以防止人员的翻越、偷渡、恐怖袭击等攻击性入侵。

手机物联网购物通过手机扫描条形码、二维码等方式,可以进行购物、比价、鉴别产品等功能,手机物联网应用正伴随着电子商务大规模兴起。

智能家居使得物联网的应用更加生活化,具有网络远程控制、遥控器控制、触摸开关控制、自动报警和自动定时等功能,给每一个家庭带来不一样的生活体验。

物联网智能控制系统可以指挥中心的大屏幕、窗帘、灯光、摄像头、DVD、电视机、电视机顶盒、电视电话会议;也可以调度马路上的摄像头图像到指挥中心,同时也可以控制摄像头的转动。

> **思考与探索**
>
> 网络化思维方式:网络丰富了人类的精神世界和物质世界,人们生活在一个物物互联、物人互联、人人互联的网络社会中,改变了人类的思维方式。

基础知识练习

(1) 什么是计算机网络？按照覆盖范围分几类？
(2) 计算机网络的主要功能有哪些？
(3) 网络的拓扑结构有哪几种？简述它们的特点。
(4) 传输介质常用有哪几类？简述它们的特点。
(5) 简述计算机网络协议的概念。
(6) 什么是 TCP/IP？简述其体系结构。
(7) 什么是 IP 地址？什么是域名？它们的格式分别是什么？IP 地址和域名之间如何转换？
(8) 什么是 URL？URL 的一般格式及各部分含义是什么？
(9) 什么是 WWW？E-mail 地址的格式是什么？
(10) 常见的 Internet 接入方式有哪几种？各有什么特点？
(11) 中国四大主干网的域名是什么？
(12) 目前 Internet 提供的主要服务有哪些？你还希望增加哪些服务？

能力拓展与训练

一、分析与论证

(1) 分组考察学校的计算机网络，给出规划与构建方案，并对不同的方案进行分析与论证。
(2) 某公司需要将 5200 台计算机从 120 个地点（假定每个地点的计算机数量大致是平均的）连接到网络中，为此需要申请一个合法的 IP 地址。那么该公司需要申请哪一类地址才能满足要求？这个地址应该如何划分为子网，分配给 120 个物理网络？这个网络中总共可以为多少台计算机单独分配地址？给出地址的子网和主机部分的地址范围。写出解决方案，并加以分析和论证。

二、实践与探索

(1) 搜索资料，写一份关于微信等即时通信软件的研究报告。
(2) 如何将某个网站中的所有链接内容整体下载至计算机硬盘中？
(3) 收邮件时，如果出现邮件内容显示乱码的情况，应如何解决？
(4) 搜索整理相关信息，写一份关于电子商务与电子政务的报告，内容包括电子商务与电子政务的基本概念、电子商务主要应用模式（C2C、C2B、B2C、B2B）等。
(5) 使用网络过程中遇到过哪些安全问题？应该如何解决？

分组进行交流讨论,并交回讨论记录摘要,内容包括时间、地点、主持人、参加人员、讨论内容等。

(6) 举例说明分层分类管理思想的具体应用。

(7) Facebook 是一个社交网络平台,试分析它的问题求解的思维。

(8) 尝试给出一份关于智能家居网络的设计方案。

(9) 生活中还有哪些物联网应用实例?谈谈你对物联网的展望。

三、拓展阅读

你知道互联网历史上 15 个划时代的"第一"吗?

1. 互联网方面的"第一"

1) 第一封邮件

1971 年,雷·汤姆林逊发出了世界上的第一封邮件。另外,邮件地址中的用来分隔用户名和机器名(那时候还没有"域名"这一说法)的@符号也是他引入的。尽管在 20 世纪 60 年代就有类似的系统,但该系统仅限于同类型机器之间通信。直到 1971 年,才有了现代邮件的雏形,邮件才能通过网络传输。请注意,这时候还没有互联网,但互联网的前身——ARPANET 已经存在了。

第一封邮件是在美国加利福尼亚州的洛杉矶大学和斯坦福大学之间传送的。很可惜的是,接收两封邮件后,计算机就崩溃了。

2) 第一个域名

在互联网上第一个注册的域名是"symbolics.com"。1985 年 3 月 15 日,由 Symbolics 计算机制造公司注册了该域名(该公司现已解散)。2009 年,该域名出售给 XF.com 投资公司,具体交易数额不详。

3) 第一封垃圾邮件

首次有记载的垃圾消息是在 1978 年 5 月 3 日,由 DEC 公司的营销人员 Gary Thuerk 通过 ARPANET 发送给 393 位接收人。这封邮件是 DEC 公司的新计算机模型的广告邮件。换句话说,Gary Thuerk"荣获"了世界上"首位垃圾邮件发送者"的称号。这甚至还为他赢得吉尼斯世界纪录。不过在 1978 年的时候还没有"垃圾邮件"(Spam)这个词。

4) 第一款上网手机

1996 年在芬兰,诺基亚 9000 通信器连接到互联网。但当时手机上网费用非常昂贵。1999 年,日本的 NTT DoCoMo 公司推出 i-Mode 服务,公认的互联网手机服务才诞生了。

2. 网站方面的"第一"

1) 第一个网站

1990 年年末,第一个网站 info.cern.ch 横空出世,它运行在欧洲核子研究中心(CERN)的 NeXT 计算机上。第一个网页的地址是:http://info.cern.ch/hypertext/WWW/TheProject.html,此网页的内容是关于万维网计划的。info.cern.ch 网站上已经删除了这个页面。

2）第一个电子商务网站和第一笔交易

尽管 Amazon 和 eBay 闻名中外,但它们并非是第一家电子商务网站。在线零售网站 NetMarket 宣称,互联网上的第一笔安全交易是它完成的。1994 年 8 月 11 日,该网站以 12.48 美元(含运费)出售了 *Ten Summoner's Tales* 的 CD。Internet Shopping Network 是另外一个竞争第一个商务网站"皇冠"的竞争者,该网站自称,它的第一笔交易比 NetMarket 早了整整一个月。

3）第一家网络银行

斯坦福联邦信用社(SFCU)是一个特许成立的信用社,它在 1959 年成立于美国加利福尼亚州的帕洛阿尔托。它主要向斯坦福大学社区提供金融服务。迄今为止,SFCU 拥有超过 10 亿美元的资产和超过 4 万 7 千个会员。1994 年,SFCU 开通其网络银行服务。从此,世界上的第一家网络银行就此诞生。

4）第一个搜索引擎

虽然互联网搜索引擎比万维网出现早,但当时它们的功能有限,仅能解析网页标题。第一个全文搜索引擎是 1994 年上线的 WebCrawler。

5）第一个博客

1994 年,贾斯汀·霍尔搭建一个基于网络的日记平台,称为"贾斯汀的链接"。虽然该日记提供早期互联网的上网指南,但随着时间推移,日记变得越来越个人化。《纽约时报》杂志曾介绍他是"个人博客之父"。当然了,当时还没有"blog"一词("weblog"出现于 1997 年,1999 年才演变为"blog")。

6）第一个播客

2000 年 10 月,在经过一番讨论后,"博客先驱"——戴夫·温纳增强 RSS 功能——把声音内容加入到 RSS 种子中,以便聚合声音博客。2001 年 1 月 11 日,温纳在他的脚本新闻博客中展示了新的 RSS 功能,他在 RSS 中添加了一首 Grateful Dead 组合的歌曲。2003 年,播客才开始流行。

3. 网络服务方面的第一

1）eBay 卖出的第一件货物

1995 年,eBay 成立,当时的名称还是"AuctionWeb"。eBay 卖出的第一件货物是一个价值 14.83 美元的损坏了的激光指示器。当 eBay 的创始人 Pierre Omidyar 致信买家询问他是否注意到该指示器是坏的时,买家回复说"我专门收集坏的激光指示器"。

2）Amazon 卖出的第一本书

1995 年,Amazon 上线。Amazon 卖出的第一本书是道格拉斯·霍夫斯塔特的 *Fluid Concepts and Creative Analogies：Computer Models of the Fundamental Mechanisms of Thought*。

3）维基百科上的第一个词条

维基百科上的第一个词条是由创始人吉米·威尔斯编辑的一个测试词条——"Hello, World!",这个词条不久后便删除了。维基百科上现存最早的词条是在 2001 年 1 月 16 日编辑的国家(或地区)名称列表。

4）YouTube 上的第一段视频

2005 年 4 月 23 日，YouTube 的联合创始人 Jawed Karim 上传 YouTube 的第一段视频。

视频名称：*Me at the zoo*，Jawed Karim 拍摄于圣地亚哥动物园。

浏览次数：已超过 150 万。

5）Twitter 上的第一条消息（即第一声"鸟叫"）

2006 年 3 月 21 日，Twitter 的开发者兼联合创始人 Jack Dorsey 写下了第一条消息："just setting up my twttr"。"twttr"并不是错字。Twitter 曾在短期内被称为"twttr"，这个词的灵感部分源于"Flickr"，另外部分原因是："twttr"是 5 个字符，可以作为一个 SMS 简短代码使用。

来源：http://mt.sohu.com/20170305/n482434072.shtml。

4. 相关书籍

谢希仁. 计算机网络[M]. 7 版. 北京：电子工业出版社，2017.

第 7 章 伦理思维——信息安全与信息伦理

【导语】 信息全球化的趋势逐渐加强,信息和网络技术的飞速发展冲击着社会生活的各个领域,改变着人类的生存方式和社会交往方式,深刻影响着人们的思维方式、价值观念和道德行为,衍生出一些对信息秩序造成影响的信息安全和信息伦理问题。因此,提高大众的信息安全和信息伦理水平,是现代社会的重要责任。

7.1 信 息 安 全

7.1.1 信息安全的概念

1. 信息安全的根本目标

随着计算机网络的重要性和对社会的影响越来越大,大量数据需要进行存储和传输,偶然的或恶意的因素都有可能造成数据的破坏、泄露、丢失或更改。所以,信息安全的根本目标是使信息技术体系不受外来的威胁和侵害。

信息安全是指信息系统(包括硬件、软件、数据、人、物理环境及其基础设施)受到保护,不受偶然的或者恶意的因素而遭到破坏、更改、泄露,系统连续可靠正常地运行,信息服务不中断,最终实现业务连续性。信息安全主要包括以下五方面的内容,即需保证信息的保密性、真实性、完整性、未授权复制和所寄生系统的安全性。

2. 信息安全的特征

(1)完整性和精确性:指信息在存储或传输过程中保持不被改变、不被破坏和不丢失的特性。

(2)可用性:指信息可被合法用户访问并按要求的特性使用。

(3)保密性:指信息不泄露给非授权的个人和实体或供其利用的实体。

(4)可控性:指具有对信息的传播及存储的控制能力。

7.1.2 计算机病毒及其防范

信息安全的威胁多种多样,主要是自然因素和人为因素。自然因素是一些意外事故,例如服务器突然断电等;人为因素是指人为的入侵和破坏,危害性大、隐藏性强。人为的破坏主要来自于黑客,网络犯罪已经成为犯罪学的一个重要部分。造成信息安全威胁的原因主要是由于网络黑客和计算机病毒。

1. 计算机病毒的概念

计算机病毒(Computer Virus)是指在计算机系统运行过程中能自身准确复制或有修改地复制的一组计算机指令或程序代码。

(1) 计算机病毒的来源。计算机病毒多出于计算机软件开发人员之手,其动机多种多样。有的为了"恶作剧",并带有犯罪性质;有的为了"露一手",表现自己;有的为了保护自己的知识产权,在所开发的软件中加入病毒,以惩罚非法复制者。

由此看出,计算机病毒是人为制造的程序,它的运行属于非授权入侵。

(2) 计算机病毒的传播途径。一般说来,计算机病毒有以下三种传播途径。

- 存储设备:大多数计算机病毒通过一些存储设备来传播,例如闪盘、硬盘、光盘等。
- 计算机网络:计算机病毒利用网络通信可以从一个结点传染给另一个结点;也可以从一个网络传染到另一个网络。其传染速度是最快的,严重时可迅速造成网络中的所有计算机全部瘫痪。
- 通信系统:计算机病毒也可通过点对点通信系统和无线通道传播,随着信息时代的迅速发展,这种途径很可能成为主要传播渠道。

(3) 计算机病毒的传染过程。计算机病毒的传染过程大致经过三个步骤。

- 入驻内存:计算机病毒只有驻留内存后才有可能取得对计算机系统的控制。
- 等待条件:计算机病毒驻留内存并实现对系统的控制后,便时刻监视系统的运行。一面寻找可攻击的对象,一面判断病毒的传染条件是否满足。
- 实施传染:当病毒的传染条件满足时,通常借助中断服务程序将其写入磁盘系统,完成全部病毒传染过程。

(4) 计算机病毒的特征如下。

- 传染性:计算机病毒具有强再生机制。计算机病毒可以从一个程序传染到另一个程序,从一台计算机传染到另一台计算机,从一个计算机网络传染到另一个计算机网络。
- 寄生性:病毒程序依附在其他程序体内,当这个程序运行时,病毒就通过自我复制而得到繁衍,并一直生存下去。
- 潜伏性:计算机病毒侵入系统后,病毒的触发是由发作条件来确定的。在发作条件满足前,病毒可能在系统中没有表现症状,不影响系统的正常运行。
- 隐蔽性:表现在两个方面,一是传染过程很快,在其传播时多数没有外部表现;二是病毒程序隐蔽在正常程序中,当病毒发作时,实际病毒已经扩散,系统已经遭到不同程度的破坏。
- 破坏性:不同计算机病毒的破坏情况表现不一,有的干扰计算机工作,有的占用系统资源,有的破坏计算机硬件等。
- 不可预见性:由于计算机病毒的种类繁多,新的变种不断出现,所以病毒对反病毒软件来说是不可预见的、超前的。

(5) 计算机病毒的类型。目前对计算机病毒的分类方法多种多样，常用的有下面几种。

按病毒的寄生方式分为引导型病毒、文件型病毒和复合型病毒。

- 引导型病毒出现在系统引导阶段。
- 文件型病毒也被称为寄生病毒，运作在计算机存储器里，通常它感染扩展名为com、exe、drv、bin、ovl、sys等文件。这类病毒数量最大，可细分为外壳型、源码型和嵌入型等。例如，常见的宏病毒就是寄存在Office文档的宏代码中，可攻击.doc文件和.dot文件，影响这些文档的打开、存储、关闭等操作。
- 复合型病毒既传染磁盘引导区，又传染可执行文件，一般可通过测试可执行文件的长度来判断它是否存在。

按病毒的发作条件分为定时发作型、定数发作型和随机发作型。

- 定时发作型病毒具有查询系统时间功能，当系统时间等于设置时间时，病毒发作。
- 定数发作型病毒具有计数器，能对传染文件个数或执行系统命令次数进行统计。当达到预置数值时，病毒发作。
- 随机发作型病毒随机发作，没有规律。

按破坏的后果分为良性病毒和恶性病毒。

- 良性病毒只干扰用户工作，但不破坏系统数据。清除病毒后，便可恢复正常。常见的情况是大量占用CPU时间和内存、外存等资源，从而降低了运行速度。
- 恶性病毒破坏数据，造成系统瘫痪。清除病毒后，也无法修复丢失的数据。常见的情况是破坏、删除系统文件，甚至重新格式化硬盘。

2. 计算机病毒的防范

计算机病毒的出现向计算机安全性提出了严峻挑战，解决问题最重要一点是树立"预防为主，防治结合"的思想，牢固树立计算机安全意识，防患于未然，积极地预防计算机病毒的侵入。

可采取以下几方面的措施进行防范。

- 不要运行来历不明的程序或使用盗版软件。
- 对外来的计算机、存储介质(软盘、硬盘、闪盘等)或软件要进行病毒检测，确认无病毒后才可使用。
- 对于重要的系统盘、数据盘以及磁盘上的重要信息要经常备份，以便遭到破坏后能及时得到恢复。
- 网络计算机用户要遵守网络软件的使用规定，不能轻易下载和使用网上的软件，也不要打开来历不明的电子邮件。
- 在网络的文件系统、数据库系统、设备管理系统及信息网络等之中，利用访问控制权限技术规定主体(如用户)对客体(如文件、数据库、设备)的访问权限。
- 安装计算机防毒卡或防毒软件，时刻监视系统的各种异常并及时报警，以防病毒的侵入。
- 对于网络环境，应设置"病毒防火墙"。

常用的杀毒软件和防火墙有瑞星、金山毒霸、360杀毒等。使用这些工具，可以方便地清除一些病毒，防止病毒入侵，使系统得以正常工作。

7.1.3 网络安全

网络安全是指网络系统的硬件、软件及其系统中的数据受到保护，不因偶然的或者恶意的原因而遭受到破坏、更改、泄露，系统连续可靠正常地运行，网络服务不中断。网络安全从其本质上来讲就是网络上的信息安全。网络环境的复杂性、多变性和系统的脆弱性，造成了网络与系统的威胁的产生。

1. 网络黑客的概念

一般认为，黑客起源于20世纪50年代美国麻省理工学院的实验室中。20世纪六七十年代，"黑客"用于指代那些独立思考、奉公守法的计算机迷，从事黑客活动意味着对计算机的最大潜力进行智力上的自由探索。到了20世纪八九十年代，计算机越来越重要，大型数据库也越来越多，同时，信息越来越集中在少数人的手里。这样一场新时期的"圈地运动"引起了黑客们的极大反感。黑客认为，信息应共享而不应被少数人所垄断，于是将注意力转移到涉及各种机密的信息数据库上，这时"黑客"变成了网络犯罪的代名词。

因此，黑客就是利用计算机技术、网络技术，非法侵入、干扰、破坏他人的计算机系统；或擅自操作、使用、窃取他人的计算机信息资源，对电子信息交流和网络实体安全具有威胁性和危害性的人。黑客攻击网络的方法是不停地寻找Internet上的安全缺陷，以便乘虚而入。

从黑客的动机、目的和对社会造成危害的程度来分，黑客可以分为技术挑战型黑客、戏谑取趣型黑客和捣乱破坏型黑客三种类型。

2. 网络黑客常用的攻击手段

1) 获取口令

这种方式有以下三种方法。

（1）缺省的登录界面攻击法。在被攻击主机上启动一个可执行程序，该程序显示一个伪造的登录界面。当用户在这个伪装的界面上输入登录信息（用户名、密码等）后，程序将用户输入的信息传送到攻击者主机，然后关闭界面给出提示信息"系统故障"，要求用户重新登录。此后，才会出现真正的登录界面。

（2）通过网络监听，非法得到用户口令，这类方法有一定的局限性，但危害性极大，监听者往往能够获得其所在网段的所有用户账号和口令，对局域网安全威胁巨大。

（3）在知道用户的账号后（如电子邮件"@"前面的部分）利用一些专门软件强行破解用户口令。

2) 电子邮件攻击

这种方式一般是采用电子邮件炸弹（E-mail Bomb），是黑客常用的一种攻击手段。指的是用伪造的IP地址和电子邮件地址向同一信箱发送数以千计、万计甚至无穷多次内容相同的恶意邮件，也可称之为大容量的垃圾邮件。由于每个人的邮件信箱是有限的，当庞大的邮件垃圾到达信箱时，就会挤满信箱，把正常的邮件给冲掉。同时，因为它占用了大量的网络资源,常常导致网络堵塞,使用户不能正常地工作,严重者可能会给电子邮件服务器操作系统带来危险,甚至瘫痪。

3) 特洛伊木马攻击

"特洛伊木马"是黑客常用的攻击手段。它通过在你的计算机系统隐藏一个会在 Windows 启动时运行的程序,采用服务器/客户机的运行方式,从而达到在上网时控制计算机的目的。黑客利用它窃取口令、浏览驱动器、修改文件、登录注册表等。

4) 诱入法

黑客编写一些看起来"合法"的程序,上传到一些 FTP 站点或某些个人主页,诱导用户下载。当一个用户下载软件时,黑客的软件一起下载到用户的机器上。该软件会跟踪用户的计算机操作,记录用户输入的每个口令,然后把它们发送给黑客指定的 Internet 信箱。

5) 寻找系统漏洞

许多系统都有这样那样的安全漏洞(Bug),其中某些是操作系统或应用软件本身具有的,这些漏洞在补丁未被开发出来之前一般很难防御黑客的破坏。黑客正是寻找这些漏洞来进行攻击的。

3. 恶意软件

恶意软件,也称流氓软件,是指在计算机系统上执行恶意任务的病毒、蠕虫和特洛伊木马程序。恶意软件可能会盗取用户网上的所有敏感资料,如银行账户信息,信用卡密码等。

恶意软件常常具有以下特征。

(1) 强制安装:指未明确提示用户或未经用户许可,在用户计算机或其他终端上安装软件的行为。

(2) 难以卸载:指未提供通用的卸载方式,或卸载后仍然有活动程序的行为。

(3) 浏览器劫持:指未经用户许可,修改用户浏览器或其他相关设置,迫使用户访问特定网站或导致用户无法正常上网的行为。

(4) 广告弹出:指未明确提示用户或未经用户许可,利用安装在用户计算机或其他终端上的软件弹出广告的行为。

(5) 恶意收集用户信息:指未明确提示用户或未经用户许可,恶意收集用户信息的行为。

(6) 恶意卸载:指未明确提示用户、未经用户许可,或误导、欺骗用户卸载其他软件的行为。

(7) 恶意捆绑:指在软件中捆绑已被认定为恶意软件的行为。

(8) 其他侵害用户软件安装、使用和卸载知情权、选择权的恶意行为。

4. 网络安全措施

(1) 加强安全防范意识。加强网络安全意识是保证网络安全的重要前提。

(2) 安全技术手段如下。

- 物理措施:例如,保护网络关键设备(如交换机、大型计算机等),制定严格的网络安全规章制度。

- 访问控制：对用户访问网络资源的权限进行严格的认证和控制。例如，进行用户身份认证，对口令加密、更新和鉴别，设置用户访问目录和文件的权限，控制网络设备配置的权限等。
- 数据加密：加密是保护数据安全的重要手段。加密的作用是保障信息被人截获后不能读懂其含义。
- 防止计算机网络病毒，安装网络防病毒系统。
- 网络隔离：网络隔离有两种方式，一种是采用隔离卡来实现的，另一种是采用网络安全隔离网闸实现的。隔离卡主要用于对单台机器的隔离，网闸主要用于对于整个网络的隔离。
- 防火墙技术：防火墙(Firewall)是在属于不同管理域和不同安全等级的网络之间根据安全策略实施网络访问控制的一组软硬件的组合。作为两个网络之间的唯一隔离设备和安全控制点，防火墙通过允许、拒绝或重定向流经防火墙的网络数据流，实现对网络之间所有通信的审查和控制。

  防火墙的原理是实施"过滤"术，即将内网和外网分开的方法。

  防火墙的功能有：防止未授权用户访问受保护的内部网络；限制特定条件的网络访问，例如特殊目的地，特殊业务；允许内部网络中的用户访问外部网络的服务和资源而不泄漏内部网络的信息，如内网的拓扑结构和 IP 地址等信息；对网络攻击行为进行监测和报警；根据安全策略和规则记录流经防火墙的数据和活动。

  防火墙技术按实现原理分为网络级防火墙、应用级网关、电路级网关、规则检查防火墙四大类。
- 数据加密技术：对网络中传输的数据进行加密，到达目的地后再解密还原为原始数据，目的是防止非法用户截获后盗用信息。
- 其他措施：其他措施包括信息过滤、容错、数据镜像、数据备份和审计等。近年来，围绕网络安全问题提出了许多解决办法。

7.1.4 数据加密

数据加密又称密码学，它是一门历史悠久的技术，指通过加密算法和加密密钥将明文转变为密文，而解密则是通过解密算法和解密密钥将密文恢复为明文。数据加密目前仍是计算机系统对信息进行保护的一种最可靠的办法。它利用密码技术对信息进行加密，实现信息隐蔽，从而起到保护信息安全的作用。

1. 加密术语

（1）明文：即原始的或未加密的数据。加密算法的输入信息为明文和密钥；

（2）密文：即明文加密后的格式，是加密算法的输出信息。

2. 数据加密标准

传统加密方法有两种，即替换和置换。替换是使用密钥将明文中的每一个字符转换为密文中的一个字符，而置换仅将明文的字符按不同的顺序重新排列。单独使用这两种方法的任意一种都是不够安全的，但是将这两种方法结合起来就能提供相当高的安全程度。数据加密标准(Data Encryption Standard,DES)就采用了这种结合算法,它由 IBM 公司制定,并在 1977 年成为美国官方加密标准。但多年来,许多人都认为 DES 并不是真得很安全。随着快速、高度并行的处理器的出现,强制破解 DES 也是可能的。公开密钥加密方法使得 DES 以及类似的传统加密技术过时了。在公开密钥加密方法中,加密算法和加密密钥都是公开的,任何人都可将明文转换成密文。但相应的解密密钥是保密的(公开密钥方法包括两个密钥,分别用于加密和解密),而且无法从加密密钥推导出,因此,即使是加密者,若未被授权也无法执行相应的解密。

3. 加密的技术种类

(1) 对称加密技术:对称加密采用了对称密码编码技术,它的特点是文件加密和解密使用相同的密钥,即加密密钥也可以用作解密密钥,这种方法在密码学中称为对称加密算法,对称加密算法使用起来简单快捷,密钥较短,且破译困难。

(2) 非对称加密技术:与对称加密算法不同,非对称加密算法需要两个密钥:公开密钥(Public Key)和私有密钥(Private Key)。公开密钥与私有密钥是一对,如果用公开密钥对数据进行加密,只有用对应的私有密钥才能解密;如果用私有密钥对数据进行加密,那么只有用对应的公开密钥才能解密。因为加密和解密使用的是两个不同的密钥,所以这种算法称为非对称加密算法。

7.2 信 息 伦 理

随着计算机的普及、网络技术的发展和信息资源共享规模的扩大,也带来了一系列新的问题,信息化社会面临着信息安全问题的严重威胁。例如,手机病毒问题、网络用户隐私泄露问题、黑客攻击问题等等。

伦理(ethics)是指作为具有民事能力的个人用来指导行为的基本准则。计算机及信息技术对个人和社会都提出了新的伦理问题,这是因为其对社会发展产生了巨大的推动,从而对现有的社会利益的分配产生影响。像其他技术,如蒸汽机、电力、电话、无线电通信一样,信息技术可以被用来推动社会进步,但是它也可以被用来犯罪和威胁现有的社会价值观念。在使用信息系统时,有必要问要负什么伦理和社会责任?

因此,作为信息时代的科技工作者,必须了解新技术的道德风险。技术的迅速变化意味着个人面临的选择也在迅速变化,风险与回报之间的平衡,以及对错误行为的理解也会发生变化。而且信息全球化的趋势逐渐加强,信息和网络技术的飞速发展冲击着社会生活的各个领域,改变了人类传统的生活方式和生存状态,它在给人类带来机遇的同时,衍生出一些对信息秩序造成影响的信息伦理问题。因此,提高大众的信息伦理水平,是现代社会的重要责任。

马克思曾经说过,道德的基础是人类精神的自律。把信息伦理内化为人类内在自律的德性,是道德教育发挥调控功能的必由之路。

7.2.1 信息伦理的产生

1988年,罗伯特·豪普特曼在其《图书馆领域的伦理挑战》一书中首次使用了信息伦理一词。伦理(ethics)与道德(morals)在西方的词源意义是相同的,都是指人际行为应该遵循的规范。但在中国的词源意义却不同,伦理是整体,其含义包括人际关系规律和人际行为应该如何的规范两个方面,而道德是部分,其含义仅指人际行为应该如何规范这一方面。所以,伦理目的是通过道德规范来体现的,信息伦理是由每个社会成员的道德规范来体现的。

《大学》讲:"君子先慎乎德。"国以人为本,人以德为本。因此,信息伦理道德是信息伦理的一个重要内涵,是信息社会每个成员应当具备且须遵守的道德行为规范。良好的信息伦理道德环境是信息社会进步和发展的前提条件。信息伦理的兴起与发展植根于信息技术的广泛应用所引起的利益冲突和道德困境,以及建立信息社会新的道德秩序的需要。

信息伦理(Information Ethics,IE)是指涉及信息开发、信息传播、信息管理和利用等方面的伦理要求、伦理准则、伦理规约,以及在此基础上形成的新型的伦理关系。

简单地说,信息伦理是指涉及信息开发、信息传播、信息管理和利用等方面的伦理要求。

 知行合一

任何新技术都是一把双刃剑。作为科技工作者,必须了解新技术的道德风险。信息伦理对每个社会成员的道德规范要求是普遍的,在信息交往自由的同时,每个人都必须承担同等的道德责任,共同维护信息伦理秩序。信息道德规范的这种普遍性成为信息伦理区别于其他伦理的特征之一。

7.2.2 信息伦理准则与规范

信息伦理作为规范信息活动的重要手段,具有信息法律所无法替代的作用。在世界上许多国家和地区,除了制定相应的信息法律外,还通过民间组织制定信息活动规则,用伦理规约来补充法律的不足。

全球信息伦理整合构建的基本原则包括底线原则和自律原则。

1. 底线原则

对于世界上所有国家和地区共同面对的全球性伦理问题,信息活动最起码、最基本的伦理要求应该包括如下四个原则。

(1)无害原则:无害原则指信息的开发、传播、使用的相关人群,在信息活动中都必须尽量避免对他人造成伤害。

(2)公正原则:公正原则是指公平地维护所有信息活动参与者的合法权益。对于专有信息,他人在取得信息权利人的同意,有时还要支付费用的前提下,才可以使用专有信息。否则,侵权使用专有信息就是违背了公正原则。对于公共信息,要注意维护其共有共享性,使其最大限度地发挥信息的使用价值,反对任何强权势力的信息垄断。

(3) 平等原则:平等原则是指信息主体间的权利平等。每一个人、每一个国家,作为单一的信息权利主体,在同一类别主体的信息地位上,权利是完全平等的。

(4) 互利原则:互利原则是指信息主体既享受权利,又承担义务;既享受他人带给自己的信息便利,又帮助他人实现信息需求。

2. 自律原则

信息伦理自律原则主要有如下四个原则。

(1) 自尊原则:自尊原则是自律的基础,一个缺少自尊自爱的人是难以做到自觉自律的。自我尊严的养成是人格完善到一定程度的结果。

(2) 自主原则:自主原则要求信息主体既维护自己的信息自主权,也尊重他人的信息权利。为了确保自主权利的正确实施,信息主体必须同时维护自己的知情权,通过合法渠道,尽可能地充分知晓信息开发、传播和使用过程,详尽潜在的风险和可能的后果,能够对自主选择承担责任。

(3) 慎独原则:"慎独"是儒家伦理的重要内容,朱熹对"慎独"的解释为:"君子慎其独,非特显明之处是如此,虽至微至隐,人所不知之地,亦常慎之。小处如此,大处亦如此,明显处如此,隐微处亦如此,表里内外,粗精隐现,无不慎之。"

慎独原则强调在一人独处时,内心仍然能坚持道德信念,一丝不苟地按照一定的道德规范做事。

(4) 诚信原则:言必信,行必果。信息活动的严重失信行为会导致信息秩序的紊乱、无序,最终使信息活动无法进行。

基于上述原则,世界上的许多组织都制定了具体的信息伦理准则。

美国计算机协会的信息伦理准则,主要包括如下条款。

(1) 保护知识产权;

(2) 尊重个人隐私;

(3) 保护信息使用者机密;

(4) 了解计算机系统可能受到的冲击并能进行正确的评价。

英国计算机学会的信息人员准则,主要包括如下条款。

(1) 信息人员对雇主及顾客尽义务时,不可背离大众的利益;

(2) 遵守法律法规,特别是有关财政、健康、安全及个人资料的保护规定;

(3) 确定个人的工作不影响第三者的权益;

(4) 注意信息系统对人权的影响;

(5) 承认并保护知识产权。

7.2.3 计算机伦理、网络伦理与信息产业人员道德规范

信息伦理学与计算机伦理学、网络伦理学虽具有密切的关系,但信息伦理学不完全等

同于计算机伦理学或网络伦理学,信息伦理学有着更广阔的研究范围,涵盖了后两者的研究范围。

计算机伦理与网络伦理的研究范围既有相似、重合的地方,又有不同之处。计算机伦理是计算机行业从业人员所应遵守的职业道德准则和规范的总和。计算机伦理学侧重于利用计算机的个体性行为或区域行为的伦理研究。

网络伦理是指人们在网络空间中的行为所应该遵守的道德准则和规范的总和。网络伦理学主要关注可能有不同文化背景的网络信息传播者和网络信息利用者的行为。

1. 计算机伦理

计算机伦理学是当代研究计算机信息与网络技术伦理道德问题的新兴学科。计算机伦理的内容主要包括以下 7 个部分。

(1) 隐私保护:隐私保护是计算机伦理学最早的课题。个人隐私包括姓名、出生日期、身份证号码、婚姻、家庭、教育、病历、职业、财务情况、电子邮件地址、个人域名、IP 地址、手机号码以及在各个网站登录所需的用户名和密码等信息。随着计算机信息管理系统的普及,越来越多的计算机从业者能够接触到各种各样的保密数据。这些数据不仅仅局限为个人信息,更多的是企业或单位用户的业务数据,它们同样是需要保护的对象。

(2) 计算机犯罪:信息技术的发展带来了以前没有的犯罪形式,如电子资金转账诈骗、自动取款机诈骗、非法访问、设备通信线路盗用等。《中华人民共和国刑法》对计算机犯罪的界定包括:违反国家规定,侵入国家事务、国防建设、尖端科学技术领域的计算机信息系统的;违反国家规定,对计算机信息系统功能进行删除、修改、增加、干扰,造成计算机信息系统不能正常运行的;违反国家规定,对计算机信息系统中存储、处理或者传输的数据和应用程序进行删除、修改、增加的操作,后果严重的;故意制作、传播计算机病毒等破坏性程序,影响计算机系统正常运行的。

(3) 知识产权:知识产权是指创造性智力成果的完成人或商业标志的所有人依法所享有的权利的统称。计算机行业是一个以团队合作为基础的行业,从业者之间可以合作,他人的成果可以参考、公开利用,但是不能剽窃。

(4) 软件盗版:软件盗版问题是一个全球化问题,几乎所有的计算机用户都在已知或不知的情况下使用着盗版软件。我国已于 1991 年宣布加入保护版权的《伯尔尼国际公约》,并于 1992 年修改了《中华人民共和国著作权法》,将软件盗版界定为非法行为。

(5) 病毒:计算机病毒破坏计算机功能,影响计算机使用,不仅在系统内部扩散,还会通过其他媒体传染给另外的计算机。

(6) 黑客:黑客已成为人们心中的"骇客"。黑客是网络安全最大的威胁。由于国际互联网的出现和飞速发展给黑客活动提供了广阔的空间,使之能够对世界上许多国家的计算机网络连续不断地发动攻击,黑客的目的是多种多样的:有的是恶作剧,有的是偷盗窃取网上信息资料,再有就是刺探机密,由于信息犯罪不受时间、空间的限制及其犯罪手段的智能性,致使信息安全问题成为社会的一大隐患。据统计,全世界现有约 20 万个黑客网站专门负责研究开发和传播各种最新的黑客技巧。每当一种新的袭击手段产生,一周内便可传遍世界。

(7) 行业行为规范:随着整个社会对计算机技术的依赖性不断增加,由计算机系统故障和软件质量问题所带来的损失和浪费是惊人的。因此,必须建立行业行为规范。

美国计算机协会(ACM)制定的伦理规则和职业行为规范中的一般道德规则包括:为社会和人类做出贡献;避免伤害他人;诚实可靠;公正且不采取歧视行为;尊重财产权(包括版权和专利权);尊重知识产权;尊重他人的隐私,保守机密。针对计算机专业人员,具体的行为规范还包括以下部分:

- 不论专业工作的过程还是其产品,都努力实现最高品质、效能和规格。
- 熟悉并遵守与业务有关的现有法规。
- 接受并提供适当的专业化评判。
- 对计算机系统及其效果做出全面彻底的评估,包括可能存在的风险。
- 重视合同、协议以及被分配的任务。
- 促进公众对计算机技术及其影响的了解。
- 只在经过授权后使用计算机及通信资源。

2. 网络伦理

网络信息伦理危机的主要表现及危害主要有以下几个方面。

(1) 虚假信息的散布:网络是一个虚拟存在的事物。与现实社会相比,虚拟性是其独有的特征之一。正是网络自由匿名性的特点,使得网络信息的发布呈现出一种自由和失控性。任何人都可以在网络上化身为一个虚拟的对象,通过论坛、BBS 等各种渠道,散布未加证实或虚拟的信息,污染网络环境,破坏网络秩序。在大量的网络信息中尤以网络假新闻显得更加恶劣。一些电子商务运营商在网络中大肆地生产、传播虚假信息,损害正常的商业秩序。

(2) 信息安全问题主要涉及如下方面。

- 国家安全问题。

信息安全是要保证信息的完整性、秘密性和可控性。随着网络技术的迅速发展和互联网的不断普及,非法入侵、窃取信息、破坏数据、恶意攻击、制造和传播计算机病毒等成为威胁信息系统安全的主要问题。

网络已成为国家政治、经济、军事、文化等几乎所有社会系统存在和发展的重要基础,国家安全系于一"网"。网络安全作为一个日益突出的全球性和战略性的问题摆在国际社会面前,对国家安全提出了重大的挑战,使国家安全面临着各种新的威胁。美国中央情报局局长约翰·多奇说,到 21 世纪,计算机入侵在美国国家安全中可能成为仅次于核武器、生化武器的第三大威胁。

随着国际形势的变化,黑客们越来越热衷于入侵国防部门、安全部门等强力机构的网站,刺探和窃取各种保密信息,从而给国家的安全造成巨大损失。

- 隐私权的侵犯。

隐私权是指公民个人生活不受他人非法干涉或擅自公开的权利。随着网络的兴盛,网络技术的使用,使得传统意义上的人被转化成为流动在虚拟网络上的符号,这一过程的出现使得个人隐私在网络中处于失控的边缘。

(3) 不良信息的充斥:据有关部门统计,近 60% 的青少年犯罪是受到了网络不健康信息的影响,与此同时,微信、博客等信息传播手段的运用,也在一定程度上加剧了网络色情信息、虚假信息、诈骗信息、网络传销信息、骚扰信息等等的传播。

（4）网络知识产权的侵犯：网络侵权主要表现在很多方面：在网页、电子公告栏等论坛上随意复制、传播、转载他人的作品；将网络上他人作品下载并出售；将他人享有版权的作品上传或下载使用，或超越授权范围使用共享软件，软件使用期满，不注册继续使用等；网络管理的侵权行为等。

（5）网络游戏挑战伦理极限：网络游戏作为一种大众娱乐项目本无可厚非。但随着其内容日益充斥色情、暴力，越来越多的人沉迷于网络游戏难以自拔，因此有人将网络游戏称为"电子海洛因"。

为净化网络空间，规范网络行为，需要从技术方面、法律方面和伦理教育方面着手，构建网络伦理。

（1）技术的监控：国家或网络管理部门通过统一技术标准建立一套网络安全体系，严格审查、控制网上信息内容和流通渠道。例如，通过防火墙和加密技术防止网络上的非法进入者；利用一些过滤软件过滤掉有害的、不健康的信息，限制调阅网络中不健康的内容等；同时通过技术跟踪手段，使有关机构可以对网络责任主体的网上行为进行调查和控制，确定网络主体应承担的责任。

（2）加强法律法规建设：通过制定网络伦理规则来规范人们的行为，违背伦理规范应受到社会舆论的监督与惩罚。

（3）加强伦理道德教育：在中国几千年来的历史发展进程中，人们最重视伦理道德，它占据着特别重要的地位，甚至可以说伦理道德已经成为中国古代文化的中心。伦理道德的内容就是人的行为准则和道德规范。通过信息伦理教育的手段才能有效地让大众凭借内在的良心机制，依据自身的道德信念，自觉地选择正确的道德行为。

3. 信息产业人员道德规范

各个信息行业的组织都制定了自己的道德规范。比如，国际电机电子工程师学会提出的电气和电子工程师学会（IEEE）的会员伦理规范如下。

（1）秉持符合大众安全、健康与福祉的原则，接受进行工程决策的责任，并且立即揭露可能危害大众或环境的因素。

（2）避免任何实际或已察觉（无论何时发生）的可能利益冲突，并告知可能受影响的团体。

（3）根据可取得的资料，诚实并确实地陈述声明或评估。

（4）拒绝任何形式的贿赂。

（5）改善对于科技的了解、其合适应用及潜在的结果。

（6）维持并改善我们的技术能力；只在经由训练或依经验取得资格，或相关限制完全解除后，才为他人承担技术性相关任务。

（7）寻求、接受并提出对于技术性工作的诚实批评；了解并更正错误；并适时对于他人的贡献给予以赞赏。

（8）公平地对待所有人，不分种族、宗教、性别、伤健、年龄与国籍。

（9）避免因错误或恶意行为而伤害到他人，其财产、声誉或职业。

（10）协助同事及工作伙伴在专业上的发展，以及支持他们遵守本伦理规范。

7.2.4 知识产权

1. 知识产权的基本知识

知识产权是指受法律保护的人类智力活动的一切成果。它包括文学、艺术和科学作品;表演艺术家的表演及唱片和广播节目;人类一切活动领域的发明;科学发现;工业品外观设计;商标、服务标记以及商业名称和标志;制止不正当竞争,以及在工业、科学、文学或艺术领域内由于智力活动而产生的其他一切权利。一般分为著作权和工业产权两大类。

2. 知识产权的特点

(1) 专有性:又称独占性、垄断性、排他性,比如同一内容的发明创造只给予一个专利权,由专利权人所垄断。

(2) 地域性:即国家所赋予的权利只在本国国内有效,如要取得某国的保护,必须要得到该国的授权(但伯尔尼公约成员国之间都享有著作权)。

(3) 时间性:知识产权都有一定的保护期限,保护期一旦失去,即进入公有领域。

3. 中国知识产权保护状况

我国从 20 世纪 70 年代末起,逐渐建立起了较完整的知识产权保护法律体系。从 1980 年 6 月 3 日起,中国成为世界知识产权组织的成员国,现已形成了有中国特色的社会主义保护知识产权的法律体系,保护知识产权的法律制度包括如下内容。

(1) 商标法:1983 年 3 月开始实施的《中华人民共和国商标法》及其实施细则中,商标注册程序中的申请、审查、注册等诸多方面的原则,与国际上通行的原则是完全一致的。2013 年 8 月 30 日十二届全国人大常委会第 4 次会议进一步修改了《中华人民共和国商标法》。

(2) 专利法:1985 年 4 月开始实施的《中华人民共和国专利法》及其实施细则,使中国的知识产权保护范围扩大到对发明创造专利权的保护。为了使中国的专利保护水平进一步向国际标准靠拢,全国人民代表大会常务委员会于 2009 年通过了专利法修正案,对专利法做出了重要修改。

(3) 著作权法:《中华人民共和国著作权法》及其实施条例,明确了保护文学、艺术和科学作品作者的著作权以及与其相关的权益。依据该法,我国不仅对文字作品、口述作品、音乐、戏剧、舞蹈作品、美术、摄影作品、电影、电视、录像作品、产品设计图纸及其说明、地图、示意图等图形作品给予保护,而且把计算机软件纳入著作权保护范围。中国是世界上为数不多的明确将计算机软件作为著作权法保护客体的国家之一。国务院还颁布了《计算机软件保护条例》,规定了保护计算机软件的具体实施办法,于 1991 年 10 月施行。国务院于 1992 年 9 月 25 日颁布了《实施国际著作权条约的规定》,对保护外国作品著作权人依国际条约享有的权利做了具体规定。中华人民共和国著作权法(第二次修正)于(2010 年 2 月 26 日第十一届全国人民代表大会常务委员会第十三次会议获得通过)。2012 年 3 月 31 日,国家版权局在官方网站公布了《著作权法》修改草案,并征求公众意见。侵犯著作权的赔偿标准从原来的 50 万元上限提高到 100 万元,并明确了著作权集体管理组织的功能。

(4)技术合同法与科学技术进步法：全国人民代表大会常务委员会制定的《中华人民共和国技术合同法》和《中华人民共和国科学技术进步法》等，以及国务院制定的一系列保护知识产权的行政法规，使中国的知识产权法律制度进一步完善，在总体上与国际保护水平更为接近和协调。

4. 软件知识产权

计算机软件分为商品软件、共享软件、自由软件和公有软件等四类。除了公有软件之外，商品软件、共享软件、自由软件的权利人都保留着自己对这些软件的著作权。不过，共享软件的权利人在保留权利的同时，已经在一定的条件下向公众开放了复制权；自由软件的权利人在保留权利的同时，在一定的条件下不仅向公众开放了复制权，还开放了修改改编权。

对于不同的自由软件或共享软件，它们的用户注意事项可能会有一些差别。在使用自由软件和共享软件时，必须仔细阅读其用户注意事项，认真遵守用户注意事项。

(1) 商品软件：商品软件是指由软件供应商通过销售方式面向社会公众发行的软件。商业软件受著作权法保护，开发者享有对该软件的著作权。所谓著作权是指包括复制权、修改改编权和发行权在内的一组专有权利的总和。对于商品软件，权利人保留对该软件的权利。

(2) 共享软件：共享软件是以"先使用后付费"的方式销售的享有版权的软件。根据共享软件作者的授权，用户总是可以先使用或试用共享软件，但是想继续使用它需要支付一笔许可费。共享软件不是自由软件，一般不提供源码。同时，共享软件不允许在不支付许可费的情况下进行复制和分发，即使出于非营利性的目的。

(3) 自由软件：自由软件是指允许任何人使用、复制、修改、分发（免费或少许收费）的软件。它是由软件的开发者自愿无偿地向社会提供的软件成果，提供的宗旨是为了进行学术交流，推动技术发展而不是商业目的。而且这种软件的源码是可得到的。自由软件的权利人保留着自己对这些自由软件的著作权，但在一定的条件下向公众开放了复制权和修改改编权。

(4) 公有软件：公有软件即公共领域软件，它是指著作权中的经济权利（包括复制权、修改改编权、发行权等专有权利）有效期已经届满的权利人，由于不准备使之商品化而已经明确声明放弃著作权的软件。公有软件可以免费复制、分发。公有软件的主要限制是不允许对该软件提出版权申请。

综上所述，以道义来承载智术，有道有术，才能真道为本，术为实用，相辅相成，才能达到人和技术的完美结合，从而形成人的高级内驱力对低级内驱力的调节作用，从而最有效地维护信息领域的正常秩序，促进信息社会沿着友善和谐的方向发展。

基础知识练习

(1) 信息安全的目的是什么？信息安全的基本特征主要包括哪些？

(2) 什么是计算机病毒？简述计算机病毒的特征和分类。如何预防计算机病毒？

(3) 什么是黑客？什么是恶意软件？
(4) 什么是防火墙？
(5) 简述数据加密的概念。
(6) 什么是信息伦理？
(7) 什么是知识产权？软件按照知识产权分为哪几类？
(8) 信息产业人员道德规范有哪些？

能力拓展与训练

一、角色模拟

"人肉搜索"就是利用现代信息科技、广聚五湖四海的网友力量、由人工参与解答而非搜索引擎通过机器自动算法获得结果的搜索机制。正方认为：它有着打击违法犯罪行为、监督政府官员行为、强化道德压力、为人排忧解难的正面效用。反方认为：它会不当泄露当事人个人档案信息，侵犯当事人隐私权、名誉权，还有可能演变成"网络暴力"。

请同学们分组自选角色扮演正方和反方人员，进行辩论。

二、实践与探索

(1) 搜索整理有关"计算机软件保护条例"的信息，学习其中与自己密切相关的内容。
(2) 搜索整理常见病毒（系统病毒、木马病毒、蠕虫病毒、脚本病毒、宏病毒等）的特征、传播方式和防范方法，写一份调查报告。
(3) 搜索《弟子规》的释文，写一份学习心得。
(4) "信息伦理是构建和谐信息社会有力手段"，谈谈你对这句话的理解。

实验实训篇

纸上得来终觉浅,绝知此事要躬行。

——(宋)陆游

WPS Office 是由北京金山办公软件股份有限公司自主研发的一款办公套装软件,可以实现办公软件最常用的文字、表格、演示文稿、PDF 阅读等多种功能,具有内存占用低、运行速度快、云功能多、强大插件平台支持、免费提供在线存储空间及文档模板的优点。

WPS Office 个人版对个人用户永久免费,包含 WPS 文字、WPS 表格、WPS 演示三大功能模块,支持阅读和输出 PDF 文件,具有全面兼容微软 Office 97—2010 格式(DOC/DOCX/XLS/XLSX/PPT/PPTX 等)独特优势,覆盖 Windows、Linux、Android、iOS 等多个平台。WPS Office 支持桌面和移动办公,实现了免费的网络存储功能,用户可以在办公室、学校或家里高效率地完成工作,世界上不同地点的人们也可以同时写作自己的文件。WPS for Android 在应用排行榜上领先于微软及其他竞争对手,居同类应用之首。WPS 已成为众多企事业单位的标准办公平台。

第 8 章　WPS 文字处理

WPS 文字是 WPS Office 办公软件组件中的一个重要部分,是集文字编辑、页面排版与打印输出于一体的文字处理软件,适用于制作各种文档,如图书、报告、信函、公文、表格等。

本章主要介绍 WPS 文字处理的常用操作。

8.1　认识 WPS 文字

启动 WPS 后,单击左侧"新建"按钮,选择"新建文字"菜单,单击"空白文档",打开"文字文稿 1"窗口,如图 8.1 所示。该窗口主要由文档标签、快速访问工具栏、选项卡、功能区、对话框启动器、文档编辑区域、状态栏等几部分组成,如图 8.1 所示。

1. 文档标签

文档标签位于界面最上方,完整显示文档名称和扩展名。在 WPS 文字中可以打开多个文档进行编辑。WPS 文字以文档标签的形式将文档依次排列,正在编辑的文档以高亮方式显示,若用户需要转向其他文档进行操作,单击相应的文档标签即可。

2. 快速访问工具栏

快速访问工具栏包含了 WPS 文字最常用的保存、输出为 PDF 文档、打印、打印预览和撤销、恢复等按钮,用户也可以单击右方的 ▽ 按钮,自定义快速访问工具栏。

3. 选项卡

WPS 文字将用于文档的各种操作分为开始、插入、页面布局、引用、审阅、视图、章节、开发工具,特色功能等 9 个默认显示的选项卡。另外,还有一些选项卡只在处理相关任务时才出现,如绘图工具、表格工具等。每个选项卡下又包含多个功能组。

4. 功能区

单击选项卡名称,即可看到选项卡下对应的功能区,功能区里分为若干功能组。如"开始"选项卡功能区就包含剪贴板、字体、段落、样式和格式等功能组。每个功能组中又包含若干个命令按钮以实现对应的操作。

5. 对话框启动器

功能组右下方的按钮 ↘ 称为对话框启动器。单击则打开对应的对话框,有些命令需

图 8.1 WPS 文字工作界面

要通过窗口对话的方式来实现。

6. 文档编辑区

文档编辑区是用来完成文字的输入、编辑和排版,不断闪烁的插入点光标"|"表示用户当前的编辑位置。利用"↑""↓""←""→""PgUp""PgDn""Home""End"等键可移动光标。

7. 状态栏

状态栏位于文档的最下方,显示了当前编辑中的文档的一些基本信息,例如光标所在页码位置、总页数、字数等。右侧还设置了文档视图切换按钮,文档的不同视图方式可以满足用户在不同情况下编辑、查看文档效果的需要,WPS 文字根据不同需求向用户提供了护眼模式、页面视图、阅读版式、Web 版式、写作模式、大纲、显示比例、全屏显示等多种视图,分别用于不同需求下的文档查看。

8.2 文档基本操作

8.2.1 文档的基本操作

1. 新建文档

新建文档常用以下几种方法。

（1）单击 WPS 窗口左上角"首页"标签中的"新建"，在"新建"窗口左侧菜单中选择"新建文字"，根据需要可以选择"空白文档""新建在线文字"或者新建基于模板的文档等，如图 8.2 所示。

图 8.2　利用"首页"菜单新建文档

（2）选择"文件"菜单，从列表中选择"新建""新建在线文字文档"或者基于模板的新建文档等。

（3）在 WPS 文字窗口单击文档标签右侧的加号图标，进入新建页面。

2. 保存文档

在文档编辑过程中要注意及时保存文档。保存文档有以下几种方法。

（1）单击快速访问工具栏中的"保存"按钮。

（2）选择"文件"菜单中的"保存"→"另存为"命令。

若用户想将自己的文档保存为 WPS 的云文档，则在保存对话框的底端勾选"把文档备份到云"，这样可以方便用户随时随地查看和编辑文档。利用其他安装有 WPS Office 的计算机打开该云文档进行查看和编辑，避免了使用 U 盘而增加感染病毒的风险。

在 WPS 文字中，用户在保存对话框的底端可以选择"加密…"，使用密码加密以防止其他人打开或修改文档，起到保护 WPS 文档的作用。

3. 打开文档

编辑一个已有文档时，需要先打开该文档。打开文档常用以下方法。

（1）直接双击要打开的 WPS 文档。

（2）右击，在弹出的快捷菜单中选择"打开"选项。

（3）打开 WPS，选择"文件"菜单中的"打开"命令。

（4）在"文件"菜单的"打开"选项卡中保存有最近所用文件，可直接打开最近使用过的文档。

8.2.2 文档的编辑操作

1. 文本录入与删除

1）文本录入

在文档编辑区中可以录入文本。文本录入主要包括中文、英文、数字、符号、日期和时间等内容的录入。WPS文字在输入文本到一行的最右边是不需要按Enter键换行，会根据页面的大小自动换行。若要生成一个段落，则必须按Enter键，系统会在行尾插入一个回车符↵。如果需要在同一段落内换行，可以按Shift＋Enter组合键，系统会在行尾插入一个换行符↓。单击"开始"选项卡中的"段落"功能组中的"显示隐藏段落标记"按钮↵ ，可以选择回车符、空格等格式标记是否在文档中显示。

WPS文字支持"即点即输"功能，即可以在文档空白处的任意位置双击鼠标快速定位插入点。

如果在输入时需要进行中英文的切换，按Ctrl＋空格键即可。

2）删除文本

用户若要将已录入的内容删除，一是可连续按Delete键，将位于光标后面的内容逐个删除；二是连续按Backspace键，将位于光标前面的内容逐个删除。

> **注意**：如果已经有选中的内容，那么按下以上两个删除键，效果是一样的，都是将选中的内容删除。

2. 特殊符号与公式的插入

1）插入标点符号和其他符号

输入文本时，如果需要插入常用标点符号，在切换到中文输入法状态后，可以直接按键盘的标点符号，也可以选择"插入"选项卡右侧中的"符号"下拉按钮，在下拉列表中单击需要插入的符号即可，还可以在中文输入法状态框的软键盘按钮上右击，在弹出的快捷菜单中选择"标点符号"进行输入。

2）插入公式

WPS文字中还集成了公式编辑器，当用户需要输入复杂的数学公式时，可以使用公式编辑器输入。选择"插入"选项卡右侧中的"公式"按钮，单击"公式"按钮，插入公式的位置显示"在此处键入公式"编辑框，并在WPS文字窗口上方显示"公式工具"选项卡，利用"公式工具"选项卡的功能组，选择需要的符号类别和模板类别，在编辑框中输入想要的公式。如果对已经形成的公式进行编辑，只要双击已经插入文档的公式，公式编辑器便可以启动。

3. 文本的选择

在Windows环境下的软件，都遵循一个规律，即"先选定，后操作"，WPS也不例外，在对文本进行各种操作之前，需要先选择文本。选择文本的方法有以下几种。

1）拖动文本

将"I"形光标放在所要选择的文本一端，按住鼠标左键拖动鼠标到所要选择的文本另一端。

2) 使用文本选定区

将鼠标移到文本左侧选定区,鼠标呈向右倾斜的箭头状,单击鼠标可选择一行,双击鼠标可选择一段,三连击鼠标可选择全部文本;按住鼠标左键,沿垂直方向拖动也可以选定多行;按住 Ctrl 键后单击鼠标左键也可以选择全部文本。

3) 其他一些快捷方法

(1) 双击字词:选择字词。

(2) Ctrl 键+单击文本:选择一句话。

(3) Alt 键+拖动鼠标:选择矩形区域。

(4) Shift+单击:先将光标置于要选定的文本前,按住 Shift 键,再单击要选定的文本区域的末端,就可选中两点之间的文本。

(5) 选定不连续文本区域:在选定一块文本区域后,按住 Ctrl 键,再选定另一块文本区域,可实现不连续文本区域的选定。

(6) 取消选定:在编辑窗口的任意处单击鼠标。

4. 文本的复制和移动

文本的复制和移动是文档编辑过程中经常使用的操作。

1) 文本的复制

常用以下两种方法。

(1) 使用"开始"选项卡中的"复制"和"粘贴"按钮。

(2) 拖动鼠标:选定要复制的文本后,按住 Ctrl 键的同时,按住鼠标左键将所选内容拖动到目标位置即可。

2) 文本的移动

常用以下两种方法。

(1) 利用剪贴板:使用"开始"选项卡中的"剪切"和"粘贴"按钮进行文本移动。

(2) 鼠标拖动:选定要移动的文本后,按住鼠标左键直接把所选择内容拖动到目标位置。

5. 撤销与恢复

利用快速访问工具栏中的"撤销"按钮与"恢复"按钮可以对每次操作进行撤销和恢复,这两个操作是互逆操作。也可以使用撤销和恢复的快捷键 Ctrl+Z 和 Ctrl+Y。

> **想想议议**
> 可以利用鼠标右键拖动来实现文本的复制和移动操作吗?

8.2.3 查找与替换

查找和替换是文字编辑工作中常用的操作之一,这里重点介绍替换操作。

单击"开始"选项卡中的"查找和替换"按钮,弹出如图 8.3 所示对话框。

图 8.3 "查找和替换"对话框的"替换"选项卡

替换操作常常分为以下几种情况。

1. 全部替换

在"查找内容"和"替换为"下拉列表框中输入或选取内容后,单击"全部替换"按钮将替换所有查找到的内容;若在"替换为"下拉列表框中不输入任何内容,执行替换操作后查找到的内容将被删除。

2. 确认替换

在"查找内容"和"替换为"下拉列表框中输入或选取内容后,单击"替换"按钮,则只替换第一处查找到的内容;若交替单击"查找下一处"和"替换"按钮,可有选择性地进行确认替换。

3. 条件替换

单击"高级搜索"按钮,出现如图 8.4 所示扩展的"查找和替换"对话框,可以进行搜索范围、格式等条件的限定,从而实现条件替换。

图 8.4 扩展的"查找和替换"对话框

8.3 项目实例——求职档案

8.3.1 项目要求

撰写具有说服力和吸引力的求职档案是求职的第一步。本实例主要完成求职档案中的求职信、个人简历表、毕业设计说明书。实例效果如图 8.5 所示。

图 8.5 求职档案实例效果

8.3.2 项目实现

8.3.2.1 求职档案封面与求职信编辑排版

1. 输入文字

输入文字:"青春是人生旅途中最美丽的风景,被赋予了希望、阳光、奋进、浪漫、诗意……。青年兴则国家兴,青年强则国家强,只有为社会做出了贡献的青春,才会留下充实温暖、美丽无悔的记忆……"。

2. 插入文件

本实例所需其他内容已经保存在"1-WPS项目素材"文件夹的"求职信.docx"和"毕业设计说明书(节选).docx"文件中,可以利用复制粘贴的方法将其插入到本文档中;也可以采用插入文件的方法,操作步骤如下。

(1) 单击需要插入文件的位置。

(2) 单击"插入"选项卡的"对象"按钮旁边的下三角形按钮,在弹出的菜单中单击"文件中的文字……"。

3. 设置字体格式

字体格式包括文本的字体、字形、字号(即大小)、颜色、下画线等。本实例中"青春是人生旅途中最美丽的风景……"这个段落设置字体为楷体、黑色、三号字。求职信的正文字体为宋体、黑色、四号字。

操作步骤如下。

(1) 选定要设置格式的文本。

(2) 使用"开始"选项卡中的"字体"功能组,如图 8.6 所示。单击功能组中相应的字体格式设置命令进行设置。也可单击"字体"功能组右下角的 ⌐,在"字体"对话框中进行设置。

> **注意**:字体格式排版前首先需选定要排版的文本对象,否则排版操作只是对光标处新输入的文本有效。

4. 设置段落格式

段落格式包括文本对齐方式、段落缩进、段间距、行间距等。设置段落格式的操作步骤如下。

(1) 选定要设置格式的段落。

(2) 使用"开始"选项卡中的"段落"功能组,如图 8.7 所示。也可单击"段落"功能组右下角的 ⌐,在弹出的"段落"对话框中进行设置。

图 8.6 "字体"功能组   图 8.7 "段落"功能组

说明：

（1）如果先定位插入点，再进行格式设置，所做的格式设置对插入点后新输入的段落有效，并会沿用到下一段落，直到出现新的格式设置为止。

（2）对已有的某一段落进行格式设置，只需将插入点放入段落内的任意位置，不需要选中整个段落；如果对多个段落进行格式设置，应选中这些段落。

5. 利用格式刷复制字体格式和段落格式

当设置好一个文本块或段落的格式后，可以使用"开始"选项卡中"剪贴板"功能组的"格式刷"按钮，将设置好的格式快速地复制到其他一些文本块或段落中。

1）复制字体格式

要复制字体格式，操作步骤如下。

（1）选定已经设置好字体格式的样本文本块。

（2）在"开始"选项卡中单击"格式刷"按钮，此时鼠标指针变成"刷子"形状。

（3）拖动鼠标，选定要排版的文本区域，可以看到被选定的文本已具有了新的字体格式。

如果要将格式连续复制到多个文本块，则应将上述第（2）步的单击操作改为双击操作（此时"格式刷"按钮变成按下状态），再分别选定多处文本块。完成操作后，单击"格式刷"按钮，则可取消格式刷功能。

2）复制段落格式

由于段落格式保存在段落标记中，可以只复制段落标记来复制该段落的格式。操作步骤如下。

（1）选定已经设置好段落格式的样本段落或选定该段落标记。

（2）在"开始"选项卡中单击"格式刷"按钮，此时鼠标指针变成"刷子"形状。

（3）拖动鼠标，选定要排版的段落，可看到被选定的段落已具有了新的字体段落格式和字体格式。

6. 设置边框和底纹

本实例中需要将求职信中的文字设置边框和10%的灰色底纹，操作步骤如下。

（1）选择需要设置"边框和底纹"的段落。

（2）在"开始"选项卡的"段落"功能组中单击按钮旁边的倒三角形箭头，打开下拉菜单，如图8.8所示；在下拉菜单中直接设置边框或者选择下拉菜单中的"边框和底纹"命令，在弹出的"边框和底纹"对话框中详细设置边框、页面边框和底纹。如果单独设置底纹，可以单击按钮旁边的倒三角形箭头，在下拉菜单中直接设置底纹。

如果需要去掉文字或段落边框，可先选中加边框的文字或段落，弹出"边框和底纹"对话框，在设置区选择"无"项。去掉底纹的操作与之类似。

图 8.8 "边框"下拉菜单

> **想想议议**
>
> "边框和底纹"对话框中的"应用于"为文字、段落、单元格、表格时,有什么区别?

7. 设置项目符号和编号

在文档排版中,可以在段落开头加项目符号或者编号,具体操作方法如下。

1) 自动创建项目符号和编号

当在段落的开头输入像"1.""A"等格式的起始编号并在其后输入文本时,回车后就会自动将该段落转换为自动编号列表,同时将下一个编号加入到下一段落的开始。

2) 编辑项目符号和编号

本实例的求职信中使用了项目符号。添加项目符号和编号操作步骤如下。

(1) 选定要添加项目符号和编号的多个段落。

(2) 选择"开始"选项卡的"段落"功能组中的"项目符号"按钮 或"编号"按钮 ,这时出现的是当前设置的一种项目符号和编号,如需更改,可以单击两个按钮旁边的倒三角形箭头,在其下拉菜单中进行设置或定义新的项目符号或编号。

8. 设置分栏

有时需要将文本多栏显示,需注意的是,只有在页面视图或打印预览时才能真正看到多栏排版的效果。分栏的具体操作步骤如下。

(1) 选定需分栏的文本。

(2) 在"页面布局"选项卡的"页面设置"功能组中单击"分栏"按钮,或者选择"更多分栏"命令,弹出"分栏"对话框,如图 8.9 所示。

图 8.9 "分栏"对话框

9. 插入图片和文本框

本实例中要求在"求职档案""求职信"和"个人简历"中插入图片、图片文件、形状、艺术字和图表等。

1) 插入与设置艺术字/文本框

(1) 单击要插入的位置。

(2) 单击"插入"选项卡中的"艺术字"按钮,选择需要的艺术字样式,在编辑区出现的艺术字框中输入文字内容;在"插入"选项卡中单击"文本框"按钮,光标变成加号,在插入位置按住鼠标左键拖动鼠标插入文本框,在文本框中输入文字内容。也可以先输入文字内容,选中文字内容后再单击"艺术字"或"文本框"按钮,将选中的文字内容自动生成艺术字或文本框。

(3) 在"开始"选项卡的"字体""段落"功能组中可以像普通文字一样对艺术字/文本框设置格式。

本实例中分别设置了"求职档案"和"求职信"两处艺术字。

在首页下方插入了文本框"姓名……",字体格式为宋体、四号、加粗、无线条颜色。

2) 插入与设置图片、图片文件、形状、图标、智能图形、流程图、图表

(1) 单击要插入的位置。

(2) 在"插入"选项卡中单击"图片"→"形状"按钮下面的倒三角形箭头,选择需要的图片或图形。

本实例在首页中插入了"1-WPS项目素材"文件夹中的图片"努力工作.jpg";在求职信中插入了"形状"中的"心形",并设置其填充色为红色,然后通过复制和粘贴操作形成由16个心形构成的花边。

> **注意**:选择新插入的图形对象,功能区上方会自动出现"绘图工具"选项卡,选择该选项卡,在对应功能区中可以对其进行设置格式;或单击图形对象,在图形对象右侧出现的快捷工具栏中进行设置。

3) 多个图形对象的操作

在应用中往往要使用多个图形类对象,这时常常需要进行多个图形对象的对齐、叠放次序、组合等操作。

(1) 使用"Shift+单击"选择多个图片对象,被选择的图形对象必须是非嵌入型,否则无法选中多个对象。

> **注意**:图形对象的版式有嵌入型、浮于文字上方等多种环绕方式。转换操作为,单击图形对象,激活"绘图工具"选项卡,单击"环绕"按钮进行设置;或单击图形对象时在图形对象右侧会出现快捷工具栏,选择"布局选项";或右击图形对象,通过快捷菜单打开"布局"对话框,在对话框中选择"文字环绕"选项卡,如图 8.10 所示。

(2) 在"绘图工具"选项卡中单击"对齐""组合""旋转"等按钮中进行相应设置。

8.3.2.2 个人简历表制作

一个表格由若干行和列组成,行与列交叉形成单元格。可以在单元格中输入文字、数字、图片,甚至是一个表格。

1. 建立表格

单击要插入表格的位置,单击"插入"选项卡中的"表格"按钮,弹出"插入表格"菜单,如图 8.11 所示,在"插入表格"菜单中,通常用以下几种方式建立表格。

图 8.10 "布局"对话框

图 8.11 "插入表格"菜单

(1) 直接利用示意框插入表格。在"插入表格"菜单的行列示意框中,向右下方拖动鼠标到需要的行列数时,释放鼠标即可得到一张空表。

(2) 利用"插入表格"命令,插入指定行列数的表格。

(3) 利用"绘制表格"命令,光标变成铅笔状,按下左键并移动鼠标自由绘制表格。

(4) 利用"文本转换成表格"命令,将选定的文字转换成表格。

(5) 利用"快速表格"命令,选择样式,可利用模板快速生成表格。

说明:将已经输入的文字转换成表格时,需要先使用统一的分隔符标记每行文字中列的开始位置,并使用段落标记标明表格的换行。

2. 编辑表格

根据简历内容的需要建立了 10 行 6 列的表格,并对表格进行调整。

1) 表格中区域的选定

表格操作与文档操作一样,也要遵循"先选定,后操作"原则。WPS 文字提供了多种选择表格的方法,如表 8.2 所示。选定表格时也会同时激活两个新的选项卡,即"表格工具"和"表格样式"选项卡。

表 8.2　在表中选定文本

选 定 目 标	鼠 标 操 作
选定一个单元格	单击单元格左边框,
选定一行	单击该行的左侧,
选定一列	单击该列顶端的边框,
选定多个单元格、多行或多列	在要选定的单元格、行或列上拖动鼠标;或者先选定某个单元格、行或列,然后按下 Shift 键的同时单击其他单元格、行或列,可选中连续的单元格、行或列。如果先选定一些单元格、行或列后,按住 Ctrl 键,再去选定另一些单元格、行或列,可选中多个不连续的区域
选定整张表格	单击表格左上角的 符号

2) 插入行/列/单元格

(1) 选定与插入数量相同的行/列/单元格。

(2) 右击选定的区域,"表格工具"选项卡实现插入操作,或在弹出的快捷菜单中选择"插入"选项。

(3) 鼠标移动到表格后,会在表格的右边线和下边线出现加号,单击加号可以快速插入一行或一列。如果希望在表格末尾快速添加一行,将光标移到最后一行的最后一个单元格内,按 Tab 键,或在行尾按 Enter 键。

3) 删除行/列/单元格

(1) 选定要删除的行/列/单元格。

(2) 在"表格工具"选项卡中单击"删除"按钮,或右击选定的区域,在弹出的快捷菜单中选择"删除单元格"选项。

4）调整表格大小、行高、列宽

方法有以下 3 种。

（1）用鼠标拖动表格任意框线，或拖动标尺上的行、列标志，可以调整表格中的行高和列宽。拖动表格右下角的表格尺寸调整标记，可调整表格大小。

（2）利用"表格工具"选项卡中的"高度" 高度： - 2.70厘米 + 或"宽度" 宽度： - 9.51厘米 + 进行调整。

（3）右击表格，在弹出的快捷菜单中选择"表格属性"选项，在弹出的"表格属性"对话框中利用"行"或"列"选项卡输入指定的高度或宽度。

5）合并/拆分单元格

本实例需要将每一列的第 1~7 行的 7 个单元格合并成一个单元格。

（1）选定将要合并/拆分的单元格。

（2）在"表格工具"选项卡中选择"合并单元格"按钮或"拆分单元格"按钮。

说明：合并和拆分操作还可以利用"表格工具"选项卡来实现。单击"擦除"按钮，在要删除的表格线上拖动即可删除表格线，从而实现合并操作；单击"绘制表格"按钮，在需要拆分的单元格内拖动鼠标即可实现拆分操作。

3. 表格内容的录入与编辑

表格中输入文本的操作与在文档中的操作相同。WPS 文字把单元格中的内容看作一个独立的文本。本实例输入了基本资料、求职意向、教育背景等文字内容，并插入了个人照片。

在向单元格输入内容时，除了单击鼠标外，也可以按 Tab 键将光标移到下一个单元格；按 Shift+Tab 键将光标移到前一个单元格。

4. 设置表格格式

表格格式主要包括表格内文本和段落的格式、对齐方式、单元格的边框和底纹、环绕等。本实例设置了表格的外框线为 1.5 磅，内框线为 0.5 磅。

在操作表格时，每个单元格中的文本可以看作一个独立的文档，对其中的文本和段落的设置与前面讲述的文档的设置操作相同。

1）表格的对齐

在 WPS 文字中，表格具有浮动的功能，可以像图片一样随意移动以及进行图文混排。具体操作有以下几种方式。

（1）利用鼠标拖动设置。当鼠标停在表格上时，会在表格的左上角出现移动表格标记，拖动该标记可实现表格的移动。

（2）利用"开始"选项卡的对齐按钮设置。

（3）利用快捷菜单中"表格属性"对话框设置。

2）表格内容的对齐

右击要设置文本对齐方式的单元格，在弹出的快捷菜单中选择"单元格对齐方式"选项进行设置。例如"靠下居中"或"靠上右对齐"等；利用"开始"选项卡的"对齐方式"按钮也可以设置单元格文本的对齐方式。

3）设置表格的边框和底纹

（1）选定要设置格式的单元格区域。

（2）单击"表格样式"选项卡中的"底纹"按钮和"边框"按钮，或者利用快捷菜单中的"边框和底纹"选项，打开"边框和底纹"对话框进行设置。

> **想想议议**
>
> 本实例使用表格来表达个人简历信息，与使用文字表达相比，有什么优缺点？讨论思考表格的特点和用途。

8.3.2.3　编排毕业设计说明书

1. 使用"样式"对文档进行编辑

样式是指一组已经命名的字符格式和段落格式的组合。通过使用样式可以批处理方式给文本设定格式。使用样式有如下几个优点。

（1）使用样式可以显著提高编辑效率。

（2）使用样式可以保证格式的一致性。

（3）使用样式可以方便格式的修改，修改后的样式也会应用到所有标题和正文。

例如编写毕业论文时，为了使文档的结构层次清晰，通常要设置多级标题，每级标题和正文均采用特定的文档格式，这样既方便了文档的编辑，也方便了目录的制作，论文的编辑通常使用样式，相同的排版使用统一的样式，这样做可以大大减少编辑的工作量。如果要对排版格式进行调整，只需修改相关样式。文档中所有使用这一样式的文本就会全部被修改。

1）应用样式

毕业设计说明书中用到的格式可以应用 WPS 文字提供的样式。具体操作步骤如下。

（1）选定要应用样式的文本。

（2）在"开始"选项卡中，单击选择"预设样式"列表中的样式，所选样式便应用于所选对象，如图 8.12 所示。

2）新建样式

如果 WPS 文字中的内置样式不能满足编辑文档的需求，用户也可以自定义样式。新建样式的操作步骤如下。

图 8.12　"预设样式"列表

（1）先设置新样例文本的字体和段落格式，并选定该文本或段落。

（2）在"开始"选项卡中，单击"样式"组右下角的"更多"按钮，在其下拉菜单中选择"新建样式"命令，在弹出的"新建样式"对话框中创建新的样式，创建好的新样式自动加入样式列表中供用户使用。

3）修改和删除样式

在"样式"列表中，右击要修改或删除的样式，在弹出的快捷菜单中选择"修改样式"或"删除样式"。

2. 使用模板

同一类型的文档往往具有相同的格式和结构,使用"模板"可以大大加快创建新文档的速度。WPS 已经为用户提供了丰富的模板,此外,还可以自己创建新的模板。以创建毕业设计说明书模板为例,方法如下。

先打开一个已排好版的毕业设计说明书,在"文件"菜单中选择"另存为"命令,在"另存为"对话框中的"保存类型"中选择"WPS 文字模板文件(∗.wpt)"。

3. 创建目录

1)生成目录

应用样式定义好文档的各级标题后,便可以为毕业设计说明书创建目录了。WPS 文字提供了自动生成目录功能,并能随着内容的增删和修改自动更新目录。具体操作步骤如下。

(1)为文档设置"标题 1""标题 2"等各级标题样式和格式。

(2)单击需要插入目录的位置。

(3)单击"引用"选项卡中的"目录"按钮。可以进行自定义目录、更新目录、删除目录等操作。

2)更新目录

生成目录之后,如果用户对文档内容进行了修改,可以使用"更新目录"命令,快速地重新生成调整后的新目录。具体操作步骤如下。

(1)将光标定位于目录中。

(2)单击"引用"选项卡中的"更新目录"按钮,或右击,在弹出的快捷菜单中选择"更新目录"选项,弹出"更新目录"对话框,如图 8.13 所示。

图 8.13 "更新目录"对话框

(3)根据需要选择"只更新页码"或"更新整个目录"。

4. 插入分页符、分节符

一般的毕业设计说明书内容较多,包括封面、摘要、目录、正文、致谢、参考文献等,如果要对每个部分设置不同的页眉、页脚和页码等,就需要对每个部分进行分节。具体操作步骤如下。

(1)单击"开始"选项卡中的"显示/隐藏段落标记"按钮 ,显示段落标记。

(2)将光标定位在要分节的位置,单击"页面布局"选项卡中的"分隔符"按钮 分隔符 ,在下拉列表中选择"下一页分节符"命令插入一个分节符。

5. 设置页眉、页脚和页码

1)简单页眉、页脚、页码设置

(1)单击"插入"选项卡中的"页眉和页脚"或"页码"按钮,将光标定位在页眉页脚位置,并自动切换到"页眉和页脚"选项卡。

(2)完成页眉和页脚设置后,在正文任意位置双击鼠标可关闭页眉和页脚设置。

(3)页眉/页脚/页码插入后,双击即可对其进行编辑。

2)复杂要求的页眉、页脚、页码设置

本实例的毕业设计说明书中对页眉的要求比较复杂,在每章的奇数页页眉处显示毕业论文的题目,偶数页页眉处显示本章标题,每章页脚处统一要求显示页码。这就需要在设置页眉和页脚前先将各章内容分节,并设置奇偶页页眉不同。设置操作步骤如下。

(1)为文档插入分节符。

(2)双击页面底部或者顶部,可以自动切换到"页眉和页脚"选项卡,利用选项卡对应功能区设置页眉、页脚、页码样式等。

说明:如果文档每节中首页、奇数页、偶数页分别需要使用不同的页眉,单击"页眉页脚选项"按钮,弹出"页眉/页脚设置"对话框,如图 8.14 所示,选中"首页不同"和"奇偶页不同"复选框,然后再编辑各节的首页、奇数页、偶数页页眉,系统默认当前节页眉与上一节相同,直接在本节编辑页眉会影响上一节已经设置好的页眉。因此,如果本节需要不同于上一节的页眉,需要先单击"页眉页脚"选项卡中的"同前节"按钮,取消与上一节的链接后再编辑本节页眉。

图 8.14 "页眉/页脚设置"对话框

因为本实例要求各节页码格式统一,所以各节页脚都要保持"同前节",这样第 1 节设置完毕后,其他节自动生成相同格式页码。

注意:解决复杂页眉、页脚、页码的设置的关键项:一是插入分节符;二是当前设置的页眉、页脚、页码是否"同前节"。

? 想想议议

如果起始页码是从第 2 页开始设置,而页眉是从第 3 页开始设置,这个问题如何解决?

6. 页面设置

页面设置包括页边距、文字方向、纸张方向、纸张大小等。只有在页面视图和打印预览时才能看到页面设置的效果。

具体操作步骤：单击"页面布局"选项卡中各功能按钮进行设置或者单击组右下角的页面设置图标，打开"页面设置"对话框进行设置，如图 8.15 所示。

图 8.15 "页面设置"对话框

7. 打印

文档编辑完成后，在页面视图下看到的效果即为打印出来的效果，也可以先单击"快速访问工具栏"中的"打印预览"按钮进入"打印预览"视图，查看打印效果。

如果排版符合打印要求，就可以选择"文件"菜单中的"打印"命令或"快速访问工具栏"中的"打印"按钮，进行打印设置和打印。

8.3.3 项目进阶

WPS 文字可以对表格中的数据进行加、减、乘、除、最大值、最小值等简单计算，在 WPS 文字的计算中，系统对表格中的单元格通过下面的方式进行标记：在行的方向以字母 A 到 Z 进行标记，在列的方向从 1 开始以自然数进行标记，如第一行第一列的单元格记作 A1。

在表格中进行计算时，可以用 A1、A2、B1、B2 这样的形式引用表格中的单元格。在 WPS 文字中对数值进行计算有两种方法：快速计算和公式计算。

1. 快速计算

选定要参与计算的单元格区域，单击"表格工具"选项卡中的"快速计算"按钮，从列表中选择计算方法，即可在右侧或下方显示计算结果。

2. 利用公式进行计算

（1）单击要放置计算结果的单元格，单击"表格工具"选项卡中的"公式"按钮，弹出

"公式"对话框,如图 8.16 所示。

(2)"公式"对话框中的"公式"文本框,一般会根据选定的单元格给出公式,如果需要改变公式或者计算范围,首先删除公式框中原有的函数,注意不要删除等号,然后在粘贴函数框中选择所需函数,再选择表格范围和数字格式,单击"确定"按钮即可计算结果。也可以在"公式"框中输入公式引用单元格的内容进行计算。例如,如果需要计算单元格 B2 和 C2 的和减去 D2,可在"公式"框中输入公式"=B2+C2-D2",单击"确定"按钮即可。

图 8.16 "公式"对话框

8.3.4 项目交流

自学 Office Word 软件,总结与归纳 WPS 文字的应用特色,两者的区别与优势有哪些? 它们是否有需要改进的地方?

分组进行交流讨论会,并交回讨论记录摘要,记录摘要内容包括时间、地点、主持人(即组长,建议轮流当组长)、参加人员、讨论内容等。

实验 1　文档编辑排版及表格制作

一、基本技能实验

1. 文档基本编辑

(本实验使用"文字处理 1\基本技能实验"文件夹)

打开文件"WPS 文字 1_jbjn.docx",文件名另存为"实验 1-1-班级-姓名.docx"。

📞 **提示**　一般地,应用程序默认保存文件的位置是"库"→"文档"→"我的文档"文件夹。用户可根据需要改变文档的保存路径或改变文件名及类型。

1)插入文件

在文档最后另起一段,插入文件"4.爱国不能停留在口号上.docx"的内容。

📞 **提示**

主要分如下两步。

(1)确定起始位置:将光标定位到最后一个自然段的行末,按回车键,出现另一自然段——空行。

(2)添加内容:在"插入"选项卡中,单击"对象"右侧的下拉按钮,选择"文件中的文字…"命令,在"插入文件"对话框中选择要添加的文件。

2)设置页面

设置页面为:A4,纵向;上、下、左、右页边距均为 2cm;每页为 40 行,每行为 35 个字符。

> **提示** 在"页面布局"选项卡的"页面设置"功能组中设置纸张大小、页边距等,或单击"页面设置"组右下角的 ⬚,弹出"页面设置"对话框,在"文档网格"选项卡中选定"指定行和字符网格"单选按钮,设置行和字符数。

3) 设置标题文字

设置标题文字"家是最小的国,国是千万家"的格式为:黑体二号,加粗,居中对齐。

4) 查找和替换

利用查找和替换功能:将正文所有的手动换行符↓替换为段落标记↵。

> **提示** 按 Ctrl+H 快捷键可快速打开"查找和替换"对话框,将光标定位在"查找内容"文本框中,单击"特殊格式"按钮,在弹出的列表中选择"手动换行符",这时会在"查找内容"文本框中显示出^l;再把光标定位到"替换为"文本框中,单击"特殊格式"按钮,在弹出的列表中选择"段落标记",这时在"替换为"文本框中显示出^p,单击"全部替换"按钮即可。

5) 设置正文

将除标题外的正文设置为:左对齐,首行缩进 2 字符,行间距最小值 16 磅。

> **提示**
> 主要分如下两步。
> (1) 选择除标题外的文本区域:文本的选定有连续或不连续选定两种情况。鼠标拖动或 Shift+单击可实现连续选定;Ctrl+拖动可实现不连续选定。
> (2) 设置格式:在"开始"选项卡的"段落"功能组中进行设置。或单击 ⬚,打开"段落"对话框进行详细设置。

> **注意**:在设置度量值时 ⬚,如果当前所用度量单位不符合需要,可以单击度量单位右侧倒三角形箭头▼更改度量单位。

6) 设置正文中的小标题

设置正文中的 4 个小标题"1.中国人是了不起的""2.爱国是第一位的""3.弘扬爱国主义精神""4.爱国不能停留在口号上"的边框和底纹:应用范围为段落,0.5 磅蓝色单线边框,黄色底纹。

> **提示**
> 本实验有如下两种方法。
> 方法一:使用 Ctrl+拖动选定不连续的 4 个小标题;在"开始"选项卡中,单击"边框"按钮 ⬚ 右侧倒三角形箭头▼,在其下拉菜单中选择"边框或底纹",打开对话框进行边框和底纹的详细设置。
> 方法二:先按要求设置完成第 1 个小标题后,使用格式刷完成其他标题格式的设置。

7) 设置分栏

设置分栏为:自第三段起所有文本分为两栏,栏宽相等,加分隔线。

> **提示** 使用"页面布局"选项卡中的"分栏"按钮。

8)设置页眉和页码

设置页眉内容为"家国情怀";设置页码在页面底端,数字格式为"-数字-",如-1-、-2-样式,对齐方式为"居中"。

> **提示**
> 主要分如下两步。
> (1)插入页眉:单击"插入"选项卡中的"页眉页脚"按钮。
> (2)插入页码:单击"插入"选项卡中的"页码"按钮右侧倒三角形箭头▼,打开列表,选择"页码(N)…"命令,在"页码"对话框中进行"样式""位置"的设置。

2.表格创建、编辑和设置

(本实验使用"文字处理1\基本技能实验"文件夹)

1)新建空白文档

新建空白文档,保存为"实验1-2-班级-姓名.docx"文件。

2)插入表格

在文档中插入4行6列的表格。

> **提示** 使用"插入"选项卡中的"表格"功能组。

3)设置行高和列宽

设置第1、2、3、4行的行高均为最小值1cm;设置第1、2、3、4、5、6列的列宽分别为2cm、3cm、2cm、2cm、3cm、4cm。

> **提示** 在表格任意位置右击,在弹出的快捷菜单中选择"表格属性"选项,在"行"选项卡中勾选"指定高度"设置行高,利用"上一行""下一行"设置其他行高。列宽设置与行高设置方法相同。

4)设置表格的位置

设置表格在页面的位置为:水平居中。

> **提示** 单击表格左上角的 ⊕ 按钮(注意,这里需要选定整个表格,而不是所有行或所有列),在"段落"功能组中设置水平居中。或右击表格,在弹出的快捷菜单中选择"表格属性"选项,在对话框的"对齐方式"组中选择"居中"。

5)合并单元格

按图8.17所示合并单元格,并在相应的单元格中输入文字。表格内文字设置为:仿宋、五号、加粗,中部居中(即水平和垂直方向均居中)。

姓名↵	↵	性别↵	↵	出生年月↵	↵
籍贯↵	↵			政治面貌↵	↵
通讯地址↵		↵			
电话↵		↵		邮政编码↵	↵

图8.17 样表

💡提示

（1）合并单元格：选定需要合并的单元格后右击，在弹出的快捷菜单中选择"合并单元格"选项。

（2）文字设置：输入文字，选定所有列，在"开始"选项卡中设置字体样式。

（3）中部居中：单击表格左上角的 ⊕ 按钮，选定表格，右击，在弹出的快捷菜单中选择"单元格对齐方式"中的"中部居中"。

6）设置表格线

设置表格的外侧框线为第一种线型，蓝色，1.5磅；内侧框线为第一种线型，蓝色，0.5磅。

💡提示

选定表格：单击表格，利用"表格样式"选项卡中的"底纹"和"边框"功能按钮进行设置；或右击，在弹出的快捷菜单中选择"边框和底纹"选项，打开"边框和底纹"对话框进行设置。

🌸小贴士：

（1）使同一表格的多页显示同一标题。

操作方法：选中表格标题行或将光标定位在标题行的单元格内，在"表格工具"选项卡中单击"标题行重复"按钮。

（2）转换成文本。

操作方法：单击表格任意位置，在"表格工具"选项卡中单击"转换成文本"按钮，选择合适的文字分隔符，将表格形式转换成文字形式。

二、实训拓展

1. 个性日历制作

（本实验使用"文字处理1\实训拓展\1"文件夹）

利用"日历"模板制作漂亮的个性日历送给朋友，文档保存为"WPS文字1_sxtz1.docx"。

2. 使用邮件合并功能批量生成录取通知书

（本实验使用"文字处理1\实训拓展\2"文件夹）

假设现有一份某高校的专业录取数据清单（录取清单.docx），现需要向此清单中的所有学生发送录取通知书，模板如图8.18所示。尝试在此模板中插入数据清单中的信息，生成一个包含所有学生录取通知书的文件，保存为"WPS文字1_sxtz2.docx"文件。

图 8.18　录取通知书模板

实验 2　图 文 混 排

一、基本技能实验

(本实验使用"文字处理 2\基本技能实验"文件夹)

打开文件"孝为立身之本.docx",文件名另存为"实验 2-班级-姓名.docx"。

1. 使用艺术字

将标题"孝为立身之本"改成艺术字;环绕方式为上下型;位置为相对页面水平居中对齐。

提示

(1) 选定"孝为立身之本"文字,在"插入"选项卡的"艺术字"按钮下拉列表中选择需要设置的样式。

(2) 右击艺术字的边框线,在弹出的快捷菜单中选择"其他布局选项"选项,在弹出的"布局"对话框中设置艺术字位置、环绕方式等;或单击艺术字边框线,激活"绘图工具"选项卡来设置"环绕"方式;或单击艺术字时,利用右侧出现的快捷工具栏设置。

2. 使用形状

在文章最后空白处插入"基本形状"中的"心形",设置如下。

(1) 大小:高度为 4cm,宽度为 9cm;

(2) 图形位置:相对页面水平居中对齐,垂直方向距页边距下侧 19cm;

(3) 填充与线条:形状填充为黄色,形状轮廓为红色;

(4) 添加文字"孝亲感恩",并设置为楷体、三号、加粗、黑色、水平居中。

提示

(1) 插入"心形"：利用"插入"选项卡，在"形状"下拉菜单中选择"基本形状"中的"心形"。

(2) 大小和位置的设置：右击"心形"，在弹出的快捷菜单中选择"其他布局选项"选项；或利用"绘图工具"选项卡。

(3) 填充与线条的设置：右击"心形"，在弹出的快捷菜单中选择"设置对象格式"选项；或单击"心形"，利用"绘图工具"选项卡。

(4) 添加文字的设置：右击"心形"，在弹出的快捷菜单中选择"添加文字"选项，输入"孝亲感恩"，在"开始"选项卡中设置字体格式。

3. 使用图片

在正文第 3 段后面插入图片文件"陪伴.jpg"，设置图片大小为原图片的 50%。

提示

(1) 单击"插入"选项卡中的"图片"按钮，选择"本地图片"，弹出"插入图片"对话框，选择"文字处理 2\基本技能实验"目录下的"陪伴.jpg"。

(2) 右击图片，在弹出的快捷菜单中选择"其他布局选项"选项，使用弹出对话框中的"大小"标签。

> 注意：如果锁定了纵横比，图片进行缩放时保持长宽比例不变。如果只想设置图片具体的高宽值时，应取消纵横比。

4. 使用文本框

在图片"陪伴.jpg"下方插入一个文本框，在文本框内输入文字"孝亲"，设置为宋体、五号字、水平居中，并设置文本框的形状轮廓为"无边框颜色"。

提示

(1) 选择"插入"选项卡，在"文本框"下拉菜单中选择"横向"命令，光标变成加号，在合适位置绘制文本框。

(2) 在文本框中输入文字"孝亲"，设置相应的字体格式。

(3) 单击选定文本框，在"绘图工具"选项卡的"轮廓"下拉菜单中选择"无边框颜色"。

5. 多个图形对象的使用

将文本框和图片水平居中对齐后进行组合，设置组合对象的环绕方式为"四周型"，并将其放在正文第 3 段的右侧。

> 注意：
> (1) 只有图片的环绕方式改为"四周型"等非嵌入型时，才能自由移动或精确设置其位置，也才能与其他图形组合成一个新对象。
> (2) 设置组合对象的格式时，注意选择组合对象的整体，不要选择组合对象的一部分。
> (3) "衬于文字下方"的图片往往不容易选中，如果不能选中图片，可以在"开始"选项卡的"选择"下拉菜单中使用"选择对象"命令。

> **提示**
>
> （1）设置图片环绕方式为"四周型环绕"：右击图片，在弹出的快捷菜单中选择"其他布局选项"选项；或选定图片，单击"绘图工具"选项卡中的"环绕"按钮，设置为"四周型环绕"。
>
> （2）移动图片，使其在文本框的上方，Shift＋单击连续选中图片与文本框，单击"绘图工具"选项卡中的"对齐"按钮，选择"水平居中"命令，再单击"组合"按钮，进行组合。
>
> （3）设置组合对象的环绕方式：右击组合对象，在弹出的快捷菜单中选择"其他布局选项"选项；或选定组合对象，单击"绘图工具"选项卡中的"环绕"按钮，设置为"四周型环绕"。
>
> （4）拖动组合对象至正文第3段右侧。

二、实训拓展

1. 制作个性化的求职档案

（本实验使用"文字处理 2\实训拓展\1"文件夹）

参考本章实例相关内容，动手制作个性化的求职档案，要求内容简洁，美观大方。完成后以"WPS 文字 2_zhsx1.docx"为文件名保存到本实验所用文件夹中。

2. 制作立体相框

（本实验使用"文字处理 2\实训拓展\2"文件夹）

参照"WPS 文字 3_sxtz2_样张.jpg"文件，利用 WPS 丰富的图形处理功能，制作一个立体相框，完成后以文件名为"WPS 文字 2_sxtz2.docx"保存到本文件夹中。

> **小贴士：**
>
> 在 WPS 文字中可以设置图片的不同格式，为了使图片具有立体效果，可通过设置图片的阴影、柔化边缘、形状等实现具有立体感的相框。

第 9 章 WPS 表格处理

WPS 表格是 WPS Office 办公软件的核心组件之一。使用 WPS 表格可以编制出各种具有专业水准的电子表格,为实现办公自动化奠定坚实的基础。WPS 表格可以自定义公式或利用函数实现从简单的加减乘除到复杂的财务统计分析运算,可以轻松建立一份具有专业外观的图表,清晰显示数据的大小和变化情况,并能快速预测数据变化趋势。WPS 表格具有强大的数据管理功能,它不但能处理简单的数据表格,还能处理复杂的数据库,对数据库中的数据进行排序、筛选、分类汇总及分析显示等操作。

本章主要介绍 WPS 表格的基本概念、基本操作、图表应用、数据库管理等内容。

9.1 认识 WPS 表格

9.1.1 WPS 表格工作界面

WPS 表格的运行环境、启动和退出操作与 WPS 文字相似,这里不再赘述。

WPS 表格工作界面包含的元素与 WPS 文字类似,如图 9.1 所示,增加了公式和数据选项卡,这是它的特色功能。

(1) 名称框:名称框用于显示当前单元格或区域的名称。

(2) 编辑栏:编辑栏用于显示、输入或修改选定单元格中的数据和公式。

(3) 工作表标签:工作表标签用于显示工作表的名称,可以实现不同工作表之间的切换。

9.1.2 WPS 表格基本概念

在 WPS 表格中,工作簿、工作表和单元格是主要的操作对象。

1. 工作簿

一个 WPS 表格文件就是一个工作簿,是计算和存储数据的文件,其文件的扩展名是.et(也可以保存为.xlsx 类型),每个工作簿由一张或多张工作表组成。

第 9 章　WPS 表格处理

图 9.1　WPS 表格工作界面

2. 工作表

在 WPS 表格中,工作表主要用于处理和存储数据,通常有两种类型。

(1) 普通工作表:普通工作表是存储和处理数据的主要空间,是完成一项工作的最基本单位。它由单元格组成,一个工作表可以包含最多 1048576×16384 个单元格,工作表默认名称为 Sheet。

(2) 图表工作表:图表工作表是以图表的形式表示数据的工作表。

3. 单元格

单元格是工作表中行列交会处的区域,是工作簿的基本操作单位,用于存储数据和公式。任何一个单元格都是由对应的行下标和列下标进行命名和引用,例如,B5 代表 B 列 5 行单元格。数据只能在单元格中输入。多个连续的单元格称为单元格区域,使用对角线的两个单元格地址来表示,例如,B2:D3 表示包括 B2、B3、C2、C3、D2、D3 的 6 个单元格。

完整的单元格命名格式为:

[工作簿名]工作表名!单元格名

例如,[学生成绩]Sheet3!A4 表示的是"学生成绩"工作簿的 Sheet3 工作表中的 A4 单元格。如果要表示的单元格在当前工作簿的当前工作表中,则工作簿名称和工作表名称均可省略。

9.2　项目实例 1——学生管理

9.2.1　项目要求

本项目实例为学生管理,主要任务有:工作表的编辑与排版、总成绩和名次的计算与填充,利用公式和图表进行成绩分析等。通过本项目实例的学习,掌握 WPS 表格的数据录入、公式与函数的使用、工作表格式设置、工作表的基本操作、图表的创建与编辑等知识点,实例效果如图 9.2 所示。

图 9.2　学生管理实例效果

9.2.2　项目实现

1. 输入信息

在"2-WPS 表格项目素材"文件夹的"1-学生成绩表.xlsx"中已经有部分数据,包括列标题和学生成绩部分信息。输入的信息包括以下 3 类。

1) 文本

文本是指由字母、汉字、数字、空格、其他符号等组成的字符串。默认情况下,在单元格中文本是以左对齐方式放置。文本不能进行数学运算。

2) 数值

数值具有运算功能,可以采用整数、小数或科学记数法等方式输入,它包括数字(0～9)、正号(+)、负号(-)、小数点(.)、指数符号(E、e)、百分号(%)、千分号(,)、分数线(/)和货币符号(¥、$)等。默认情况下,在单元格中数字以右对齐的方式放置。本实例需要输入实验成绩和期末成绩。

(1) 输入负数时,可以直接输入或将数值用括号括起来,例如,-123 和(123)都表示-123。

(2) 输入分数时,分数的前面应加上 0 和一个空格,用于区分日期和数字。如直接输入"1/9"显示 1 月 9 日,如果需要输入分数,则需要输入"0 1/9"来表示分数九分之一。

(3) 输入的数字作为文本处理时,在输入时应先输入英文半角单引号('),如'50270101。单引号表示其后的数字按文字处理,并使数字在单元格中左对齐。也可以将单元格格式设置为文本,再进行输入。

说明:

(1) 数值输入与数值显示形式有时不同,计算时以输入数值为准。

(2)当输入数值后单元格内显示一串"#"号,表示输入的数值宽度超过了单元格的宽度。只要增加单元格的宽度就可以正确显示。

(3)用户如果在单元格中输入身份证号码、电话号码等较长的数字时,WPS 表格会自动帮助用户识别为数字字符串,即文本格式,并且在单元格中默认为左对齐方式显示。

3)日期和时间

在默认情况下,WPS 表格单元格中的时间或日期数据以右对齐的方式放置。本实例中需要输入"入学时间"。

(1)日期的格式规定。在输入日期时,可以用分隔符(/ 或 -)或相应的汉字分隔年、月、日各部分。例如输入"1967/2/8""1967-2-8""1967 年 2 月 8 日""8-Feb-67"和"8/Feb/67"都是正确的日期数据。

(2)时间的格式规定。在输入时间时,用冒号(:)或相应的汉字分隔时间的时、分、秒。时间格式规定为"hh:mm:ss〔AM/PM〕",其中"AM/PM"与时间数据之间应有空格,例如"3:15:00 PM"。若 AM/PM 省略,默认为上午时间。

> **注意**:如果同时输入日期和时间,中间要用空格分隔;如果要显示其他日期和时间格式,则要通过设置单元格格式的方式来实现。

2. 单元格填充

当鼠标移至活动单元格的右下角会出现一个小黑十字形状,称为填充柄,通过上下左右拖动填充柄可以在其他单元格填充与活动单元格内容相关的数据,如序列数据或相同数据。其中,序列数据是指有规律地变化的数据,如日期、时间、月份、等差或等比数列。

单元格内容是文本时进行填充表示复制操作。

单元格内容是数值时,若是只需选定一个含初始值的单元格,拖动填充柄时步长为 1 或 -1 进行填充;若选定两个含有趋势初始值的单元格,步长为两个数值之差进行填充;若按下 Ctrl 键再拖动填充柄,可实现复制操作;也可以设置好初始值后,通过"开始"选项卡的"填充"按钮中的"序列"命令,弹出"序列"对话框,如图 9.3 所示,进行其他类型的填充操作。

数值较大、超过 11 位时,自动改为文本型数据,填充代表复制操作。

输入一些常用序列数据时,如图 9.4 所示,默认按序列填充。

图 9.3 "序列"对话框

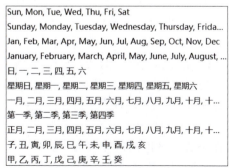

图 9.4 WPS 表格常用系列

除了 WPS 表格中已经定义好的序列，用户还可以自己定义一些经常使用的序列数据。操作步骤如下。

（1）单击"文件"菜单中的"选项"命令，在弹出的"选项"对话框中选择"自定义序列"选项卡，如图 9.5 所示。

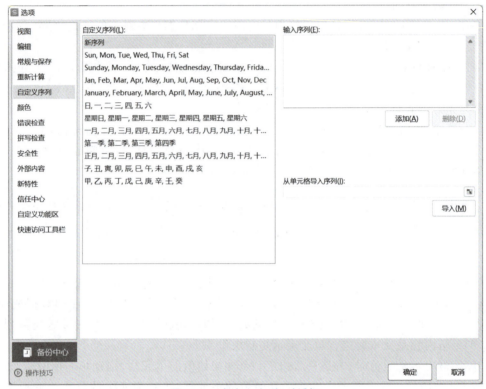

图 9.5 "自定义序列"对话框

（2）在"输入序列"框中分别输入自定义序列的每一项内容，中间用英文逗号或 Enter 键。例如，建立新的序列"周一、周二、……、周日"。

（3）单击"添加"按钮，将自定义的序列添加到左侧"自定义序列"列表中，以后这些新序列就可以自动填充了。

例如，本项目中要想填充空白处的学号，只需拖动单元格"50270201"的填充柄至"50270206"，再拖动单元格"50270301"的填充柄至"50270308"即可。

3. 利用公式自动计算

WPS 表格具有强大的计算功能，计算功能主要依赖于其公式和函数，利用它们可以对表格中的数据进行各种计算和处理。公式由运算符和参与运算的操作数组成，要输入公式，必须先输入"＝"，然后在"＝"后输入运算符和操作数，否则 WPS 表格不会进行计算。

1）公式中的运算符

在公式中采用的运算符可以分为以下 4 种类型。

（1）算术运算符，用来完成基本的数学运算，包括加号（＋）、减号（－）、乘号（＊）、除号（/）、乘方（^）、百分号（％）。

(2) 比较运算符,用来完成两个数值的比较,比较的结果是一个逻辑值 True 或 False。比较运算符包括:等号(=)、大于号(>)、大于或等于号(>=)、小于号(<)、小于或等于号(<=)和不等号(<>)。

(3) 文本运算符,能够将两个文本连接成一个组合文本。只有一个运算符,即 &,例如,"计算机"&"信息"的运算结果为"计算机信息"。

(4) 引用运算符,将单元格区域进行合并计算,包括冒号(:)、逗号(,)和空格,如表 9.1 所示。

表 9.1 引用运算符的功能简介

运算符	含 义	举 例
:(冒号)	区域运算符,对两个引用之间,包括两个引用在内的所有单元格进行引用	SUM(A2:D4)表示对以 A2、D4 为对角线组成的一个矩形区域中的所有单元格求和
,(逗号)	联合运算符,将多个引用合并为一个引用	SUM(A2,D4)表示只对 A2、D4 这两个单元格求和
(空格)	交叉运算符,产生同时属于两个引用的单元格区域的引用	SUM(A1:B2　B1:C2)表示对同属于这两个区域的单元格 B1、B2 进行求和

2) 输入公式表达式

本实例中需要计算"总成绩"和"平均成绩",总成绩计算公式:总成绩=实验成绩×30%+期末成绩×70%。

操作步骤如下。

(1) 选择放置运算结果的单元格,这里选择 F2。

(2) 在 F2 单元格中输入公式表达式,方法有如下两种。

方法一:逐字输入"=D2*0.3+E2*0.7"。

方法二:输入"=",然后单击 D2 单元格则 D2 就会出现在当前单元格中,再输入"*0.3+";然后单击 E2 单元格,再输入"*0.7"。

(3) 按 Enter 键,表示公式输入完毕,这时 F2 中将显示计算结果。

(4) 选定放置实验成绩平均分的 D22 单元格。

(5) 在 D22 单元格中输入"=AVERAGE(D2:D21)",按 Enter 键,显示计算结果。

4. 公式中单元格的引用

引用方式有如下 3 种。

1) 相对引用

相对引用是指把公式复制或填入到新位置时,公式中的单元格地址会随着改变。

如本实例的 F2 中的公式使用的就是相对地址,这时将 F2 单元格右下角的黑色十字(称填充柄)向下拖动至 F21,就会实现总成绩的公式复制,再拖动 D22 的填充柄到 F22,就会实现平均分的公式复制。

2) 绝对引用

绝对引用是指把公式复制或填入到新位置时,公式中的单元格地址保持不变。设置绝对地址只需在行号和列号前加"$"即可,或者选中要转换的单元格,使用键盘上的 F4

键进行转换。

如果将本实例 D22 中的"＝AVERAGE(D2:D21)"改为"＝AVERAGE(＄D＄2:＄D＄21)",这时再拖动 D22 的填充柄会看到什么结果呢？

3) 混合引用

混合引用是指把公式复制或填入到新位置时,保持行或列的地址不变。

如"＄F2"表示列号绝对引用,行号相对引用；"F＄2"表示行号绝对引用,列号相对引用。

4) 引用不同工作表中的单元格

在当前工作表中引用同一个工作簿、不同工作表中的单元格的表示方法为：

> 工作表名称!单元格或单元格区域地址

例如,Sheet2!F8:F16 表示引用 Sheet2 工作表中 F8 到 F16 单元格区域的数据。

5) 引用不同工作簿中的单元格

在当前工作表中引用不同工作簿的单元格的表示方法为：

> [工作簿]工作表名称!单元格或单元格区域地址

例如,打开工作簿 1 和工作簿 2 两个文件,在工作簿 2 中引用工作簿 1 的 Sheet1 工作表的 F16。写法为：

> [工作簿 1]Sheet1!F16

5. 使用函数

在公式表达式中可以使用函数,WPS 表格提供了丰富的函数,如统计函数、三角函数、财务函数、日期与时间函数、数据库函数、文字函数、逻辑函数等。

1) 常用函数

本实例中首先计算"平均分"。操作步骤如下。

(1) 选定放置运算结果的单元格 D22。

(2) 单击"开始"选项卡的"求和"下拉菜单 Σ· 的"平均值"命令；或在"公式"菜单的"求和"下拉菜单 Σ· 的"平均值"命令。

如果要使用的函数不在此下拉菜单中,可以选择"其他函数"命令或"公式"菜单的"插入函数"按钮,弹出"插入函数"对话框,在此选择所需函数及参数。

(3) 函数输入成功后,会在选定的单元格中显示计算结果,编辑栏中会显示输入的公式表达式。

2) 使用 RANK 函数填充名次

本实例中,计算完成总成绩后在 G2 单元格处输入公式"＝RANK(F2,F＄2:F＄21)",然后拖动填充柄向下填充,即可得到每人的名次。

RANK 函数的语法为：

> RANK(数值,引用,排位方式)

其中,"数值"为需要找到名次的数字;"引用"为包含一组数字的数组或引用,根据题意这里应引用一个固定的范围,所以行号使用了绝对引用;"排位方式"为一数字,指明排位方式,如果值为 0 或省略,则按降序排列;如果值不为零则按升序排列。

也可以利用"插入函数"命令找到 RANK 函数,打开 RANK 函数对话框,如图 9.6 所示。单击选择所需要的单元格或单元格区域,注意在引用时加上绝对引用。

图 9.6　RANK 函数对话框

3)利用条件格式把不及格的分数用红色突出显示

选择 D2:E21(即所有成绩),在"开始"选项卡的"条件格式"下拉菜单中选择"突出显示单元格规则"的"小于"命令,弹出"小于"对话框,如图 9.7 所示。在单元格内输入相应的数值,在"设置为"列表框中选择"红色文本"选项,单击"确定"按钮即可。

图 9.7　"条件格式"对话框

说明:条件格式可用于将不符合常规的数字显示。比如金额中的负值(赤字)、超预算的开支、订单少于某数的运营绩效等。

4)利用统计函数进行成绩分析

首先添加新的工作表,单击"工作表标签"区域的加号添加新的工作表,新工作表默认名称为"Sheet1",双击"Sheet1",将工作表名称修改为"成绩分析"。在"成绩分析"工作表中输入相应内容,如图 9.8 所示。

下面利用 COUNT、COUNTIF、COUNTIFS、MAX、MIN、STDEV 等函数计算"学生成绩表"中总人数、各分数段人数及所占比例、最高分、最低分和标准差。

(1)计算总人数:在 B2 中插入函数公式"=COUNT(学生成绩表! F2:F21)"。

注意:COUNT 函数中的参数只有数字类型的数据才被计算,所以这里可以将任一成绩列作为参数。

图 9.8 "成绩分析"工作表

(2) 计算 90 分及以上人数：在 C2 中插入函数公式"＝COUNTIF(学生成绩表！F2：F21,">＝90")"。

(3) 计算 80～89 分的人数：在 D2 中插入函数公式"＝COUNTIFS(学生成绩表！F2:F21,">＝80",学生成绩表！F2:F21,"＜90")"。

(4) 计算 70～79 分的人数：在 E2 中插入函数公式"＝COUNTIFS(学生成绩表！F2:F21,">＝70",学生成绩表！F2:F21,"＜80")"。

(5) 计算 60～69 分的人数：在 F2 中插入函数公式"＝COUNTIFS(学生成绩表！F2:F21,">＝60",学生成绩表！F2:F21,"＜70")"。

(6) 计算 60 分以下人数：在 G2 中插入函数公式"＝COUNTIF(学生成绩表！F2：F21,"＜60")"。

(7) 计算所占比例：在 C3 中输入公式"＝C2/＄B＄2",拖动填充柄向右填充至 G3,并设置 C3 至 G3 的格式为百分比,小数位数为 1 位。

(8) 计算最高分：在 H2 中插入函数公式"＝MAX(学生成绩表！F2:F21)"。

(9) 计算最低分：在 I2 中插入函数公式"＝MIN(学生成绩表！F2:F21)"。

(10) 用 STDEV 函数计算标准差：在 J2 中插入函数公式"＝STDEV(学生成绩表！F2:F21)"。

本实例中,通过函数计算后得到如图 9.9 所示"成绩分析"工作表实例效果。

	A	B	C	D	E	F	G	H	I	J
1		总人数	>=90	80-89	70-79	60-69	<60	最高分	最低分	标准差
2	人数	20	2	8	7	2	1	93.6	56.5	9.4987
3	所占比例%		10.0%	40.0%	35.0%	10.0%	5.0%			

图 9.9 "成绩分析"工作表实例效果

6. 插入和删除单元格/行/列

本实例中需要在表的第一行上方插入一行,并输入表标题"学生成绩表"。

1) 插入单元格/行/列

操作步骤如下。

(1) 选择要插入的单元格/行/列,如本实例中的第 1 行。

(2) 右击,在弹出的快捷菜单中选择"插入"选项;或在"开始"选项卡选择"行和列"按钮下拉菜单中的相应选项。

本实例在第 1 行前插入空行后,在 A1 中输入文字"学生成绩表"即可。

2) 删除单元格/行/列

操作步骤如下。

(1) 选择要删除的单元格/行/列。

(2) 右击,在弹出的快捷菜单中选择"删除"选项;或在"开始"选项卡选择"行和列"按钮下拉菜单中的"删除单元格"选项。

☆相关知识—— 单元格内容的编辑

1. 单元格的状态

在 WPS 表格中,单元格有两种状态,即选定状态和编辑状态。

(1) 选定状态:用鼠标单击某单元格,即选定当前单元格。此时向单元格输入数据会替换单元格中原有的数据。

(2) 编辑状态:用鼠标双击单元格,在选定当前单元格的同时,在单元格内有插入光标,编辑栏也被激活。此时可修改单元格中原有的数据。

2. 清除单元格

(1) 选定要清除信息的单元格。

(2) 右击,利用快捷菜单中的"清除内容"选项根据需要选择相应的命令,包括全部(表示将单元格中的全部信息清除,成为空白单元格,但并不删除单元格。)、内容、格式等。

另外,清除单元格内容也可以用 Delete 键或 BackSpace 键。

3. 选择性粘贴

一个单元格可以包括数据(公式及其结果)、批注和格式等多种特性。有时只需要复制单元格中的部分特性,例如只需要粘贴文本而不粘贴格式,此时可使用"选择性粘贴"命令来实现。

具体操作步骤如下。

(1) 通过复制或剪切操作将选定单元格区域的内容放入剪贴板。

(2) 选定目标单元格。

(3) 利用"开始"选项卡的"粘贴"下拉列表,选择相应命令,或右击,利用快捷菜单进行选择性粘贴。

7. 设置单元格的格式

单元格格式包括字体、边框、图案、对齐方式、数字类型等。

1) 设置单元格格式

设置单元格格式的操作步骤如下。

(1) 选定要设置格式的单元格区域。

(2) 在"开始"选项卡中进行设置;或右击选定区域,选择快捷菜单中的"设置单元格格式"选项,在弹出的对话框中进行设置,如图 9.10 所示。

图 9.10 "单元格格式"对话框

2) 数据格式

本实例需要将所有成绩设置为数值型、小数位数 2 位、负数使用第四种形式。

选定后,利用"开始"选项卡中的 按钮进行设置;或在"设置单元格格式"对话框的"数字"选项卡中设置。

3) 对齐方式

默认单元格中的文本数据左对齐,数值、日期型数据则是右对齐。

本实例需将表标题"学生档案管理"居中,列标题居中。

选中 A1 至 G1 单元格,单击"开始"选项卡中的"合并居中"按钮;或在"设置单元格格式"对话框的"对齐"选项卡中设置。再选中 A2~G2 单元格,单击"开始"选项卡中的"居中"按钮。

4) 字体

本实例需要设置表标题"学生成绩表"为黑体、20 号、黄色;列标题为宋体、12 号、加粗;其他内容为宋体、12 号。

选定后,利用"开始"选项卡;或在"设置单元格格式"对话框的"字体"选项卡中设置。

5) 边框

默认工作表中的单元格是由一些浅灰色线条进行划分的,这些线在预览和打印时是不可见的。本实例需设置表的外框线为双线型、内框线为单线型。

选定表格后,单击"开始"选项卡中的 按钮;或在"设置单元格格式"对话框的"边框"选项卡中设置。

6）填充

本实例中需要将表标题"学生成绩表"单元格填充为蓝色,列标题设置填充色为浅灰色。

选定要设置格式的单元格后,利用"开始"选项卡的"填充颜色"中的 按钮;或在"设置单元格格式"对话框的"图案"选项卡中设置。

注意:

(1) 使用"格式刷"按钮,可实现单元格格式的快速复制。

(2) 可以利用"开始"选项卡的"表格样式"或"单元格样式"来快速设置格式。

8. 调整行高和列宽

本实例需要将列宽设置为"最适合的列宽",第一行行高设置为 25.5,其他行高为"最适合的行高"。

1）精确调整

选定要调整的行/列,利用"开始"选项卡的"行和列"按钮;或右击要调整的整个行/列,在弹出的快捷菜单中选择相应选项。

2）拖动调整

先选定所有要调整的列(一列或多列),将鼠标移到选定列标号的右边界,鼠标指针呈 状时左右拖动实现列宽调整。

3）自动调整行高/列宽

为了使列宽与该列内容适应,先选定所有要调整的列(一列或多列),鼠标移到要调整的列标号右边界,指针为 状时,双击即可。

如果要对多列同时调整为合适列宽,先选定所有要调整的列,双击任一选定列标号的右界。

说明:行高的调整与列宽操作基本相似,只是将列操作换成行操作。

9. 组织工作表的操作

组织工作表的操作包括插入、删除、移动、复制、重命名等。

1）插入工作表

操作方法：单击窗口左下角工作表标签栏的"插入工作表"按钮 ,将会在此工作表的后面插入一个新的工作表;或右击某工作表标签,在弹出的快捷菜单中选择"插入工作表(I)…"选项。

2）删除工作表

右击要删除的工作表标签,在弹出的快捷菜单中选择"删除工作表(D)"选项。

注意:删除工作表时一定要慎重！工作表一旦删除将无法恢复。

3）移动/复制工作表

工作表允许在一个或两个工作簿之间移动。如果要实现工作表在不同的工作簿中移动,需将源工作簿和目标工作簿同时打开。可以使用以下两种操作方法。

(1) 使用快捷菜单。右击要移动/复制的工作表标签,在弹出的快捷菜单中选择"移动或复制工作表(M)"选项,在弹出的对话框中进行设置,如图 9.11 所示,如果选择了对

图 9.11 "移动或复制工作表"对话框

话框左下角的"建立副本"选择框,则将复制此工作表。

(2) 使用鼠标拖动。单击要移动/复制的工作表标签,按下鼠标左键移动到目标位置时释放鼠标;按下 Ctrl 键拖动鼠标即可复制工作表。

本实例中需要插入"学生档案表",此表需要复制"学生成绩表"的基本格式和前3列内容,并在后面插入新列"政治面貌"和"电子邮箱"。

本实例可以先复制"学生成绩表"为"学生成绩表(2)",然后在此表基础上进行内容的修改。

4) 重命名工作表

本实例中要将"学生成绩表(2)"改名为"学生档案表"。

操作方法:右击要重命名的工作表标签,选择快捷菜单中的"重命名(R)"选项;或双击需要重命名的工作表标签,呈反相显示后即可输入新的名称。

5) 隐藏或取消隐藏工作表

在工作表被隐藏的同时工作表标签也被隐藏。

操作方法:右击要隐藏的工作表,在弹出的快捷菜单中选择"隐藏工作表"选项。

说明:在"开始"选项卡的"工作表"按钮中也包含了组织工作表的所有命令。

10. 页面设置与打印

1) 页面设置

操作方法:在"页面布局"选项卡中完成页面大小、页边距、页眉/页脚等设置。

2) 设置打印区域

如果只想打印工作表中的部分数据,必须要设置数据清单的打印区域,否则,WPS 表格默认打印全部内容。

操作方法:先选定要打印的数据区域,在"页面布局"选项卡的"打印区域"命令下拉列表中选择"设置打印区域",此时打印的是选定的数据区域,可以先利用"打印预览"命令预览。需要打印全部内容时,在"打印区域"命令下拉列表中选择"取消打印区域"。

3) 插入/删除分页符

当工作表中的数据超过设置页面时,系统自动插入分页符,工作表中的数据分页打印。当然用户也可以根据需要人为地插入分页符,将工作表强制分页。

操作方法:利用"页面布局"选项卡中的"插入分页符"。

 想想议议

当工作表多页时,如何保持工作表中的列标题始终可见?(提示:使用"视图"选项卡)

11. 创建图表

WPS 表格提供了多种图表类型,每一种类型里还有许多子图表类型和自定义类型。

创建图表方法:选择要创建图表的数据区域,利用"插入"选项卡的"图表"功能组创建不同类型图表，如图 9.12 所示。

图 9.12 "图表"功能组

本实例需要用两种类型的图表来展示信息。

一种是将图表对象位于"学生成绩表"工作表中，图表类型为簇状柱形图，分类轴为"姓名"，数值轴为"总成绩"，图表标题为"总成绩"，无图例，如图 9.13 所示。

图 9.13 簇状柱形图

操作方法：用 Ctrl 键配合选择"姓名"和"总成绩"两列数据（注意：先拖动鼠标选择"姓名"列，再同时按下 Ctrl 键拖动鼠标选择"总成绩"列），在"插入"选项卡的"图表"组中单击"图表"按钮的下拉列表选择创建"簇状柱形图"。

另一种是根据"成绩分析"工作表中的数据绘制图表，并将图表移动到"新工作表"，工作表名为"图表"，图表类型为二维饼图，分类轴为"各分数段"，数值轴为"各分数段人数"，图表标题为"成绩分析"，图例靠右，数据标志显示类别名称和百分比，如图 9.14 所示。

图 9.14 二维饼图

操作方法：配合 Ctrl 键选择 C1:G1 和 C3:G3 两行数据，如图 9.15 所示。利用"插入"选项卡"图表"组中的 按钮创建"二维饼图"。单击选择图表，利用"图表工具"选项卡中的"快速布局"按钮下拉列表设置图表布局，单击"移动图表"按钮，弹出"移动图表"对话框，如

图 9.16 所示,选择"新工作",将工作表名称改为"图表",双击图表标题修改为"成绩分析"。

	A	B	C	D	E	F	G	H	I	J
1		总人数	>=90	80-89	70-79	60-69	<60	最高分	最低分	标准差
2	人数	20	2	8	7	2	1	93.6	56.5	9.4987
3	所占比例%		10.0%	40.0%	35.0%	10.0%	5.0%			

图 9.15 "成绩分析"二维饼图选择的数据

图 9.16 "移动图表"对话框

> 注意:当工作表中的数据修改后,与之对应的图表会随之自动改变。

12. 图表的编辑

1) 添加/删除图表中的数据系列

(1) 添加数据系列。操作方法:右击图表空白处,在弹出的快捷菜单中选择"选择数据…"选项;或单击"图表工具"选项卡中的"选择数据"按钮,弹出"编辑数据源"对话框,单击"系列"框上的加号,添加"系列名称"和"系列值"。

(2) 删除数据系列。如果删除了工作表中的数据,图表中对应的序列会自动同步删除;如果只是删除图表中的数据系列而不删除工作表中的数据,则可以在图表中单击要删除的数据序列,然后按 Delete 键。

2) 更改图表类型

操作方法:选定图表,单击"图表工具"选项卡中的"更改类型"按钮,弹出"更改图表类型"对话框,更改图表的类型。

3) 移动/复制图表

选定图表,单击"图表工具"选项卡中的"移动图表";或使用前面介绍的移动/复制工作表的方法。

4) 设置图表中各个元素的格式

以簇状柱形图表为例,图表的基本组成元素如图 9.17 所示。

设置图表中各个元素的格式操作方法:双击要设置格式的元素;或右击要设置格式的元素,利用快捷菜单设置;或选定需要设置格式的元素,利用"图表工具"选项卡设置。

> 注意:"图表工具"选项卡只有在选定图表后才出现。

9.2.3 项目交流

(1) 在本实例实现过程中,你体验到了 WPS 表格的哪些特色?与 WPS 文字有哪些

图 9.17 图表的基本组成元素

不同？遇到了哪些困难？是如何解决的？还有哪些功能需要进一步完善？

（2）分析 WPS 表格函数和图表的分类及应用，并应用到日常生活实例中。

分组进行项目交流讨论会，并交回讨论记录摘要，记录摘要内容包括时间、地点、主持人（即组长，建议轮流当组长）、参加人员、讨论内容等。

9.3 项目实例 2——教师工资管理

9.3.1 项目要求

本项目实例需要对"2-WPS 表格项目素材"文件夹中的"2-教师工资管理表.xlsx"进行查找、排序、筛选、分类汇总、数据透视等简单的数据库管理操作。

9.3.2 项目实现

1. 建立数据库

WPS 表格把工作表中的数据作为一个简单数据库，比如本实例的"2-教师工资管理表.xlsx"。

建立数据库首先要考虑数据库的结构，即设定该数据库包括哪些字段（列标题）、每个字段的名称和字段值的类型各是什么，以及各字段的排列顺序。

建立数据库的基本操作步骤如下。

（1）新建一张空白工作表。

（2）在第一行各列中依次输入字段名，如本实例中的"工号""部门""姓名""性别"和"基本工资"等。

（3）输入各记录（行）的值。

2. 排序

数据可以按照升序或降序两个方式进行排序，标题行不参加排序。用于排序的字段称为"关键字"，在排序中可以使用一个或多个关键字。当按多个关键字排序时，首先起作用的是主关键字，只有当主关键字相同时，次关键字才起作用，以此类推。WPS 表格的排序规则如下。

（1）数值排列顺序：从最小的负数到最大的正数。

（2）文本排列顺序：若是字符或字符中含有数字的文本，则按每个字符对应的 ASCII 码值排列；若是汉字，则可以按汉语拼音的字母顺序或笔画数排序。

（3）逻辑值中 False 排在 True 的前面。

（4）空格排在所有字符的后面。

> **注意**：在"开始"选项卡的"排序"按钮下拉列表中选择"自定义排序"选项，可以设置排序是否"数据包括标题"。弹出"排序"对话框，单击"选项…"按钮，在弹出的"排序选项"对话框中可以设置排序规则。

本实例中，假设现有一个涨工资的名额，需要照顾工龄较长而基本工资又较低的教师，那么该把名额分配给哪位教师呢？下面利用排序的方法来解决这个问题。

1）按单关键字排序

比如，本实例先按工龄降序排序来找出最优先涨工资的那名教师，操作步骤如下。

（1）单击关键字字段"工龄"对应列中的任一单元格。

（2）在"开始"选项卡中单击"升序"按钮 $\frac{A}{Z}\downarrow$（"降序"按钮为 $\frac{Z}{A}\downarrow$）。

2）按多关键字排序

如果按工龄降序排序后，有多名教师工龄相同，即在单关键字排序后遇到关键字段值相同的多条记录，那么就需要使用多关键字进行进一步的排序，操作步骤如下。

（1）单击数据清单内的任一单元格。

（2）在"开始"选项卡的"排序"按钮下拉列表中选择"自定义排序"选项，弹出"排序"对话框，单击"添加条件"按钮，可以增加关键字，如图 9.18 所示。

图 9.18 "排序"对话框

（3）在"主要关键字"和"次要关键字"下拉列表中选择字段名、排序依据和次序。

3. 数据筛选——自动筛选

筛选就是从数据清单中选出满足条件的记录显示，把不满足条件的记录隐藏起来。WPS 表格提供了自动筛选和高级筛选两种操作。

如果希望在数据清单中只显示满足条件的记录，隐藏不满足条件的记录，可使用自动筛选功能实现。

本实例需要查看"工龄"较长的前 5 名教师，以及职称为教授和副教授的教师，具体操作步骤如下。

（1）单击数据清单内的任一单元格。

（2）在"开始"选项卡中单击"筛选"按钮，此时每一个字段名右侧都会显示一个小箭头 ▼，称为"筛选"箭头。

（3）单击"工龄"字段的筛选箭头，在弹出的对话框中选择"前十项"命令，如图 9.19 所示。

图 9.19 "自动筛选"状态的标题行字段的下拉列表

（4）在弹出的对话框中选择"最大"项，在数字框中输入"5"，单击"确定"按钮即可筛选出满足条件的记录。

（5）单击"职称"字段的筛选箭头 ▼，在弹出的对话框中选择"文本筛选"中"自定义自动筛选方式"选项，在弹出的"自定义自动筛选方式"对话框中进行设置，如图 9.20 所示。

图 9.20 "自定义自动筛选方式"对话框

说明：要取消筛选操作，只需再次单击"筛选"按钮即可。

4. 数据筛选——高级筛选

如果需要将筛选的结果放置在新的工作区，不影响原数据清单中的记录显示，需要使用高级筛选来实现。

下面用高级筛选来实现复杂条件的筛选，在进行此操作之前先新建工作表，将"教师工资管理"表中数据复制到新工作表中，并将新工作表改名为"高级筛选"。

高级筛选的操作步骤如下。

（1）建立条件区域，用来指定筛选满足的条件。条件区域的书写规则如下。

- 条件区域的位置选在工作表的空白处，建议与数据清单间至少隔开一行或一列。
- 在条件区域写入筛选条件中用到的字段名（建议复制，以使其与数据清单完全一致，包括字符之间的空格），且必须连续。
- 在对应字段名的下方输入条件值。写在同一行表示"与"的关系；写在不同行表示"或"的关系。

图9.21给出了筛选条件示例，其中(a)表示筛选"基本工资"为5000～8000元的记录；(b)表示筛选"基本工资"在5000元以上或"绩效工资"在1200元以下的记录；(c)表示筛选出生物系和数学系两个部门中"基本工资"在4500元以上的记录。

（2）选择数据清单中的任一单元格，单击"开始"选项卡的"筛选"按钮下拉列表中的"高级筛选"，弹出"高级筛选"对话框，如图9.22所示。

图9.21 筛选条件示例

图9.22 "高级筛选"对话框

（3）在"列表区域"框中，选定被筛选的数据清单的范围。通常系统自动选定当前的数据清单。

（4）在"条件区域"框中，选定放置筛选条件的矩形区域。

（5）如果将筛选结果与原记录清单同时显示，需要在"方式"栏中选中"将筛选结果复制到其它位置"选项，然后将光标移到"复制到"框中，在工作表中单击放置筛选结果的起始单元格（本例为A25）；最后单击"确定"按钮。

5. 分类汇总

分类汇总是将数据清单中的同类数据进行统计。顾名思义，必须先按分类字段排序，然后进行分类汇总，包括分类求和、分类求平均值、分类求最大值和分类求最小值等运算。

本实例中需要按部门分类求出各部门实发工资的平均值。在进行此操作之前先将

"教师工资管理"表复制到新建的工作表中,并将新工作表改名为"分类汇总"。

操作步骤如下。

(1) 按分类字段排序,如按"部门"排序。

(2) 单击"数据"选项卡中的"分类汇总"按钮,弹出"分类汇总"对话框,如图9.23所示。在"分类字段"中选择分类字段,如"部门";在"汇总方式"中选择汇总方式,如"平均值";在"选定汇总项"中选择要汇总的字段名,如"实发工资"。单击"确定"按钮,汇总结果如图9.24所示。左侧出现树形分级显示区,可以单击"-"和"+"进行折叠和展开。

图9.23 "分类汇总"对话框

	A	B	C	D	E	F	G	H	I	J	K	L	M
1	工号	部门	姓名	性别	婚否	学历	职称	工龄	出生日期	基本工资	绩效工资	扣款	实发工资
2	0101	生物系	姚敏	女	否	研究生	讲师	5	1967/2/8	4500.00	1200.00	190.00	5510.00
3	0103	生物系	张明	男	否	专科	助教	6	1970/4/27	4100.00	1000.00	70.00	5030.00
4	0102	生物系	赵铁钧	男	否	本科	讲师	6	1970/6/16	4500.00	1200.00	190.00	5510.00
5	0105	生物系	王小红	男	是	研究生	副教授	7	1965/1/22	4700.00	1500.00	230.00	5970.00
6	0106	生物系	张小红	女	是	本科	讲师	9	1966/2/17	4600.00	1200.00	220.00	5580.00
7	0104	生物系	张国军	男	是	本科	副教授	17	1958/6/18	4800.00	1500.00	280.00	6020.00
8	0108	生物系	王舒	女	是	研究生	教授	30	1956/1/17	5000.00	2000.00	250.00	6750.00
9	0107	生物系	李振	男	是	本科	教授	30	1946/8/31	5200.00	2000.00	210.00	6990.00
10		生物系 平均值											5920.00
11	0203	数学系	王文娟	女	否	专科	助教	3	1973/8/13	4200.00	1000.00	190.00	5010.00
12	0201	数学系	李德光	男	否	研究生	讲师	3	1970/7/1	4500.00	1200.00	130.00	5570.00
13	0205	数学系	李建立	男	是	本科	讲师	4	1971/7/16	4200.00	1000.00	70.00	5130.00
14	0202	数学系	刘芳	女	否	研究生	讲师	4	1968/3/12	4500.00	1200.00	70.00	5630.00
15	0204	数学系	王秀芳	女	否	本科	助教	5	1970/5/8	4200.00	1000.00	70.00	5130.00
16	0208	数学系	杨前进	男	是	专科	讲师	8	1968/7/21	4100.00	1000.00	190.00	4910.00
17	0206	数学系	赵前进	男	是	本科	副教授	12	1963/8/25	4700.00	1500.00	118.40	6081.60
18	0207	数学系	张汉书	男	是	本科	教授	28	1947/11/19	5200.00	2000.00	250.00	6950.00
19		数学系 平均值											5551.45
20	0303	物理系	孙芳	女	否	本科	助教	3	1972/5/21	4200.00	1000.00	70.00	5130.00
21	0302	物理系	刘红燕	女	否	研究生	讲师	4	1968/3/25	4500.00	1200.00	11.00	5689.00
22	0301	物理系	王强	男	是	研究生	副教授	10	1962/10/11	4800.00	1500.00	230.00	6070.00
23	0304	物理系	刘红	男	是	研究生	副教授	15	1957/11/20	4700.00	1500.00	250.00	5950.00
24	0305	物理系	王桂兰	女	是	本科	副教授	18	1958/3/19	4700.00	1500.00	230.00	6270.00
25	0306	物理系	孙珍	女	是	本科	教授	30	1946/7/23	5200.00	2000.00	250.00	6950.00
26		物理系 平均值											6009.83
27		总平均值											5810.48

图9.24 各部门实发工资平均值的汇总结果

说明:如果要删除分类汇总结果,在"分类汇总"对话框中单击"全部删除"按钮即可。

9.3.3 项目进阶

分类汇总实现按字段进行分类，将计算结果分级显示出来。数据透视表是对数据排序和分类汇总的综合运用，它可以对多个字段的数据进行汇总和分析，这对汇总、分析、浏览和呈现汇总数据非常有用。

下面统计每个部门中不同职称教师的实发工资的平均值，操作步骤如下。

（1）单击数据清单中的任一单元格。

（2）单击"数据"选项卡中的"数据透视表"按钮，弹出如图 9.25 所示的"创建数据透视表"对话框，指定数据区域、选择数据透视表的位置为"新工作表"，单击"确定"按钮后出现数据透视表布局图。

图 9.25 "创建数据透视表"对话框

（3）根据本例要求，将"部门"字段拖至轴（行）区域，"职称"字段拖至图例（列）区域，将"实发工资"字段拖至值（数据）区域，并将"实发工资"的值字段设置为平均值，完成的数据透视表如图 9.26 所示。

（4）数据透视表的编辑可以单击数据透视表数据清单中的任一单元格，借助"分析"和"设计"选项卡完成。

9.3.4 项目交流

自学 Excel 电子表格处理功能，与本章的 WPS 表格相比，两者的区别与优势之处有

图 9.26 数据透视表

哪些？它们是否有需要改进的地方？

学习了 WPS、Word、Excel 后，这些软件的功能结构，即文档建立、数据录入与编辑、美化表格、数据计算、数据分析、打印输出、文档保存等方面是不是有相似之处？学习其他类似功能的软件是不是能够融会贯通？

分组进行项目交流讨论会，并交回讨论记录摘要，记录摘要内容包括时间、地点、主持人（即组长，建议轮流当组长）、参加人员、讨论内容等。

实验 1 工作表的基本编辑

一、基本技能实验

（本实验使用"表格处理 1\基本技能实验"文件夹）

打开工作簿"WPS 表格 1_jbjn.xlsx"，文件名另存为"实验 1-班级-姓名.xlsx"。

1. 在 Sheet1 中进行操作

1）计算列

按公式"总分＝语文＋数学＋外语"，计算"总分"列。

💡 提示

(1) 选定单元格 F2。
(2) 输入公式：利用"开始"选项卡中的"自动求和"按钮。
(3) 复制公式：拖动 F2 右下角黑色十字填充柄向下复制公式至 F13。

2）计算列的平均值

计算"语文""数学""外语""总分"列的平均值，并填写到第 14 行对应列的单元格中。

3）冻结工作表

冻结工作表的第 1 行和前 2 列。

💡**提示**

（1）选定单元格 C2。

（2）冻结窗口：在"视图"选项卡的"冻结窗格"下拉列表中选择"冻结至第 1 行 B 列"命令。

2. 在 Sheet2 中进行操作

1）单元格合并

合并 A1 至 E1 单元格。

2）设置标题格式

将标题"2023 年奖金发放表"格式设为楷体、14 号、加粗、蓝色。

3）设置单元格

设置 A2：E14 单元格：使用"表格样式"，隔行填充表格颜色（颜色自定）。

💡**提示**

（1）选中 A1～E1 单元格，使用"开始"选项卡中的"合并居中"按钮；或在"设置单元格格式"对话框的"对齐"选项卡中设置"合并单元格"。

（2）选中合并后的单元格 A1，利用"开始"选项卡设置字体、字号和颜色等。

（3）选定单元格区域：A2：E14，在"开始"选项卡的"表格样式"按钮下拉样式中选中一种即可。

4）设置页面

设置页面为：A4 纸横向；上、下边距设置为 2.4cm，左、右边距设置为 1.8cm；自定义页脚文字为"奖学金发放"，位置为中部。

💡**提示** 可在"页面布局"选项卡中设置页边距、纸张大小、纸张方向和页眉页脚。

3. 在 Sheet3 的"缴费清单"中进行操作

1）计算并填充需缴费用

输入公式为：

需缴费用＝用水量×水费标准＋用电量×电费标准＋用气量×煤气费标准

💡**提示**

（1）选定单元格 F3。

（2）输入公式：＝C3＊＄B＄30＋D3＊＄B＄31＋E3＊＄B＄32。

> **注意**：按题意，应把公式中相对引用的单元格 B30、B31、B32 转成绝对引用，可以使用 F4 键快速转换（选中要转换的单元格名称，按 F4 键转换）。

（3）复制公式：拖动 F3 单元格的填充柄或"复制"后使用"选择性粘贴"中的"公式"。

2）计算并填充合计值

计算并填充需缴费用的合计值。

3) 设置条件格式

设置 F3:F26 区域的条件格式为：800 以上(含)为红色加粗字体，600 以下(含)为蓝色斜体。

> **提示**
>
> (1) 选定单元格区域：F3:F26。
>
> (2) 设置条件格式：选择"开始"选项卡的"条件格式"按钮下拉菜单"突出显示单元格规则"中的"其他规则"命令，弹出"新建格式规则"对话框，按照题目要求在此对话框分别设置两次条件格式设置。

4. 在 Sheet4 的"助学贷款清单"中进行操作

1) 计算并填充"贷款利率"

贷款利率计算公式：

$$贷款利率 = 1.5 + 0.1 \times 期限$$

2) 计算并填充"还贷日"

利用借贷日和期限(单位为年)进行函数计算。

> **提示**
>
> (1) 选定单元格 F3，在 F3 单元格输入"=1.5+0.1*E3"，拖动 F3 单元格填充柄。
>
> (2) 选定单元格 G3，选择"开始"选项卡 ∑ ·按钮下拉菜单中的"其他函数"命令；或单击"公式"选项卡中的"插入函数"按钮，弹出"插入函数"对话框。
>
> (3) 找到"日期与时间"函数类别，选择 DATE 函数，弹出"函数参数"对话框，在 Year、Month、Day 参数文本框中，分别输入"Year(C3)+E3""Month(C3)""Day(C3)"。注意函数名不区分大小写字母。
>
> (4) 拖动 G3 单元格填充柄。

3) 计算并填充"还贷金额"

还贷计算公式

$$还贷金额 = 借贷金额 \times (1 + 贷款利率 \times 期限/100)$$

4) 设置"借贷日"的数据格式

设置"借贷日"的数据格式为：日期型，自定义格式"yyyy-mm-dd"。

设置"贷款利率"的数据格式为：数值型第 4 种，保留 2 位小数。

> **提示** 右击要设置的单元格区域，在弹出的快捷菜单中选择"设置单元格格式"选项，弹出"设置单元格格式"对话框，选择对话框中的"数字"选项卡，选择"分类"列表中的"自定义"选项，在右侧"类型"文本框中输入"yyyy-mm-dd"。

二、实训拓展

1. 建立个人收支流水账管理表

(本实验使用"表格处理 1\实训拓展\1"文件夹)

参考 WPS 模板中的"个人预算表"，建立个人收支流水账管理表，记下自己的收入和支出情况,并在学期末进行统计分析:自己支出较多的地方在哪里?哪些方面可以节省?完成后保存为 WPS 表格 1_sxtz1.xlsx。

2. 校园歌手比赛成绩统计排名

(本实验使用"WPS 表格 1\实训拓展\2"文件夹)

打开工作簿"WPS 表格 1_sxtz2.xlsx",参考样张图片 WPS 表格 1_zhsx2_样张.jpg,利用公式和函数给校园歌手比赛进行成绩统计排名,使得全部评委给分后能自动得到每位选手的最后得分和排名。完成后保存。

校园歌手成绩评分标准:比赛满分为 10 分。7 个评委打分后去掉一个最高分和一个最低分,汇总后取平均分,然后依据分数高低排出名次。

小贴士:

(1) 利用 SUM 函数对每位歌手成绩求和;利用 MAX 和 MIN 函数求出每位歌手的最高分和最低分。

(2) 求平均分时不要使用 AVERAGE 函数,因为此处不是直接对单元格区域求平均分。

(3) 利用 RANK 函数求排名,第二个参数是参与排名的单元格区域,注意使用绝对引用。

3. 学生成绩评价

(本实验使用"WPS 表格 1\实训拓展\3"文件夹)

打开工作簿"WPS 表格 1_sxtz3.xlsx",求出总分及平均分,用 IF 函数对每位同学的平均分进行评价。评价标准为:90~100 为优,80~89 为良,70~79 为中,60~69 为及格,0~59 为不及格。

小贴士:

IF 函数可以多层嵌套使用,用于根据 N 个条件区分 N+1 种情况。但最多可以嵌套 64 层。

4. 找出问题并修改错误

(本实验使用"WPS 表格 1\实训拓展\4"文件夹)

打开工作簿"WPS 表格 1_sxtz4.xlsx",根据成绩表中所给数据,已经在 F2 单元格中用公式得到一句语言描述"张三的语文成绩是 80 分。",并进行了公式填充。可是除 F2 单元格外,其他由公式填充得到的语言描述结果并不正确,试分析原因并修改 F2 单元格中的公式,使用公式填充后在 F2:H6 区域内的结果都正确(提示:注意公式中单元格的引用方式)。

5. COUNTIF 函数的应用

(本实验使用"WPS 表格 1\实训拓展\5"文件夹)

打开工作簿"WPS 表格 1_sxtz5.xlsx",用 COUNTIF 函数对平均分进行统计是否有重分,结果参考图 9.27。

图 9.27 利用 COUNTIF 函数统计是否有重分

💡 **小贴士：**

在 H2 单元格中输入公式"＝IF(COUNTIF(F2：F13,F2)＞1,"有","无"))",如果 COUNTIF(F2：F13,F2)的函数值等于 1,表示无重分;如大于 1,表示有重分。

实验 2　图表的基本操作

一、基本技能实验

(本实验使用"表格处理 2\基本技能实验"文件夹)

打开工作簿"WPS 表格 2_jbjn.xlsx",文件名另存为"实验 2-班级-姓名.xlsx"。

1. 根据 Sheet1 中的数据创建和编辑柱形图表

1) 在 Sheet1 中建立图表

(1) 图表类型：柱形图中的簇状柱形图。

(2) 数据区域：A2：F8 单元格区域。

(3) 图表标题：修改图表标题为"ABC 公司各省各类商品销售额比较";添加主要横坐标轴标题为"商品类别";主要纵坐标轴标题为"销售额"。

💬 **提示**

(1) 选定数据区域 A2：F8。

(2) 创建图表：单击"插入"选项卡中的"全部图表"按钮,选择左侧"柱形图"中的"簇状柱形图"。

(3) 修改图表标题：选中图表,单击"图表标题"修改标题内容。

(4) 添加坐标轴标题：选中图表,使用"图表工具"选项卡的"添加元素",选择"轴标题"。

2) 编辑图表格式

(1) 图表标题：楷体,蓝色,18 号字。

(2) 分类轴和数值轴格式：宋体,红色,9 号字,分类轴使用竖排文本。

(3) 网格线格式：数值轴主要网格线,单实线,1 磅,蓝色。

(4) 绘图区格式：无填充色。

> **提示** 右击要设置格式的元素,在弹出的快捷菜单中设置;或双击标题,在右侧"属性"窗口设置;或选定设置格式的元素,利用"绘图工具"和"文本工具"选项卡设置。

2. 根据 Sheet2 中的数据创建和编辑饼图

(1) 图表类型。创建图标类型为:三维饼图、无图例。
(2) 数值轴数据。设置"合计"行数据为 B9:F9;分类轴数据为 B2:F2 的省份数据。
(3) 图表标题。设置图标标题为"XY 公司各省合计销售额比较"。
(4) 数据标签。设置数据标签显示省份名称和百分比。
(5) 图表位置。图表作为新工作表插入,工作表名为"合计"。

> **提示**
> (1) 选定要创建图表的数据区域 B9:F9 和 B2:F2(不连续的区域使用 Ctrl 键+鼠标拖动),利用"插入"选项卡的"图表"功能组插入三维饼图。
> (2) 双击修改图表标题。
> (3) 选定图表,利用"图表工具"选项卡中的"快速布局"下拉列表设置图表布局为"布局 1";利用"移动图表"按钮移动图表为新工作表"合计"。

3. 图表编辑

(1) 改变工作表的位置。将 Chart1 图表放在 Sheet3 工作表中。

> **提示** 右击图表空白处,选择弹出快捷菜单中的"移动图表"选项;或选择"图表工具"选项卡中的"移动图表"命令。在 Sheet3 中拖动图表到合适位置。

(2) 改变图表类型。将图表类型改为簇状柱形图。

> **提示** 右击图表空白处,选择弹出快捷菜单中的"更改图表类型"选项;或选择"图表工具"选项卡中的"更改类型"命令。

(3) 改变系列生成方向。系列生成方向:每行数据作为一个系列。

> **提示** 选择"图表工具"选项卡中的"切换行列"命令。

(4) 添加分类轴数据。添加 B3:B12 单元格区域。

> **提示** 右击图表空白处,选择弹出快捷菜单中的"选择数据"选项,弹出"编辑数据源"对话框,单击"类别"框上的编辑按钮,选择"轴标签区域"为 B3:B12 单元格;或选择"图表工具"选项卡中的"选择数据"按钮。

(5) 添加系列名称。系列 1 名称为"期末成绩",系列 2 名称为"平时成绩"。

> **提示** 打开"编辑数据源"对话框,分别使用编辑按钮进行"系列"名称的编辑,"系列 1"名称选择 C2 单元格"期末成绩","系列 2"名称选择 D2 单元格"平时成绩"。

二、实训拓展

1. 不同数据系列使用不同图表类型

(本实验使用"WPS 表格 2\实训拓展\1"文件夹)

打开工作簿"WPS 表格 2_sxtz1.xlsx",Sheet1 的数据清单来源于某超市近 10 年销售情况统计,请先使用公式计算出人均销售额,然后参考图9.28,为"员工人数"和"人均销售额"两列数据建立图表,系列产生在列,其中"员工人数"使用数据点折线图,"人均销售额"使用簇状柱形图,合理设置各图表元素的格式。

图9.28　不同系列使用不同图表类型

> **小贴士:**
>
> 创建图表后,在某个数据系列的快捷菜单中选择"图表类型"命令,弹出"图表类型"对话框,可以改变该数据系列的图表类型,从而可以实现在同一图表中的不同数据系列使用不同的图表类型。

2. 制作学生早读出勤率图表

(本实验使用"WPS 表格 2\实训拓展\2"文件夹)

调查学生一周早读出勤率情况,选择 5 个班最近一周的出勤率数据建立数据清单,并用数据点折线图显示出勤率变化曲线,并合理设置各图表元素的格式。完成后保存为"WPS 表格 2_sxtz2.xlsx"。

实验 3　数据库的应用

一、基本技能实验

(本实验使用"表格处理 3\基本技能实验"文件夹)

打开工作簿"WPS 表格 3_jbjn.xlsx",文件名另存为"实验 3-班级-姓名.xlsx"。

1. 计算字段的值

用公式计算以下字段的值。

1) 设置贷款利率

贷款利率设置为:3 年以下(含 3 年)为 5.40%,3~5 年(含 5 年)为 5.76%,5 年以上为 5.94%。

> 提示

(1) 选定单元格 F3。

(2) 输入嵌套公式：=IF(E3<=3,5.40,IF(E3<=5,5.76,5.94))，注意括号要成对，且要使用英文括号。

(3) 复制公式：使用单元格 F3 的填充柄。

(4) 设置 F3:F42 单元格区域数字类型为数值型第 4 种，小数位数为 2 位。

2) 还贷日

还贷日由借贷日和贷款期限得到。

> 提示

(1) 选定单元格 G3。

(2) 选择"开始"选项卡的"求和"按钮下拉菜单中的"其他函数"命令，选择 DATE 函数，打开"函数参数"对话框，在 Year、Month、Day 参数文本框中，分别输入"Year(C3)+E3""Month(C3)""Day(C3)"。

(3) 复制公式：使用单元格 G3 的填充柄。

3) 还贷金额

还贷金额=借贷金额×(1+期限×贷款利率/100)

2. 插入新工作表

插入新工作表 Sheet2、Sheet3 和 Sheet4，将 Sheet1 工作表中数据清单分别复制到工作表 Sheet2、Sheet3 和 Sheet4 中。

> 提示

(1) 插入工作表：在工作表标签栏中单击"新建工作表"按钮。

(2) 选定工作表：单击 Sheet1 左上角的"工作表选定块"，选定整个工作表，用 Ctrl+C 复制整个工作表，再单击要粘贴的工作表中的 A1 单元格，用 Ctrl+V 快捷键进行粘贴。

3. 数据排序

在 Sheet1 工作表中对数据进行排序，主关键字为银行(升序)，第二关键字为期限(降序)，第三关键字为借贷金额(降序)。

> 提示

单击数据清单内的任一单元格，单击"开始"选项卡中的"排序"按钮。

> **注意**：如果先选中数据清单的一个单元格，再进行多关键字排序、高级筛选、分类汇总、数据透视表等操作，数据区域就可以被自动识别。

4. 分类汇总

在 Sheet2 工作表中对数据进行分类汇总，分类字段为"银行"，汇总方式为求和，汇总项为借贷金额和还贷金额，汇总结果显示在数据下方。

> 提示

(1) 按分类字段"银行"排序。

(2)单击"数据"选项卡中的"分类汇总"按钮。

5. 数据筛选

在 Sheet3 工作表中对数据进行筛选。

筛选条件：住址为雅安花园或都市绿洲、期限为 5～10 年(含 5 年和 10 年)、借贷金额大于 80000 元(含 80000 元)。

条件区域：起始单元格为 L2。

筛选结果复制位置：起始单元格为 A45。

提示

(1)输入筛选条件：从条件区域 L2 开始，复制数据清单中的"住址""期限"和"借贷金额"字段，依次粘贴到 L2、M2、N2 连续单元格中，在字段名下输入相应值。注意，同一行表示"与"的关系，不同行表示"或"的关系。

(2)选择数据清单中任一单元格。

(3)高级筛选：使用"开始"选项卡的"筛选"按钮下拉列表中的"高级筛选"选项。

6. 建立数据透视表

为 Sheet4 中的数据在新工作表中建立数据透视表。

(1)行标签：银行。

(2)列标签：期限。

(3)数据区域：姓名为计数项，借贷金额为求和项，还贷金额为平均值项。

提示

(1)选择数据清单中任一单元格。

(2)单击"数据"选项卡中的"数据透视图"按钮。

二、实训拓展

1. 企业工资管理

(本实验使用"WPS 表格 3\实训拓展\1"文件夹)

某公司是一家小型工业企业，主要有两个生产车间：一车间和二车间，车间职工人数不多，主要有 3 种职务类别，即管理人员、辅助管理人员、工人。每个职工的工资项目有基本工资、岗位工资、福利费、副食补助、奖金、事假扣款、病假扣款，除基本工资因人而异外，其他工资项目将根据职工职务类别和部门来决定，而且随时间的变化而变化。打开本实验文件夹中的"WPS 表格 3_sxtz1.xlsx 文件"，结合工作表中给出的职工病事假情况，生成该月职工工资一览表。

(1)基本工资：如果是一级管理人员，基本工资 3000 元，辅助管理人员是 2300 元，工人是 1500 元。

(2)岗位工资：根据职务类别不同进行发放，工人为 1000 元，辅助管理工人为 1200 元，一级管理人员为 1500 元。

(3)福利费：一车间的工人福利费为基本工资的 20%，一车间的非工人福利费为基本工资的 30%，二车间的工人福利费为基本工资的 25%，其他为基本工资 35%。

(4)副食补贴:基本工资大于2000元的职工没有副食补贴,基本工资小于2000元的职工副食补贴为基本工资的10%。

(5)奖金:奖金根据部门的效益决定,一车间的奖金为300元,二车间的奖金为800元。

(6)应发工资=(1)+(2)+(3)+(4)+(5)。

(7)事假扣款:如果事假小于15天,将应发工资平均分到每天(每月按22天计算),按天扣钱;如果事假大于15天,应发工资全部扣除。

(8)病假扣款:如果病假小于15天,工人扣款为300元,非工人扣款为400元;如果病假大于15天,工人扣款为500元,非工人扣款为700元。

(9)实发工资:应发工资减去各种扣款。

为了满足企业的管理需要,插入两张工作表,复制职工工资一览表数据,将两张工作表分别命名为"工资分类汇总"和"工资筛选",对职工工资情况进行如下统计分析。

(1)在"工资分类汇总"工作表中,分类汇总各部门各职务类别的职工应发工资总数。

(2)利用"工资分类汇总"工作表汇总数据分别为一车间和二车间绘制饼形图表工作表,图表标题为"一车间应发工资汇总图"和"二车间应发工资汇总图"。

(3)在"工资筛选"工作表中,筛选出一级管理人员和辅助管理人员应发工资大于等于5000且小于7000的记录。

(4)利用"职工工资一览表"工作表中的数据,在新工作表中创立数据透视表,统计各车间各职务类别职工的应发工资和实发工资平均值,工作表命名为"工资数据透视"。

2. 产品销售记录表统计分析

(本实验使用"WPS表格3\实训拓展\2"文件夹)

通过对某小型螺丝制造企业调研得知:该企业有TX1,TX2,…,TX8共8名推销员,面向全国所有省份推销LS01,LS02,…,LS15共15种商品。推销员签订的每一份销售合同都有一个唯一的合同号,每个合同又可以包括不同种类的若干产品。每个销售合同执行完毕后,都要给合同中的每种产品登记产品销售信息,包括销售日期、合同号、产品名称、产品单价、数量、总价、销往省份、销售员姓名等。企业管理人员可以随时依据此产品销售信息统计一段时间以来所有产品的总销售额、不同产品销售额、不同推销员销售额、不同省份销售额、不同产品销售走势、不同推销员销售走势、不同省份销售走势,并对产品销售信息按月份和合同作深度分析。试帮助该企业建立产品销售记录表,在表中添加模拟产品销售数据,并利用WPS图表和数据库管理功能建立一套基于此记录表的数据统计分析模型,满足企业日常管理的需要,提高该企业的管理效率。完成后保存为"WPS表格3_sxtz2.xlsx"。

附录 单元格中出现的常见提示信息

1. 单元格中提示"######"信息

问题分析:单元格中数字、日期或时间型数据的长度比单元格宽,也就是单元格的宽度不够造成的。

解决方法：增加列宽或使单元格中的数据字号变小。

2. 单元格中提示"♯NAME?"信息

问题分析：公式使用了不存在的名称造成的。

解决方法：

（1）确认使用的名称是否存在，执行"公式"选项卡→单击"定义的名称"功能组中的「名称管理器」按钮，如果所需的名称没有被列出，则执行"新建"按钮添加相应的名称。

（2）如果是名称、函数名拼写错误，应修改拼写错误。

（3）确认公式中使用的所有区域引用都使用了英文的冒号（：）或英文的逗号，例如 sum(a1:b5)或 sum(a1,b5)。

3. 单元格中提示"♯VALUE!"信息

问题分析：当使用错误的参数或运算对象的类型时，或当公式自动更正功能不能更正公式时，会造成这种错误信息。主要由 3 个原因造成。

（1）在需要数字或逻辑值时输入了文本，WPS 表格不能将文本转换为正确的数据类型。

解决方法：确认公式或函数所需的运算符或参数正确，而且公式引用的单元格中包含有效的数值。例如，单元格 B1 中包含一文本，单元格 B2 中包含的是数字，那么公式"=B1+B2"就会产生这种错误。可执行"插入"→"函数"命令，在弹出的对话框的"选择函数"列表框中选择 SUM 函数，SUM 函数将这两个值相加（SUM 函数忽略文本），即"=SUM(B1:B2)"。

（2）给需要单一数值的运算符或函数赋予一个数值区域。

解决方法：将数值区域改为单一数值。

（3）将单元引用、公式或函数作为数组常量输入。

4. 单元格中提示"♯DIV/0!"信息

问题分析：公式中是否引用了空白的单元格或数值为 0 的单元格或 0 值作为除数。

解决方法：将除数或除数中的单元格引用修改为非零值或检查函数的返回值。

5. 单元格中提示"♯NUM!"信息

问题分析：当函数或公式中使用了不正确的数字时将出现错误信息"♯NUM!"。

解决方法：应确认函数中使用的参数类型正确无误。

6. ♯NULL!

问题分析：当试图为两个并不相交的区域指定交叉点时，将产生以上错误。

解决方法：如果要引用两个不相交的区域，则使用联合运算符即英文的逗号。

7. ♯REF!

问题分析：删除了由其他公式引用的单元格，或将移动单元格粘贴到由其他公式引用的单元格中，导致单元格引用无效时将产生错误信息♯REF!。

解决方法：更改公式或者在删除或粘贴单元格之后，立即单击"撤销"按钮，以恢复工作表中的单元格。

第 10 章 WPS 演示文稿制作

WPS 演示是一款功能强大的演示文稿制作软件。演示文稿是由若干张幻灯片组成的,这些幻灯片能够以图、表、音、像等多种形式用于教育培训、学术报告、会议演讲、产品发布、商业演示、广告宣传等。

本章主要介绍 WSP 演示的基本操作以及如何制作图文并茂的多媒体演示文稿。

10.1　WPS 演示简介

WPS 演示为用户提供了普通视图、幻灯片浏览视图、备注页视图、阅读视图、幻灯片放映视图和母版视图,帮助用户更方便地查看和编辑演示文稿。

1. 普通视图

普通视图是软件默认的视图。在普通视图中,可以输入演讲者的备注、编辑演示文稿以及查看当前幻灯片的整体状况。图 10.1 所示的是幻灯片的普通视图,它有 3 个工作区

图 10.1　幻灯片的"普通视图"

域:左边是幻灯片大纲区,右边是幻灯片编辑区,底部是备注区。

2. 幻灯片浏览视图

在幻灯片浏览视图中可以同时看到演示文稿中的所有幻灯片,这些幻灯片是以缩略图形式显示。可以方便地实现添加、删除和移动幻灯片操作,但是不能直接编辑幻灯片的内容,如果要修改幻灯片的内容,需要切换到普通视图方式下进行。

3. 备注页视图

备注页视图是用来编辑备注的,备注页视图分为上下两部分:上半部分是幻灯片的缩小图像,下半部分是文本预留区。用户可以在观看幻灯片的缩小图像时,在文本预留区内输入该幻灯片的备注内容。

4. 阅读视图

阅读视图主要用于用户自己查看演示文稿,而非全屏放映演示文稿。

5. 幻灯片放映视图

在幻灯片放映视图下,幻灯片的内容占满整个屏幕,是实际放映出来的效果。

6. 母版视图

母版是幻灯片的模板,其中存储了文本和各种对象在幻灯片上的放置位置、文本或占位符的大小、文本样式、背景、颜色主题、效果和动画等信息。使用母版视图可以对任何一个演示文稿的所有幻灯片、备注页或讲义的样式进行全局更改。

10.2 项目实例 1——电子贺卡

10.2.1 项目要求

本项目实例使用 WPS 演示制作带有动画和音乐的电子贺卡。通过本实例的学习,可以掌握演示文稿中图形和文本框的使用、背景(包括图片和声音)的设置、动画设置等知识点。本实例效果如图 10.2 所示。

图 10.2 电子贺卡的实例效果

10.2.2 项目实现

1. 新建一张"空白"版式的幻灯片

幻灯片版式是指幻灯片中的对象在幻灯片上的排列方式。版式由占位符组成。占位符中可放置文字、图形、表格、图表、视频等各种对象。WPS演示每一套新建模板在默认情况下包含11种版式,如图10.3所示。新建空白幻灯片默认版式是"标题"幻灯片。

图 10.3　幻灯片版式

操作方法分为以下两步。

1) 新建演示文稿和幻灯片

启动WPS后,单击WPS窗口左上角"首页"标签中的"新建",在"新建"窗口左侧菜单中选择"新建演示",单击右侧窗口的加号"新建空白演示",自动新建一张"标题"幻灯片,这种版式的幻灯片上有两个文本框占位符,分别提示输入标题和副标题。

2) 选择版式

操作方法:在"开始"选项卡的"版式"按钮下拉列表中选择需要的版式,本实例因为要自定义版式,所以使用"空白"版式。

2. 设置背景

WPS演示可以通过更改幻灯片的颜色、阴影、图案、纹理或者使用图片来改变幻灯片的背景。本实例选择"3-WPS演示项目素材"文件夹中的"小花.jpg"作为贺卡幻灯片的背景。

操作步骤如下。

(1) 使用"设计"选项卡的"背景"按钮下拉列表的"背景(K)…";或右击幻灯片,在弹出的快捷菜单中选择"设置背景格式"选项。

（2）在右侧打开的"对象属性"面板中，选择"填充"项的"图片或纹理填充"单选按钮。

（3）在"图片填充"下拉列表中选择"本地文件"，找到"3-WPS演示项目素材"文件夹中的"小花.jpg"。

3. 插入图片

本实例需要在幻灯片右下方插入图片"毕业.wmf"，并根据需要调整大小、位置等格式。

插入图片的方法有以下两类。

（1）使用带图片的版式："开始"选项卡的"版式"下拉列表中选择带图片的版式。

（2）向已有幻灯片插入图片：直接将图片从文件夹中拖动至幻灯片上；或使用"插入"选项卡的"图片"按钮。

4. 插入艺术字

本实例在幻灯片中央位置插入了艺术字"新年快乐！学业有成！"。

插入艺术字的操作与WPS文字相同，艺术字形状可通过"文本工具"选项卡的"文本效果"下拉菜单中的"转换"选项来完成。

5. 插入形状

本实例设置了"新""春""祝"和"福"4个心形。

操作步骤如下。

（1）"插入"选项卡"形状"下拉列表中选择"心形"，用鼠标拖动绘制在幻灯片上。

（2）右击"心形"，在弹出的快捷菜单中选择"设置对象格式"，选择"填充"项中的"图片或纹理填充"单选按钮，在"图片填充"下拉列表中选择"本地文件"，找到"3-WPS演示项目素材"文件夹中的"Sunset.jpg"。

（3）右击"心形"，在弹出的快捷菜单中选择"编辑文字"，输入文字"新"，格式为华文楷体、60号、黄色。

（4）另外的"春""祝""福"3个形状可以通过复制"新"图形来完成，只需修改文字即可，然后将它们放在贺卡的合适位置。

6. 插入文本框

操作方法：使用"插入"选项卡的"文本框"按钮，输入文字"祝：同学们"，设置字体为华文楷体、48号、加粗、蓝色。

7. 设置片内动画（幻灯片内部各个对象的动画）

操作步骤如下。

（1）选中要设置动画的"新""春""祝"和"福"4个图形。

（2）设置动画。在"动画"选项卡"动画样式"列表中可以为对象选择动画，单击列表右侧按钮 可以选择更多动画样式，如图10.4所示。这里为"新""春""祝"和"福"4个图形选择了"渐变式回旋"方式。

同样，为"祝：同学们"选择"动画样式"列表"进入"中的"飞入"方式，为"新年快乐！学业有成！"选择"进入"中的"缩放"方式，为图片"毕业.wmf"选择"强调"中的"放大/缩小"方式。

（3）设置动画的启动方式。单击"动画"选项卡中的"动画窗格"按钮 ，弹出"动画

图10.4 "动画"选项卡中"添加效果"

图10.5 "动画窗格"设置

窗格"对话框,可以在每个对象的下拉列表中设置启动方式,如图10.5所示。"开始"方式包括"单击时""在上一动画之后"和"与上一动画同时"3个选项。本实例中所有对象都设为"在上一动画之后"。

另外,也可以通过"动画"选项卡"计时"组中设置动画的启动方式。

(4) 设置动画的方向属性。在"动画"选项卡中"动画属性"下拉列表框里设置方向属性。本实例为"祝:同学们"选择了"自右侧"的方向;或在"动画窗格"按钮对话框中"方向"下拉列表设置。

(5) 设置动画的速度。如图10.5所示,单击"动画窗格"中"速度"下拉列表设置对象动画的速度。本实例中为"祝:同学们"选择"非常快",其他对象选择"中速"。

(6) 改变动画出现的顺序。"动画"选项卡"动画窗格"中,可以拖动对象改变动画出现的顺序;也可以选中需要更改动画顺序的对象,使用"动画窗格"下方的"重新排序"箭头来改变动画顺序。

(7) 声音等其他选项的设置。单击"动画窗格"中每个对象的下拉列表中的"效果选项"命令,在打开的对话框中进行相关设置。本实例中,为"新""春""祝""福"四个图形和"祝:同学们"都设置了"风铃"声音,为"新年快乐!学业有成!"设置了"鼓声"。

8. 插入背景音乐

本实例插入了"3-WPS演示项目素材"文件夹中的"新年好.mp3"作为背景音乐,并设置幻灯片放映时自动播放、直到幻灯片末尾、放映时隐藏图标,操作步骤如下。

(1) 单击"插入"选项卡中的"音频"按钮。

(2) 在弹出的"插入音频"对话框中选定要插入的文件,可以在幻灯片上看见一个小喇叭图标,下方有一个播放控制台。

(3) 选中小喇叭图标时出现"音频工具"选项卡,可以设置开始播放方式、当前页或者跨幻灯片播放、循环播放和放映时隐藏等。

9. 放映幻灯片

演示文稿制作完成之后,需要将制作的成果放映出来。最简单的放映方法是单击窗口下方任务栏右侧的"幻灯片放映视图"按钮 ▶,默认从当前幻灯片开始播放。或打开"放映"选项卡进行详细的放映设置。

10.2.3 项目进阶

1. 手机遥控播放演示文稿

幻灯片播放使用 WPS 打开 PPT,选中幻灯片"放映"选项卡中的"手机遥控",会弹出手机遥控页面,页面展示遥控使用的二维码。使用手机上安装的 WPS Office,点击右上角图标扫一扫即可遥控播放 PPT。

2. 屏幕录制

利用 WPS 演示自带的"屏幕录制"功能录制一段 PPT 的播放视频。具体操作方法是打开"放映"选项卡中的"屏幕录制",打开"屏幕录制"控制窗口,选择"录制区域""声音来源""摄像头"等。右上角"更多"可以设置"输出目录""视频格式"和"鼠标"等。录制结束后自动将视频保存到指定输出目录,视频格式默认为 MP4 格式。

10.2.4 项目交流

(1) 本实例的新春贺卡还可以增加哪些内容?

(2) 除了 WPS 演示以外,还有哪些软件可以制作贺卡?它们各具哪些特色?

分组进行交流讨论会,并交回讨论记录摘要,记录摘要内容包括时间、地点、主持人(即组长,建议轮流当组长)、参加人员、讨论内容等。

10.3 项目实例 2——公司简介

10.3.1 项目要求

本项目实例是使用 WPS 演示制作一份公司简介的演示文稿,内容包括企业概况、企业人才、企业组织、业绩回顾等。通过本实例的学习,可以掌握演示文稿的编辑、超链接、放映等知识点,实例效果如图 10.6 所示。

图 10.6　公司简介演示文稿实例效果

10.3.2　项目实现

1. 创建新演示文稿和插入幻灯片

1) 创建标题幻灯片

打开 WPS,单击 WPS 窗口"首页"标签中的"新建",选择"新建演示",新建一张"标题"幻灯片,在标题幻灯片中输入文字内容,标题为"务实创新!! 团结奋进!!",宋体、60号、加粗、蓝色,副标题为"——创新电子有限公司",宋体、32号、加粗、黑色。

2) 创建普通幻灯片

在"普通视图"下添加幻灯片,常用的操作方法有以下几种。

(1) 单击"开始"选项卡中的"新建幻灯片"按钮。

(2) 右击"普通视图"大纲区,在弹出的快捷菜单中选择"新建幻灯片"选项。

(3) 按 Ctrl+M 快捷键。

(4) 在"普通视图"大纲区中,按 Enter 键。

在本实例中再插入 5 张普通幻灯片,第 1 张幻灯片的版式是"标题和内容",第 2 张的版式是"垂直排列标题与文本",第 3 张和第 4 张的版式是"标题和内容",第 5 张的版式是"两栏内容",然后按照实例效果图所示输入相应的文字。

2. 使用占位符

占位符是一种带有虚线边框或阴影线边缘的框。经常出现在演示文稿的模板中,用来占位。占位符由文本占位符、图表占位符、媒体占位符、图片占位符和表格占位符等类型。

1) 利用文本占位符输入文字

文本占位符在幻灯片中表现为一个虚线框。虚线框内部往往带有"单击此处添加标题"之类的提示语。单击激活插入点，提示语会自动消失，用户可在占位符中输入内容。多余的占位符可以选中后进行删除。

在文本占位符中输入的文字能在大纲视图中预览。并且级别不同位置也会有所不同，通过在大纲视图中选中文字进行操作，可以直接改变演示文稿中文本的字体、字号，这是文本占位符特有的优势，在幻灯片中插入的文本框内输入文字，在大纲视图中则不会出现，不能利用大纲视图进行批量格式设置。

2）利用文本框输入文字

在没有文本占位符的地方，如果要在幻灯片中添加文本字符，可以通过插入文本框来实现。具体操作方法与 WPS 文字中插入文本框操作相同。

3. 插入表格、图像、图表、视频和音频等对象

可以在幻灯片中插入表格、图片、形状、图表、组织机构图、视频和音频等多种对象，它们的插入方法相同，以下称为"对象"。主要有以下两种方式。

1）使用带对象的版式

操作方法："开始"选项卡中选择"幻灯片版式"下拉列表中带某对象的版式，在此版式的幻灯片中单击某对象的图标添加对象。

例如，单击"插入图表"图标，一个默认的样本图表会出现在图表区内。

2）向已有幻灯片上插入对象

操作方法：使用"插入"选项卡的"表格"功能组、"图像"功能组、"插图"功能组、"媒体"功能组。

本例第 1 张幻灯片中插入了"3-WPS 演示项目素材"文件夹中的"计算机.wmf"文件，第 2 张插入了文件夹中的"计算机.gif"文件，在第 3 张插入了文件夹中的"main.mid"文件，第 4 张插入了一个 2 行 4 列的表格，第 5 张插入了组织结构图，第 6 张插入了一张图表和文件夹中的视频文件"logo.avi"。

想想议议：如何使插入的声音应用到多张幻灯片中？

4. 设置背景

本实例中选择了"3-WPS 项目素材"文件夹中的"Blue hills.jpg"图片作为标题幻灯片的背景。操作方法：在"设计"选项卡单击"背景"按钮，在弹出对话框中选择"图片或纹理填充"选项，同时勾选"隐藏背景图形"选项。

5. 使用幻灯片母版

模板是用来存放版式、设计方案、背景、字体、颜色、幻灯片、大小等信息的模板，修改模板格式或在模板中添加对象，该更改会自动应用到对应的幻灯片中。利用母版可以大幅提升演示文稿的制作效率，并且能够重复使用。

本实例需要给每张幻灯片的左上角插入"3-WPS 演示项目素材"文件夹中的"公司徽标.jpg"，标题样式设置为黑体，44 号，加粗，在页脚处添加日期、公司名称和页码。也可以为所有幻灯片设置统一的"主题""颜色""字体""背景"等。

1）打开幻灯片母版编辑画面

在"视图"选项卡中单击"幻灯片母版"命令，弹出如图 10.7 所示的幻灯片母版编辑画面。

图 10.7　幻灯片母版编辑画面

2）母版的格式设置

母版中的占位符是一个特殊的文本框,具有文本框的各种属性。母版编辑画面的各占位符中的文字原文并不显示在幻灯片上,只用于控制文本的格式。

操作方法:单击需要设置格式的占位符,通过"绘图工具"选项卡下各组命令进行占位符的相关设置;或右击占位符,在快捷菜单中设置。

3）在母版上插入对象

可以在母版上插入图片、图示、文本框、音频、页眉页脚等很多对象,在母版上插入的对象将出现在所有基于该母版的幻灯片上。

本实例在幻灯片母版上插入了"3-WPS演示项目素材"文件夹中的"公司徽标.jpg"。利用"页眉页脚"对话框为母版插入日期、公司名称和页码。

6. 设置片内动画（幻灯片内部各个对象的动画）

对幻灯片中的对象设置动画效果可以采用"动画"选项卡中的相关命令。本例中幻灯片的动画效果设置方式与本章项目实例1中相关操作相同,这里不再赘述。

7. 设置片间动画（幻灯片之间的切换效果）

操作方法如下:在"普通视图"或"幻灯片浏览视图"中,选择要设置切换效果的幻灯片,在"切换"选项卡中,通过该选项卡中各组命令选择需要的效果选项和换片方式。

本实例片间动画为"擦除"。

8. 创建和编辑超链接

可以在演示文稿中添加超链接,然后在播放时利用超链接可以跳转到演示文稿的某一页、其他演示文稿、文档、电子表格、Internet 中的 Web 网站和电子邮件地址等。

本例需要设置的超链接:给第3～第6张幻灯片添加"上一张""下一张""返回"(指返回第一张幻灯片)动作按钮;单击标题幻灯片中的"计算机.wmf",超链接到"3-WPS演示项目素材"文件夹中的"科普一下计算机.docx";"主要内容"幻灯片中,将文字"企业概况""企业人才""企业组织""业绩回顾"分别链接到相应的幻灯片。

幻灯片中的任何对象均可作为超链接的起点。设置超链接后,作为超链接起点的文本会出现下画线,并且显示成系统指定的颜色。

创建超链接的方法有以下两种。

1) 利用动作按钮创建超链接

利用 WPS 演示提供的动作按钮,可以方便地实现跳转到下一张、上一张、第一张、最后一张幻灯片,以及音频和视频的播放等。

操作方法如下。

(1) 选择要添加动作按钮的幻灯片。

(2) "插入"选项卡"形状"下拉列表中选择"动作按钮"选项。

(3) 选择一种合适的动作按钮后,在幻灯片的合适位置上按下鼠标左键拖动鼠标画出该按钮,松开鼠标后就会弹出如图 10.8 所示的"动作设置"对话框,然后根据动作需要进行选择。

2) 使用"超链接"命令创建超链接

操作方法如下。

(1) 在幻灯片中选择作超链接的对象。

(2) 单击"插入"选项卡中的"链接"按钮;或右击选定对象,在弹出的快捷菜单中选择"超链接"选项,弹出如图 10.9 所示的"插入超链接"对话框。

图 10.8 "动作设置"对话框

图 10.9 "插入超链接"对话框

(3) 编辑或删除超链接。操作方法:右击要编辑或删除的超链接对象,在弹出的快捷菜单进行操作。

9. 放映幻灯片

1）设置放映方式

用户可以选择用不同的方式放映幻灯片，具体操作步骤如下。

（1）单击"幻灯片放映"选项卡中的"放映设置"命令，弹出"设置放映方式"对话框，如图 10.10 所示，根据需要选择放映方式和相关参数；或选择"放映设置"下拉列表中的"手动放映""自动放映"。

图 10.10 "设置放映方式"对话框

（2）在"放映类型"选项组中选择适当的放映类型。放映类型有演讲者放映（全屏幕）和展台自动循环放映（全屏幕）。演讲者放映以全屏幕方式放映幻灯片，这是最常用的方式。展台自动循环放映以全屏幕形式在展台循环放映。选择此项可自动放映演示文稿，在放映过程中除了保留鼠标指针用于选择屏幕对象，其余功能全部无效，按 Esc 键终止放映。

> **注意**：选定此选项后，"循环放映，按 ESC 键终止"复选框会自动被选中。

（3）在"放映选项"组中选择是否进行循环放映等。

（4）在"放映幻灯片"组中选择放映幻灯片的范围，包括全部、部分或自定义放映。

（5）在"换片方式"组中选中"手动"单选按钮，可以通过鼠标或键盘实现幻灯片的切换；选中"如果存在排练时间，则使用它"单选按钮，则设置的排练时间将起作用。

2）自定义放映幻灯片

由于演示文稿的放映场合和观众的不同，如果希望只放映演示文稿中的一部分幻灯片，可以通过自定义放映来实现，使用自定义放映不但能够选择性地放映演示文稿中的部分幻灯片，还可以根据需要调整幻灯片的放映顺序，而不改变原演示文稿内容。

操作步骤如下。

（1）新建自定义放映：单击"幻灯片放映"选项卡中的"自定义放映"命令，弹出"自定义放映"对话框，如图 10.11 所示，单击"新建"按钮，弹出"定义自定义放映"对话框，如

图 10.12 所示。

图 10.11 "自定义放映"对话框

图 10.12 "定义自定义放映"对话框

(2) 选择添加自定义放映幻灯片：在"幻灯片放映名称"文本框中输入自定义放映名称，默认名称为"自定义放映 1"，在"在演示文稿中的幻灯片"列表框中，按下 Ctrl 键选中要放映的幻灯片，单击"添加"按钮（本例选择了原演示文稿中的 2 张幻灯片）。

(3) 播放自定义放映

创建好自定义放映幻灯片后，就可以对自定义放映的幻灯片进行放映。单击"放映"选项卡中的"放映设置"命令，弹出"设置放映方式"对话框，在"放映幻灯片"组中勾选"自定义放映"，选择列表中自定义放映的名称，如"自定义放映 1"，单击"确定"按钮播放即可。

> 注意：有选择地放映幻灯片有两种方法，一种是隐藏不需要放映的幻灯片，另一种是设置自定义放映。

3) 放映控制

单击"放映"选项卡中的"从头开始"按钮，或按 F5 键，从第一张幻灯片开始放映。若希望从某张幻灯片开始放映，可以把该幻灯片作为当前幻灯片，然后单击状态栏右侧的幻灯片放映图标，或者单击"放映"选项卡中的"从当前开始"按钮，或按 Shift+F5 组合键，均可以从当前幻灯片开始放映。结束放映可以使用 Esc 键。

10. 应用设计方案

设计方案是经过样式设置的一整套幻灯片模板，包含标题、小结、内容页等多种不同版式的幻灯片。在设计方案中对文字、外观、幻灯片背景、幻灯片配色方案、形状、外观等都做进行设计。用户只需应用设计方案即可完成幻灯片的外观设计。应用设计方案使制作出来的演示文稿更专业、版式更合理、主题更鲜明、界面更美观、字体更规范、配色更标准。可以迅速提升一篇演示文稿的形象。

选择设计方案操作方法：使用"设计"选项卡中的"设计方案"列表进行选择。

11. 保存演示文稿

WPS 演示在"另存为"对话框的"文件类型"下拉列表中提供了很多类型，常用的有以下几种。

1）放映文件

保存为幻灯片放映的文件扩展名为 ppsx。当从桌面或文件夹窗口中打开这类文件时，它们会自动放映。如果从 WPS 窗口中打开此类文件，放映结束时，该演示文稿仍然会保持打开状态，并可编辑。

2）模板文件

保存为模板的文件扩展名为 potx。将编辑好的演示文稿作为模板保存起来，在以后制作其他演示文稿时可以直接套用它的样式。

3）各类图形文件

可以将演示文稿中的每一张幻灯片作为一个图形文件存放在一个已命名的文件夹中，包括 jpg、gif、bmp、wmf、png 等类型文件。

10.3.3 项目进阶

打包就是将单个或多个文件，集成在一起，生成一种独立于运行环境的文件。如果要播放演示文稿的计算机上没有安装播放器，未包含所使用的全部字体、超链接的声音、影片等文件，可以将要播放的演示文稿进行打包。

选择"文件"菜单的"文件打包"中"将演示文档打包成文件夹"或"将演示文档打包成压缩文件"命令，打开"演示文件打包"对话框进行设置。

10.3.4 项目交流

（1）使用 WPS 演示中的哪些技术可以实现风格统一？

（2）制作演示文稿的原则有哪些？

（3）自学 PowerPoint 演示文稿制作功能，两者的区别与优势之处有哪些？它们是否有需要改进的地方？

（4）总结 WPS 的文字、表格和演示的特色（也是在生活工作中选择此软件的原因之一）。

分组进行交流讨论会，并交回讨论记录摘要，记录摘要内容包括时间、地点、主持人（即组长，建议轮流当组长）、参加人员、讨论内容等。

实验　制作演示文稿

一、基本技能实验

（本实验使用"演示文稿制作\基本技能实验"文件夹）

新建 WPS 演示文稿，内容为《竹石》《劝学》等励志诗词鉴赏，文件名保存为"实验-班级-姓名.pptx"。

1. 设置和应用母版

选择并设置一种适合本演示文稿内容的母版主题、主题颜色或主题字体；根据个人喜好或工作需求修改母版标题样式和母版文本样式；在母版右下角插入图片"加油.jpg"，大小为原图片的 20%。

> **提示**

(1) 启动 WPS，新建一个空白演示文稿。

(2) 进入"幻灯片母版"视图：在"视图"选项卡中单击"幻灯片母版"按钮，进入幻灯片母版视图。

(3) 设置母版主题：在"幻灯片母版"选项卡"主题"按钮的下拉列表中选择一种主题。

(4) 修改母版标题样式和母版文本样式：在幻灯片母版视图左边幻灯片大纲区中选择第一张母版幻灯片缩略图，在幻灯片编辑区对其样式进行编辑。例如，修改"单击此处编辑母版标题样式"为黑体、54 号、加粗、蓝色；修改"单击此处编辑母版文本样式"为仿宋、36 号、居中、浅蓝色。可以根据喜好或工作需求来修改。

(5) 在母版中插入图片：在左边幻灯片大纲区中选择第一张母版幻灯片缩略图，"插入"选项卡中选择"图片"按钮，选择"演示文稿制作\基本技能实验"文件夹中的"加油.jpg"，右击此图片，在弹出的快捷菜单中选择"设置图片格式"，将图片大小设为原图片的 20%。

(6) 关闭母版：单击"幻灯片母版"选项卡的关闭按钮可以关闭母版视图，或在"视图"选项卡中单击"普通"视图按钮切换到普通视图。

2. 制作标题幻灯片

设置第一张幻灯片的版式为"标题幻灯片"，设置背景图片为 background.jpg，隐藏母版背景图形，在标题占位符中输入"你我共勉"，字体为 66 号、居中、黑色，在副标题占位符中输入"献给正在努力奋斗的你！"，字体为 36 号、居中、蓝色。

> **提示**

(1) 修改幻灯片版式：在"开始"选项卡的"版式"下拉列表中设置幻灯片版式。

(2) 设置背景图片：单击"设计"选项卡中的"背景"按钮；或右击幻灯片，在弹出的快捷菜单中选择"设置背景格式"选项，选择"填充"项中的"图片或纹理填充"单选按钮，"图片源"选择"演示文稿制作\基本技能实验"文件夹中"background.jpg"。同时选中"隐藏背景图形"复选按钮。

(3) 输入内容：在标题和副标题文本占位符位置输入相应文本内容，并进行字体格式调整。

3. 插入第 2～4 张幻灯片

插入第 2～4 张幻灯片，选择"标题与内容"版式，将"励志诗词.txt"中的第 1～2 首诗的标题和内容分别添加到第 3 和第 4 张幻灯片的标题和文本占位符中。

> **提示**

(1) 按 Ctrl+M 快捷键；或将光标定位在"普通视图"大纲区中，按 Enter 键；或选择

"开始"选项卡,在"新建幻灯片"下拉列表中选择版式为"标题和内容";或右击"普通视图"大纲区第一张幻灯片,在弹出的快捷菜单中选择"新建幻灯片"选项。

这时你会发现这些幻灯片自动继承了前面设置好的母版标题样式、文本样式和右下角的"加油.jpg"图片。

(2) 通过复制+粘贴,将"励志诗词.txt"中的第 1~2 首诗的标题和内容分别粘贴到 3~4 张幻灯片的标题和文本占位符中。

4. 编辑修改第 2 张幻灯片

更改第 2 张幻灯片的版式,选择"标题和竖排文字"版式,标题占位符中输入"目录",文本占位符中分别输入两行文字《竹石》和《劝学》,并分别设置超链接到第 3 和第 4 张幻灯片。

提示

(1) 更改版式:在大纲区选中第 2 张幻灯片,在"开始"选项卡"版式"下拉列表中选择版式为"标题和竖排文字"。

(2) 输入标题和文本内容。

(3) 设置超链接:分别右击要添加超链接的文本《竹石》和《劝学》,在弹出的快捷菜单中选择"超链接"选项,单击"插入超链接"对话框中的"本文档中的位置",选择对应的幻灯片。

5. 设置片内动画

设置第 3 张幻灯片中文本占位符的动画:"擦除""自左侧""按第一级段落"。

设置第 4 张幻灯片中文本占位符的动画:进入效果为"自左侧""飞入""按第一级段落",持续时间为 3 秒;退出效果为"飞出""到右下部"、鼠标单击时开始。

提示

(1) 设置动画:选定第 3 张幻灯片文本占位符对应的文本框,在"动画"选项卡"动画"列表选择"擦除",在"动画属性"下拉列表选择"自左侧",在"文本属性"下拉列表选择"按段落播放"。

(2) 设置动画:选定第 4 张幻灯片文本占位符对应的文本框;单击窗口右侧"任务"窗格中的"动画窗格"☆,在"动画窗格"中单击"添加效果"按钮;或在"动画"选项卡"动画"组中单击更多按钮▼,选择"进入"选项组中的"飞入"选项。

(3) 设置进入效果:利用"动画"选项卡"动画属性"和"文本属性"的下拉列表设置。

(4) 设置进入效果持续时间:在"动画"选项卡的"持续时间"数字列表框中输入 3。

设置动画退出效果的方法步骤与进入效果相同,选择"添加效果"即可。

> **注意**:同一个对象可以添加多个动画效果,可以是不同类型的动画,如进入、退出、强调等。

6. 设置片间动画

设置所有幻灯片的切换动画为"**立方体**",单击时切换幻灯片。

> **提示**

(1) 设置切换动画：在"切换"选项卡"幻灯片切换效果"列表框中选择，或单击更多按钮，在展开的切换动画库中单击"立方体"选项。

(2) 设置切换幻灯片方式：在"切换"选项卡中勾选"单击鼠标时"复选框，并单击"应用到全部"按钮。

7. 显示幻灯片编号，显示页脚文字为"励志人生"

> **提示**

在"插入"选项卡中单击"页眉页脚"按钮，在对话框中勾选"幻灯片编号"复选框，勾选"页脚"复选框，并在文本框中输入页脚文字。

8. 插入背景音乐

插入背景音乐"music.mp3"、幻灯片开始放映时自动播放、跨幻灯片播放、放映时隐藏图标。

> **提示**

(1) 单击"插入"选项卡中的"音频"按钮。

(2) 选中插入的音频文件，在"音频工具"选项卡的"开始"下拉列表中选择"自动"选项；选择"跨幻灯片播放"和"放映时隐藏"选项。

二、实训拓展

1. 制作生日贺卡

（本实验使用"演示文稿制作\实训拓展\1"文件夹）

参照本章项目实例1，制作一张生日贺卡，完成后保存为"WPS演示_zhsx1.pptx"。要求：

(1) 根据需要安排贺卡内容。

(2) 使用背景图片。

(3) 使用背景音乐。

(4) 多个对象使用动画效果。

2. 制作"我的家乡介绍"的演示文稿

（本实验使用"演示文稿制作\实训拓展\2"文件夹）

利用WPS演示的多媒体功能，介绍宣传我的家乡，完成后保存为"WPS演示_zhsx2.pptx"。要求：

(1) 至少有10张幻灯片。

(2) 使用主题、设置背景美化幻灯片。

(3) 使用动作按钮。

(4) 使用超链接。

(5) 使用多种不同的幻灯片切换方式。

(6) 使用动画效果。

(7) 将一首自己喜欢的歌曲作为背景音乐贯穿所有幻灯片。

（8）最后放映观看效果。

3. 制作电子相册

（本实验使用"演示文稿制作\实训拓展\3"文件夹）

利用 WPS 演示制作个人相册，展示自己的成长历程，作为感恩父母的一份礼物。

> **小贴士：**
>
> 可用多个节来组织大型幻灯片版面，以方便演示文稿的管理和导航。另外，通过对幻灯片进行标记并将其分为多个节，可实现与他人协作创建演示文稿。

第11章 综合项目实训

一、目标

1. 知识和技能目标

本综合项目实训,要求学生以小组形式,综合使用多种应用软件完成,以培养和提高学生综合使用 WPS 文字、表格、演示等多个应用软件的能力。

2. 素质目标

培养团队合作能力和自主学习、终身学习的意识,践行社会主义核心价值观,培育与提升家国情怀和高远的理想追求。

二、任务和要求

成立 2~3 人的项目小组,实行组长负责制,小组讨论、实验实训、项目考核答辩等活动均以小组活动形式进行。

各组围绕"践行社会主义核心价值观"这一主题,自拟题目。"富强、民主、文明、和谐"是国家层面的价值目标,"自由、平等、公正、法治"是社会层面的价值取向,"爱国、敬业、诚信、友善"是公民个人层面的价值准则,这 24 个字是社会主义核心价值观的基本内容。自拟题目应与这 24 个字内容相关。

1. 建立项目文件夹

建立项目文件夹,在此文件夹中建立与主题相关的文件夹及文件,小组内部注意文件夹和文件命名的统一性。把与项目主题相关的资料文件放入相应的文件夹中,比如,文字、音乐、图片、动图等。

2. 搜集相关资料

在 Internet 中利用搜索引擎搜索资源,能对搜索到的有价值的资源进行下载或保存,对相应的内容做到资源管理分层存储。

3. 制作"践行社会主义核心价值观"倡议书

制作"践行社会主义核心价值观"倡议书,使用 WPS 文字进行文档编辑与排版、表格制作和图文混排等操作。倡议书的字体和格式符合要求,图文编排合理,内容积极向上,传递正能量。

4. 制作"践行社会主义核心价值观"为主题的演示文稿

制作"践行社会主义核心价值观"为主题的演示文稿,使用 WPS 演示进行幻灯片的编辑，幻灯片中的各种对象（文本框、图片和声音等对象）的格式设置、幻灯片模板、母版、背景和配色方案的使用与设置，添加动态效果，使用超链接等等。

5. 制作"家国情怀"为主题的电子表格

通过搜索反映我国科技发展和成就、中国传统文化等家国情怀的数据，制作电子表格和图表。

6. 全部项目内容汇总打包

使用 WPS Office 等工具，制作项目的启动界面和主界面，并通过创建超链接将上述内容链接在相应的幻灯片或网页上，实现内容的汇总打包。